Trübswetter

Holztrocknung

Holztechnik

Thomas Trübswetter

Holztrocknung

Verfahren zur Trocknung von Schnittholz – Planung von Trocknungsanlagen

2., aktualisierte Auflage
Mit 128 Bildern und 27 Tabellen

fv
Fachbuchverlag Leipzig
im Carl Hanser Verlag

Autor:
Prof. Diplom-Holzwirt ***Thomas Trübswetter*** (†), Rosenheim

Bearbeiter:
Prof. Dipl.-Holzwirt ***Rainer Grohmann***, Rosenheim

Bibliografische Information der Deutschen Nationalbibliothek

Die Deutsche Nationalbibliothek verzeichnet diese Publikation in der Deutschen Nationalbibliografie; detaillierte bibliografische Daten sind im Internet über http://dnb.d-nb.de abrufbar.

ISBN: 978-3-446-41877-6

Um dieses Buch lieferbar halten zu können, wurde es mit dem Print-on-Demand-Verfahren als einzelnes Exemplar speziell für Sie gedruckt. Dabei können gegenüber dem Original Unterschiede auftreten. Der Inhalt des Buches ist unverändert.

Fachbuchverlag Leipzig im Carl Hanser Verlag

www.hanser.de
Projektleitung: Jochen Horn
Herstellung: Renate Roßbach
Druck und Bindung: BoD – Books on Demand, Norderstedt
Printed in Germany

Vorwort

Das vorliegende Buch wurde geschrieben, um einerseits eine Anleitung zum Trocknen von Schnittholz zu geben und andererseits zu einer sinnvollen Planung und Beschaffung von Trockenanlagen beizutragen. Der Schwerpunkt liegt auf der konventionellen Frischluft-Ablufttrocknung. Daneben werden viele andere Trocknungsverfahren gemäß ihrer Bedeutung behandelt.

In der Holzwirtschaft gewinnt die Einsicht immer mehr an Boden, dass Schnittholz nur im getrockneten Zustand handelsfähig ist und reklamationsfrei verarbeitet werden kann. Die Folge ist eine zunehmende Verbreitung von Holztrockenanlagen in Europa und damit einhergehend der Bedarf an Ausbildung. Dieser Anforderung soll das vorliegende Buch gerecht werden.

Meine praktischen Lehrjahre habe ich nach dem Studium der Holzwirtschaft in einem großen Parkettwerk abgeleistet, wo Eiche an der freien Luft und anschließend in Kammern zu trocknen war, eine Tätigkeit, die mich buchstäblich Tag und Nacht beschäftigte und mir viele Einblicke in die Unzulänglichkeit der damaligen Technologie vermittelte. Die seinerzeit führende Firma Schilde hat manche der von uns gefundenen Verbesserungen in ihre Kammerentwicklung integriert. Die praktische Holztrocknung konnte ich dann bis heute an vielfältigen Beratungsfällen ausüben, die mich auf weite Reisen führten und mir einen Eindruck davon vermittelten, welch unterschiedliche Anforderungen die Trocknungsführer weltweit zu bewältigen haben. Eine besondere Herausforderung stellte die Trocknung vieler tropischer Laubhölzer dar.

Meine Kenntnisse der Holztrocknung durfte ich den Studenten der Fachhochschule Rosenheim anhand eines dafür ausgearbeiteten und ständig aktualisierten Skriptums mehr als 30 Jahre lang vermitteln. Ebenso lange habe ich mich am Trocknungskurs und am Planungsseminar für Trockenanlagen des Lehrinstituts der Holzwirtschaft in Rosenheim beteiligt.

Die Holzwirtschaft in Europa ist im Bereich der Holztrocknung bedauerlicherweise kaum organisiert – Kooperation oder Erfahrungsaustausch sind wenig verbreitet. Das Beispiel Nordamerika hat Nachahmung bisher nur in Schweden gefunden. Dort haben sich „Dry Kiln Clubs“ gebildet, deren Veranstaltungen dem Meinungsaustausch und der Weiterbildung von Trocknungsmeistern dienen. Wohl entstand auch bei uns die Idee, die Trocknung nur noch in die Hand von Fachleuten zu geben, die ihre Kenntnisse durch einen „Trocknungsführerschein“ nachzuweisen hätten, doch gab es hierfür in der Praxis wenig Unterstützung. Die Anlagenhersteller haben diese Bemühungen dadurch kompensiert, dass sie vollautomatische Anlagen auf den Markt gebracht haben, bei denen nur noch Holzart und Zielfeuchte einzugeben sind und dann ohne weiteren Eingriff des Menschen getrocknet wird. Kenntnisse rund um die Trocknung sind jedoch auch bei vollautomatisiertem Betrieb unerlässlich. Daher ist nun ein langsamer Schwenk bei Herstellern zu bemerken, die durch bessere Fachkenntnis des Bedienungspersonals eine Erhöhung der Effektivität von Trocknungsanlagen erwarten. Dies wird hoffentlich zu einer verstärkten Nachfrage nach Ausbildung führen und vielleicht den „Trocknungsführerschein“ als eigenständige Spezialausbildung mit Zertifikat doch noch möglich machen.

Wissenschaftliche Arbeit für die Holztrocknung wird in vielen Instituten betrieben. In Deutschland sind dies vor allem die Bundesforschungsanstalt für Forst- und Holzwirtschaft mit Dr. *Hans Welling*, die TU Dresden mit Prof. *Norbert Mollekopf* und vor ihm Prof. *Karl-Ernst Militzer*, früher auch das Institut für Holzforschung München. In der Europäischen Union hat sich die European Drying Group (EDG) gebildet, zunächst bestehend aus je einem Ländervertreter eines Instituts. Eine formelle Einrichtung der EU ist das Programm COST Action „Europäische Zusammenarbeit auf dem Gebiet der technischen und wissenschaftlichen Forschung“, mit dem Ausschuss

E 15 „Fortschritte in der Trocknung von Holz“. Aus dieser Gruppe heraus wurde vor allem die gemeinsame Normenarbeit im Bereich Schnittholz beeinflusst. Durch ihre Umorganisation kann inzwischen jeder Fachmann der EDG beitreten.

Weltweit gibt es eine Vielfalt von Themen, die in Zusammenhang mit der Holztrocknung stehen. Die Ergebnisse dieser Arbeiten werden etwa alle zwei Jahre auf einer Konferenz dargestellt, die von der Holztrocknungsgruppe des internationalen Verbandes Forstlicher Forschungsanstalten (IUFRO) veranstaltet wird.

Die beachtlichen wissenschaftlichen Erkenntnisse, die in DGfH, EDG/COST und insbesondere IUFRO gesammelt und mitgeteilt werden, finden bedauerlicherweise nur sehr zögernd Eingang in den betrieblichen Alltag.

Der Inhalt des vorliegenden Buches beschränkt sich im Wesentlichen auf die Verfahren, die in der betrieblichen Technik der Holztrocknung praktisch angewendet werden oder deren Einführung zu erwarten ist. Vorläufer sind meine schon genannten Skripten für Vorlesungen und Kurse sowie das Kapitel „Holztrocknung“, das sich – auf Stichworte verteilt – in der 4. Auflage des Holzlexikons findet. Bei Bedarf und für weitergehende Studien steht am Ende des Buches ein umfangreiches Literaturverzeichnis zur Verfügung.

Ich danke allen, die meiner Bitte um Hilfestellung beim Entstehen des Buches entsprochen haben. Besonders hilfreich waren die Herren der Herstellerfirmen Brunner-Hildebrand, Eisenmann, Mühlböck und Eberl, sowie Herr Dr. *Hans Welling* von der Bundesforschungsanstalt für Forst- und Holzwirtschaft, Hamburg.

Rosenheim *Thomas Trübswetter*

Vorwort zur 2. Auflage

Prof. Thomas Trübswetter war es nicht vergönnt, dieses Werk über die 1. Auflage hinaus fortzusetzen. Er verstarb im April 2008. Der Verlag wird das Andenken an den Autor wahren, indem er das Werk „Holztrocknung“ fortführt.

Im Herbst des Jahres 2008 ist der Carl Hanser Verlag mit der Bitte an mich herangetreten, die „Holztrocknung“ in Form einer Bearbeitung zu aktualisieren. Ich betrachte es als große Ehre, als Bearbeiter das Werk meines von mir sehr geschätzten Kollegen Prof. Thomas Trübswetter weiterführen zu dürfen und bin der Bitte sehr gerne nachgekommen.

Mir ist bewusst, dass es nicht leicht sein wird, den in seinem Buch niedergeschriebenen, über Jahrzehnte gewachsenen Erfahrungsschatz sinnvoll aktuell zu halten. In meiner Tätigkeit als Hochschullehrer an der Hochschule Rosenheim und auch durch diverse frühere Tätigkeiten hatte ich immer sehr enge Berührung zum Thema „Holztrocknung“, so dass ich mich darauf freue, die Arbeit von Prof. Trübswetter auch in seinem Sinne fachgerecht und praxisnah fortführen zu können.

Rosenheim, im Mai 2009 *Rainer Grohmann*

Inhaltsverzeichnis

1 Ziel der Trocknung

Schnittholz muss vor der Verwendung getrocknet werden. Maßstab für die Trocknung ist die geforderte **Endfeuchte.** Sie entspricht in der Regel der späteren Gleichgewichtsfeuchte, der **Gebrauchsfeuchte.**

Wird das Holz vor der Verwendung nicht oder unzureichend getrocknet, so ist dafür Sorge zu tragen, dass die zu hohe Holzfeuchte sich der Gebrauchsfeuchte auch noch im eingebauten Zustand ohne Schaden anpassen kann.

Im Gegensatz dazu muss gelegentlich auch weiter heruntergetrocknet werden, als der späteren Gebrauchsfeuchte entspricht. So werden ziemlich niedrige Holzfeuchten gefordert, wenn Verleimung und Lackierung geplant sind. In der späteren Verwendung stellt sich oft wieder eine höhere Holzfeuchte ein, z. B. im Bootsbau oder bei Brücken.

Die **Gebrauchsfeuchte** schwankt je nach Jahreszeit, Holzart, Anpassungsgeschwindigkeit an das sich ändernde Klima. Im Außenklima ist im Winter mit höherer Holzfeuchte zu rechnen als im Sommer. In beheizten Räumen trocknet das Holz im Winter meist stärker aus. Durch Oberflächenbehandlungen oder Tränkung wird die Feuchteanpassung oft verlangsamt.

Bei Einsatz des Holzes im frischen Zustand muss mit Nachteilen gerechnet werden, z. B. mit Maßänderungen, Rissen und Verzug durch Schwindung. Selbst der Transport von frischem Schnittholz kann wegen der Gefahr der Verfärbung oder gar der Zerstörung durch Pilze ein Risiko bedeuten. Nasses Schnittholz ist daher nur begrenzt als handelsfähiges Gut zu betrachten.

In Tabelle 1.1 wird eine Übersicht über die Holzfeuchten gegeben, die das Holz durch Trocknung erreichen soll. Es handelt sich um Durchschnittswerte, die in ca. 1/3 der Dicke mittels Elektroden gemessen werden. In Kapitel 3.3 wird die Holzfeuchte in Praxis und Theorie ausführlich behandelt. Im Rahmen der Trocknungsqualität und der Normung (Kap. 8.1) findet man die richtige Holzfeuchte als wesentliches Qualitätsmerkmal.

Tabelle 1-1 *Gebrauchsfeuchte und Trocknungsziel von Vollholz im Überblick*

Erzeugnis oder Verwendungszweck	Gebrauchsfeuchte in %	Trocknung auf %
Bauholzdimensionen, wobei Verleimung, Lackierung nicht vorgesehen sind	13 ... 17	unter 20
Schiffs- und Bootsbau	16 ... 18	10 ... 15
Außenschalung, Balkone, Untersicht von Dachüberständen, Verpackungen, Paletten u. a.	13 ... 18	15 ± 2
Fenster, Außentüren	12 ... 15	13 ± 2
Holzleimbau	12 ... 15	12 ± 2
Möbel, Fußböden, Innentüren, Wandschalungen in zentralbeheizten Räumen	7 ... 14	9 ± 2
Deckentäfelung in zentralbeheizten Räumen	6 ... 14	8 ± 2
Musikinstrumente	5 ... 11	7 ... 9 ± 1

2 Luft als Trocknungsmedium – Grundlagen

Luft unterliegt verschiedenen Klimaeinflüssen, die bei richtiger Anwendung zur Trocknung verwendet werden können. Im Folgenden werden erläutert: Druck, Feuchte, Wärme, Temperatur. Die Bewegung der Luft wird in Kap. 9.3.3. behandelt.

2.1 Physikalische Grundlagen

2.1.1 Druck

Der **Druck** (Formelzeichen *p*) wird in bar gemessen, 1 bar entspricht dem Normaldruck.

Die meisten Trocknungsprozesse laufen bei **Normaldruck** ab. Trocknungsanlagen sind daher in der Regel nicht druckfest ausgelegt. Geringe Druckunterschiede in einer Anlage sind notwendig, um die Zufuhr von Frischluft und die Ableitung von Abluft zu bewirken. Eine Ausnahme bilden die Trocknungsprozesse im „Vakuum", hierfür sind vakuumfeste Anlagen entwickelt worden (siehe hierzu Kap. 6 Vakuumtrocknung).

Als **Partialdruck** bezeichnet man den Teildruck eines Gases, den dieses Gas innerhalb eines Gasgemisches ausübt.
Der **Dampfteildruck** eines Dampf-Luft-Gemisches ist der Teil seines Gesamtdrucks, der allein auf den im Gemisch enthaltenen Dampf entfällt.

Nach DALTON hat jedes (ideale) Gas in einem Gasgemisch unabhängig von der Anwesenheit der anderen Gase den Teildruck, den es auch ausüben würde, wenn es allein vorhanden wäre. So setzt sich z. B. der Druck feuchter Luft, den man am Barometer ablesen kann (= Gesamtdruck), aus dem Teildruck der trockenen Luft und dem (Dampf-)Teildruck des in ihr enthaltenen Wasserdampfes zusammen. Der Teildruck des Wasserdampfes kann alle Werte zwischen null (= absolut trockene Luft) und seinem Sattdampfdruck annehmen. Dieser ist nur von der Temperatur abhängig. Bei konstantem Dampfgehalt der feuchten Luft bleibt bei Erwärmung (oder Abkühlung) des Gemisches auch der zugehörige Partialdruck konstant, sofern der Gesamtdruck sich dabei nicht ändert. Das Gemisch muss sich der Temperaturänderung entsprechend ausdehnen bzw. zusammenziehen können.

2.1.2 Wasserdampf

Die **relative Luftfeuchte** (Formelzeichen φ) gibt an, wie viel Prozent der maximal möglichen Wasserdampfmenge momentan in der Luft vorhanden sind.

Diese maximal mögliche Aufnahme ist temperaturabhängig. Die Angabe der relativen Luftfeuchte bezieht sich immer auf eine Temperatur.

Der **absolute Dampfgehalt** ist der Quotient aus der in feuchter Luft enthaltenen Dampfmasse m_D in g und der trocken gedachten Luftmasse m_L in kg:

$$x = \frac{m_D}{m_L} \quad \text{(in g/kg tr. Luft)}$$

Dieses **Dampf-Luft-Massenverhältnis** ist zur Beschreibung der Zustandsänderungen feuchter Luft sehr nützlich. Der Dampfgehalt feuchter Luft kann ohne gleichzeitige Temperatursteigerung nicht beliebig erhöht werden. Er hat seine Grenze bei Erreichen der relativen Luftfeuchte $\varphi = 100$ %, d. h. 1 kg Dampf je 1 kg trockene Luft.

Gesättigte bzw. ungesättigte Luft lässt sich aus den analogen Bezeichnungen des reinen Dampfes definieren, da die Anwesenheit von Luft neben dem Dampf hier ohne Belang ist (DALTONsches Gesetz, siehe oben). Bei feuchter Luft können diese Begriffe auch mit der relativen Luftfeuchte φ definiert werden: bei $\varphi = 100$ % ist die Luft gesättigt, bei $\varphi < 100$ % ungesättigt.

Gesättigter Dampf oder **Sattdampf** ist Dampf, der den zu einer gegebenen Temperatur gehörigen Sättigungsdruck besitzt. In einem abgeschlossenen Raum mit überall gleichmäßiger Temperatur liegt Sattdampf stets vor, wenn dieser mit seinem Kondensat in Berührung steht.

Solange dieser „Bodenkörper" oder diese „Stammflüssigkeit" vorhanden ist, kann bei unveränderter Temperatur der Druck des Sattdampfes weder über- noch unterschritten werden. Im Sattdampf sind Dampf und sein Kondensat in einem labilen Gleichgewicht, wenn ein entsprechender Wärmeaustausch mit der Umgebung gewährleistet ist und im System Volumenänderungen möglich sind. Geringste Abweichungen von der Dampfdruckkurve bewirken entweder die Bildung von Kondensat aus dem Sattdampf (Nebel, Flüssigkeit, Eis, Reif) oder die Überhitzung des Sattdampfes. Der Sattdampfdruck nimmt mit steigender Temperatur des Systems stark zu. Da für Wasser wie für jeden Stoff der Sättigungsdruck seines Dampfes von der Temperatur eindeutig festgelegt ist, wird letztere sinngemäß auch **Sättigungstemperatur** genannt.

Überhitzter Dampf oder **Heißdampf** ist Dampf, der bei gegebenem Dampfdruck entweder eine höhere Temperatur als seine Sättigungstemperatur oder bei gegebener Temperatur einen niedrigeren Druck als seinen Sättigungsdruck besitzt.

Derartiger Dampf ist „trocken", er scheidet erst bei Abkühlung auf Sättigungstemperatur bzw. Kompression auf Sättigungsdruck Flüssigkeit (Kondensat) ab. Diese Differenzen, oft ausgedrückt in den von Temperatur und Druck abhängigen Dampfdichten, bezeichnet man auch als Sättigungsdefizit.

2.1.3 Temperatur

Die physikalisch-technische Maßeinheit für die Temperatur ist **Kelvin** (K). Allerdings wird in der Praxis in **Grad Celsius** (°C) gemessen.

Da die Gradeinteilung beider Einheiten gleich ist, können die Temperaturen leicht umgerechnet werden.

Dazu dient der **„absolute Nullpunkt"**

$$0\ \text{K} = -273{,}15\ °\text{C}.$$

Daraus folgt $\vartheta = T - 273{,}15$

Temperaturdifferenzen sollen in **Kelvin** ausgewiesen werden.

In Amerika wird die Temperatur in **Grad Fahrenheit** (°F) angegeben. Umrechnungsformeln zwischen Celsius und Fahrenheit:

$$\vartheta\ (\text{in °C}) = 5/9\ [\vartheta\ (\text{in °F}) - 32]$$

$$\vartheta\ (\text{in °F}) = 9/5\ \vartheta\ (\text{in °C}) + 32$$

Die Temperatur spielt bei der Trocknung eine große Rolle. Je höher die Temperatur in einem Dampf-Luft-Gemisch, umso mehr Wasserdampf kann aufgenommen werden. Eine Temperaturerhöhung beschleunigt den Feuchtetransport vom Holzinneren an die Oberfläche.

Der **Taupunkt** ist gleichbedeutend mit der Sättigungstemperatur. Mit sinkender Temperatur nimmt die Fähigkeit der Luft oder von Gasen ab, Wasser zu binden.

Der **Taupunkt** ist die Temperatur, bei der das Wasser bei Abkühlung auskondensiert. Er wird wahrnehmbar als Nebel in der Luft, als Tau am Boden und an Pflanzen, ebenso als Reif bei Temperaturen unter 0 °C.

Taupunktunterschreitung kann sich in einer Trockenkammer bei unkontrollierter Abkühlung durch Wiederbefeuchtung des Holzes negativ bemerkbar machen. An Wärmebrücken in einer Trockenanlage, d. h. an kalten Stellen wegen mangelhafter Wärmedämmung, kann der Taupunkt unterschritten werden. Die Folge ist eine gegenüber dem Sollwert zu niedrige Luftfeuchte.

2.1.4 *h-x*-Diagramm für feuchte Luft

Holz wird bis auf wenige Ausnahmen in einem Dampf-Luft-Gemisch oder in Dampf getrocknet. Zustandsänderungen bei Trocknungsvorgängen mit feuchter Luft lassen sich mit dem von MOLLIER entwickelten *h-x*-Diagramm beschreiben (Bild 2-1). Daraus

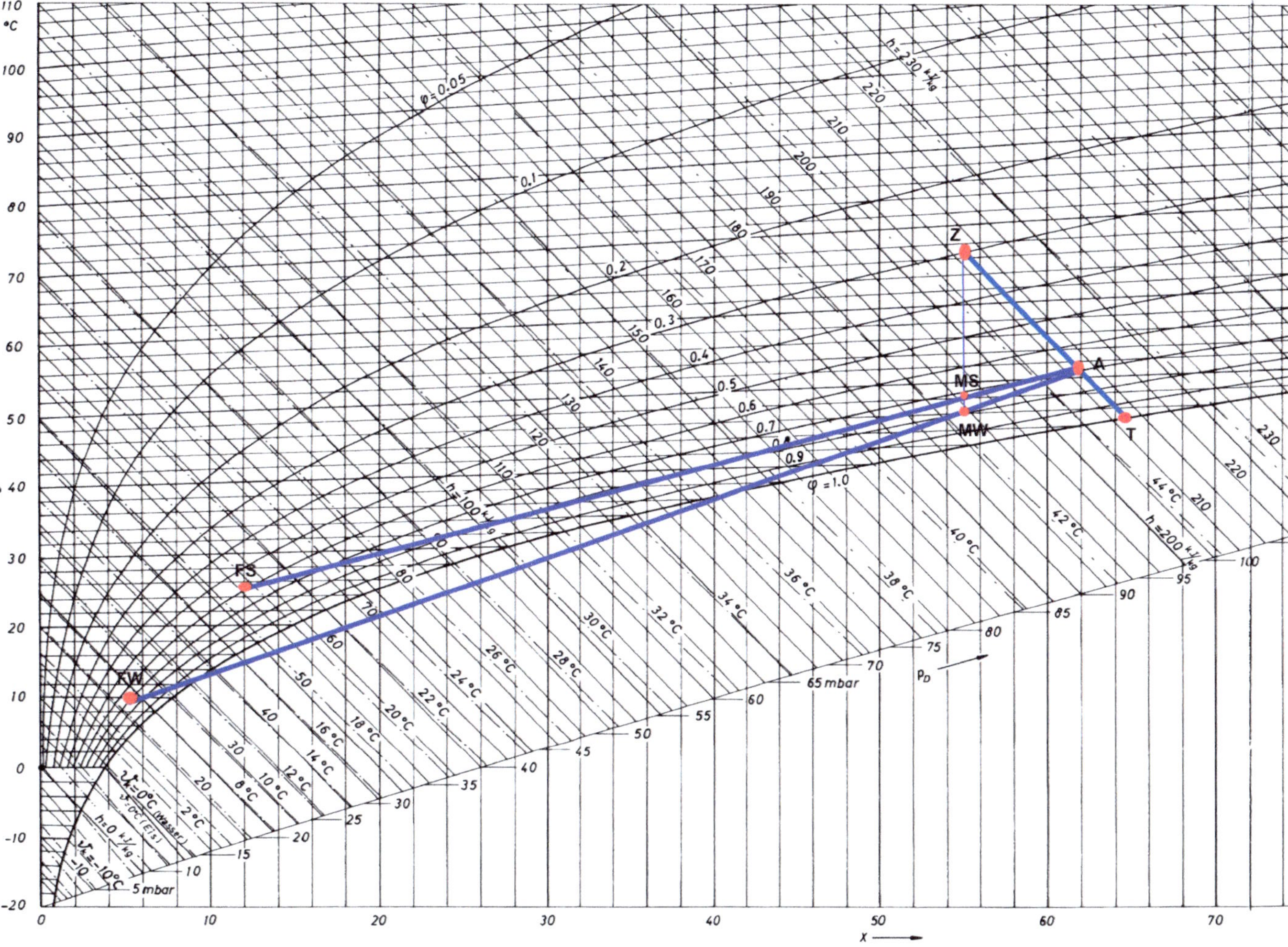

Bild 2-1 MOLLIER-h-x-Diagramm für feuchte Luft bei Temperaturen von –20 … 100 °C und p = 1 bar. Auf der x-Achse ist der Wassergehalt der feuchten Luft in g/kg trockener Luft, auf der y-Achse die Temperatur in °C aufgetragen. Der obere Teil zeigt Linien gleicher Temperaturen, Luftfeuchten und Wärmeinhalten von ungesättigter Luft, also der üblichen Kammerluft. Der untere Teil gibt Daten für übersättigte Luft wieder, als **Nebelgebiet** bezeichnet. Getrennt werden die beiden Teile durch die Kurve der Sättigungsfeuchte der Luft. Zusätzlich sind die Zahlen der zu den Luftzuständen gehörenden Teildrücke zu finden. Das eingetragene Beispiel ist im Text erklärt. (Diagramm aus KRISCHER/KAST 1978)

können Werte abgelesen werden, die andernfalls durch schwierige Berechnungen ermittelt werden müssten.

Konventionelle **Holztrockenkammern** führen einen Luftstrom dauernd im Kreis. Nach Bedarf wird dieser Umluft eine kleine Menge an **Zuluft** hinzugemischt. Die gleiche Menge verlässt die Kammer als **Abluftstrom**, er führt die Feuchte aus dem Holz ab. Diesen Vorgang kann man schematisch in das Diagramm einzeichnen und verfolgen. Dazu werden verschiedene Größen benötigt, z. B. die Temperatur und die relative Luftfeuchte der Umluft. Dann kann ermittelt werden, wie viel Zuluft und Wärme gebraucht werden, um eine gewünschte Entfeuchtung zu erreichen. Das *h*-*x*-Diagramm stellt also für **Dampf-Luft-Gemische** den Zusammenhang dar zwischen

- Wärmeinhalt (Enthalpie) h
- Wasserdampfgehalt feuchter Luft x
- Lufttemperatur ϑ
- relativer Luftfeuchte φ
- Teildampfdruck p_D
- Dichte des Dampfs ρ_D
- Kühlgrenztemperatur T_k

Ferner wird das Diagramm bei der Aufstellung von **Stoff-** und **Energiebilanzen** bzw. bei der Ermittlung des **Trocknungsaufwandes** angewendet. Die Enthalpie h wird hierbei als der Wärmeinhalt in kJ angegeben, der in 1 kg trockener Luft und dem jeweils darin vorhandenen (überhitzten) Wasserdampf einschließlich dessen Verdampfungswärme enthalten ist. Die Enthalpie der Luft bei 0 °C wird gleich null gesetzt.

Die Anwendung des Diagramms soll anhand eines Beispiels nachstehend gezeigt werden. Für weitergehende Berechnungen muss auf Grundlagenwerke, z. B. von KRISCHER und KAST (1978) sowie KRÖLL (1978), verwiesen werden.

Beispiel:

In einer Frischluft-Abluft-Trockenkammer wird die Luft gemäß Trocknungsplan auf eine Temperatur von 67 °C und eine Gleichgewichtsholzfeuchte von 4 % entsprechend einer relativen Luftfeuchte von 30 % eingestellt. Sie durchströmt als Zuluft den Stapel. Im *h*-*x*-Diagramm sind für den Punkt *Z* zu entnehmen:

Stapelzuluft Z: $\vartheta_z = 67$ °C $\varphi_z = 0{,}3$ $x_z = 55$ g/kg
$h_z = 212$ kJ/kg

Beim Passieren des Stapels wird die Luft aufgefeuchtet. Sie behält jedoch ihren Wärmeinhalt, die Enthalpie. Daher verläuft die Entfeuchtungsgerade entlang der Linie der Enthalpie. Die Abluft *A* hinter dem Stapel hat nun eine Temperatur von 50 °C und eine relative Luftfeuchte von 70 %.

Stapelabluft *A*: $\vartheta_a = 50$ °C $\varphi_a = 0{,}7$ $x_a = 62$ g/kg
$h_a = 212$ kJ/kg

Die gerade Verbindung von *Z* nach *A* ergibt den Trocknungsverlauf.

Nun gibt es verschiedene Möglichkeiten:

1. Die Luft hat bei Erreichen der Klimawerte den Stapel noch nicht verlassen. Sie streicht also weiter durch den Stapel und nimmt zusätzliche Feuchte auf. Das ist aber nur möglich bis zur Sättigung. Die Luft erreicht den Sättigungszustand von φ = 100 %, wenn die Verlängerung der Gerade des Trocknungsverlaufs die Kurve $\varphi = 1{,}0$ im Punkt *T* schneidet. Die Kurve $\varphi = 1$ ist die Sättigungslinie. Damit ist der Taupunkt erreicht, und das Holz wird zunehmend aufgefeuchtet.

Taupunkt *T*: $\vartheta_t = 45$ °C $\varphi_t = 1{,}0$ $x_t = 64$ g/kg
$h_t = 212$ kJ/kg

Dieser Zustand ist offensichtlich unerwünscht.

2. Die Luft muss vor Erreichen des Taupunkts für erneute Verwendung als Umluft aufbereitet werden, hier im Punkt *A*. Das bedeutet, dass der absolute Wassergehalt x von 62 auf 55 g/kg gesenkt, die Temperatur von 50 auf 67 °C gehoben werden muss. Diese Änderungen erfolgen im Diagramm in zwei Stufen.

Stufe 1:

Durch Zumischung von Frischluft wird der Wassergehalt beeinflusst. Betrachtet werden soll der Klimaeinfluss im Sommer und im Winter.

Im Sommer habe die Frischluft *FS* eine Temperatur von 25 °C und eine relative Luftfeuchte von 60 %.

Frischluft Sommer *FS*: $\vartheta_{fs} = 25$ °C $\varphi_{fs} = 0{,}6$ $x_{fs} = 12$ g/kg
$h_{fs} = 55$ kJ/kg

Die Luft wird kontrolliert durch Schächte in geringem Anteil der feuchten Stapelabluft zugeführt. Dazu wird im Diagramm eine Gerade zwischen den Punkten *FS* und *A* gezogen.

Auf dieser Geraden ist der gewünschte Zustand der Mischluft zu finden. Die Luft muss den Wassergehalt der Zuluft (Punkt *Z*) mit annehmen. Daher ergibt der Schnittpunkt mit dieser Feuchte das Mischklima *MS*.

Mischluft Sommer *MS*: $\vartheta_{ms} = 47\ °C \quad \varphi_{ms} = 0{,}80$
$x_{fs} = x_z = 55\ g/kg \quad h_{ms} = 190\ kJ/kg$

Im Winter habe die Frischluft *FW* eine Temperatur von 5 °C und eine relative Luftfeuchte von 70 %.

Frischluft Winter *FW*: $\vartheta_{fw} = 5\ °C \quad \varphi_{fw} = 0{,}7 \quad x_{fw} = 4\ g/kg$
$h_{fw} = 15\ kJ/kg$

Die Luft muss abermals den Wassergehalt der Zuluft (Punkt *Z*) mit annehmen. Daher ergibt der Schnittpunkt der Geraden *FW* – *A* mit dieser Feuchte das Mischklima MS.

Mischluft Winter *MW*: $\vartheta_{mw} = 44\ °C \quad \varphi_{mw} = 0{,}86$
$x_{fw} = x_z = 55\ g/kg \quad h_{mw} = 186\ kJ/kg$

Stufe 2:

Die Mischluft muss zu jeder Jahreszeit auf die geforderte Zulufttemperatur von 67 °C aufgeheizt werden. Dieser Vorgang wird durch die Gerade zwischen *MS* bzw. *MW* und *Z* dargestellt.

Aus dem beschriebenen Ablauf lassen sich verschiedene Schlüsse ziehen, z. B.

- Die Frischluftmengen im Sommer m_s und Winter m_w sind unterschiedlich:

$$\frac{m_s}{m_w} = \frac{x_a - x_{fw}}{x_a - x_{fs}} = \frac{62-4}{62-12} = 1{,}16$$

Bei Sommerklima wird 16 % mehr Frischluft benötigt als im Winter.

- Der Energieaufwand e_s und e_w ist ebenfalls unterschiedlich:

$$\frac{e_s}{e_w} = \frac{h_z - h_{mw}}{h_z - h_{ms}} = \frac{212-186}{212-190} = 1{,}18$$

Der Energieaufwand an den Heizregistern ist im Winter um 18 % höher als im Sommer.

In dieser Berechnung sind Wärmeverluste nicht enthalten. Auch andere externe Einflüsse wie Falschluft oder Abwärme von Lüftermotoren bleiben unberücksichtigt.

Eine zusätzliche Beurteilung wird durch die Skala der Dampfteildrücke p_D ermöglicht. Im Beispiel ist abzulesen

für die Abluft *A* $\quad p_D = 90$ mbar

für die Zuluft *Z* $\quad p_D = 82$ mbar.

Je geringer der Druckunterschied zwischen Zuluft- und Abluftseite, umso gleichmäßiger trocknet das Holz. Andererseits verläuft die Trocknung schneller, je höher die Teildrücke sind.

2.1.5 Bilanzierung

Energiebilanzen liegt das allgemeine **Energiegesetz** zugrunde. Es besagt, dass die einzelnen Arten von Energien ineinander umwandelbar sind, wobei in einem abgeschlossenen System, d. h. ohne Energieaustausch des Systems mit seiner Umgebung, die Summe aller dieser Energien unverändert bleibt.

Es kann sich um mechanische, thermische, elektrische, elektromagnetische, chemische u. a. Energie handeln. Steht nun irgendein abgegrenzter Bereich mit seiner Umgebung im Energieaustausch, so muss nach dem allgemeinen Energiegesetz die Summe aller Energieänderungen in dem Bereich gleich der Summe der Energien sein, die mit der Umgebung des Bereichs ausgetauscht werden. Auf Grund dieses Gesetzes lassen sich für bestimmte Beobachtungszeiten **Energiebilanzen** aufstellen. Sie können in Form einer Gleichung geschrieben werden. Dann zählen auf der linken Seite der Gleichung alle dem abgegrenzten Bereich zugeführten Energien positiv, alle abgeführten negativ; auf der rechten Seite Energieerhöhungen im Bereich positiv, Erniedrigungen negativ. Die verschiedenen Arten der auftretenden Energien werden bei Trocknungsvorgängen jeweils als Vielfache nur einer Energieeinheit angegeben, z. B. in Joule (J) oder in Kilowattstunden (kWh). Zur Beurteilung der Wirtschaftlichkeit technischer Prozesse werden Energiebilanzen erst im Zusammenhang mit **Stoffbilanzen** aussagekräftig.

Stoffbilanz bedeutet eine Gegenüberstellung aller in einen abgegrenzten Bereich ein- und austretenden Stoffe für eine bestimmte Beobachtungszeit. Für einen kontinuierlich arbeitenden Trockner gilt nachfolgende einfache Gleichung, unter der Voraussetzung eines Beharrungszustands:

Eingebracht pro Stunde: Feuchte Holzmenge + trockene Frischluftmenge = **Ausgetreten pro Stunde:** Getrocknete Holzmenge + aufgefeuchtete Abluftmenge

Für diskontinuierliche Prozesse, z. B. eine übliche Kammertrocknung, wählt man die Zeitspanne zweckmäßig so, dass die gesamte Trockenzeit erfasst wird. Kennt man für einen Prozess außer der Stoffbilanz die zugehörige Energiebilanz, zu ermitteln im *h*-*x*-Diagramm, so lässt sich aus beiden die Wirtschaftlichkeit des Prozesses berechnen, z. B. für einen Trocknungsprozess der Energieverbrauch je kg Wasserentzug.

2.2 Messmethoden

2.2.1 Luftfeuchte

Haarhygrometer messen mittels gespannter Haare oder Haarbündel, die mit steigender relativer Luftfeuchte länger werden. Bei Kleingeräten wird die Anzeige über ein Hebelgetriebe und eine Zeigerachse auf eine Skala übertragen. Eine kontinuierliche Messung von Feuchte und Temperatur wird durch Auftragen von Klimakurven auf eine rotierende Trommel durchgeführt. Haarhygrometer können in einem Temperaturbereich von etwa –10 bis +50 °C, in Spezialausführung ab –60 °C eingesetzt werden. Sie werden vorzugsweise zur ständigen Kontrolle klimatisierter Räume (Klimakammern, Labors, Prüfräume, Werkstätten, Fertigungshallen, Holz- oder Warenlager usw.) verwendet, aber auch in einfachen Trocknungsanlagen, in Neubauten usw. Für eine normale Holztrocknungsanlage sind Haarhygrometer nicht geeignet.

Als **indirekte Holzfeuchtemesser** benutzt man Systeme, bei denen sich das Haar entweder in einer perforierten Sonde befindet, die in ein Bohrloch des zu prüfenden Holzstücks eingeführt wird (**Stechhygrometer**), oder in einem einseitig offenen, flachen Behälter fixiert ist, der mit der offenen Flachseite auf die Holzoberfläche gelegt wird (**Auflegehygrometer**). Haarhygrometer müssen insbesondere bei Verwendung in trockenen Räumen oft regeneriert, d. h. etwa alle 2 Wochen gründlich mit einem Zerstäuber o. Ä. befeuchtet und justiert werden. Eine Messung ist bei einer relativen Luftfeuchte zwischen 15 und 85 % möglich, die Genauigkeit liegt bei ±2,5 % Luftfeuchte.

Bild 2-2 *Psychrometer in einer Holztrockenkammer. Oben der Fühler für die Trockentemperatur, unten, von einem Strumpf umwickelt, der Fühler für die Feuchttemperatur. Der Strumpf saugt aus dem Behälter kontinuierlich Wasser. Darüber ein Schutzblech gegen Tropfwasser. Dahinter rechts das Heizregister, links ein großer, seitlich der Stapel angeordneter Ventilator*

Psychrometer sind auf thermodynamischer Grundlage beruhende Messgeräte, bestehend aus einem Trockenthermometer, das die Lufttemperatur misst, und einem Feuchtthermometer oder Nassthermometer (Bild 2-2). Dazu wird letzterer mit einem saugfähigen Gewebe („Strumpf“) überzogen, das aus einem meist außerhalb der Trockenkammer befindlichen Wassergefäß mit entkalktem Wasser kontinuierlich benässt wird. Im Luftstrom wird infolge der am Strumpf einsetzenden Verdunstung des Wassers dem Thermometer Wärme entzogen und die Temperatur des Luftstroms gegenüber einem unbewehrten Thermometer erniedrigt; der Effekt heißt „Verdunstungskälte“. Die Differenz zwischen der Trockentemperatur ϑ, auch ϑ_{tr}, und der Feuchttemperatur ϑ_w, die psychrometrische Differenz $\Delta\vartheta = \vartheta - \vartheta_w$ ist ein Maß für die relative Luftfeuchte. Ihre Berechnung mit Hilfe der empirisch gefundenen SPRUNGschen Formel ist ziemlich umständlich, weshalb den Messgeräten zur Auswertung grafische Psychrometertafeln beigegeben werden (s. Bild 3-7). Bedingungen für die richtige Anzeige sind die laufende Befeuchtung des Strumpfes und Auswechslung nach jeder Trocknung, weiterhin eine Geschwindigkeit des Luftstroms von 2 m/s oder mehr am Fühler und evtl. die Anbringung eines Strahlungsschutzes. Psychrometer sind für die Regelung der Trocknung nur einzusetzen, wenn eine sorgfältige Wartung gewährleistet ist und die Luftgeschwindigkeit stimmt.

Ein Standardgerät, das in der Praxis als Normalgerät zur Kalibrierung anderer Geräte verwendet werden kann, ist das **Aspirations-Psychrometer** nach ASSMANN mit einem Messbereich für ϑ und ϑ_w von –5 bis +60 °C und einer Genauigkeit von ±1 % relative Luftfeuchte. Das Feuchtthermometer wird durch einen kleinen Ventilator belüftet, der elektrisch oder mittels mechanischer Aufziehhilfe betrieben werden kann.

Resistive Feuchtesensoren benutzen als Messwertgeber hygroskopische Materialien in Form dünner Folien (Papierstreifen, Holzplättchen, Textilvlies usw.), die sehr rasch ihren Feuchtegehalt demjenigen der Umgebungsluft anpassen (Bild 2-3). Den Feuchtegehalt, den die Sensoren jeweils annehmen, misst man auf elektrischem Wege nach den gleichen Prinzipien wie bei **elektrischen Holzfeuchtemessern.** In Trockenkammern wird das hygroskopische Material zwischen Klemmelektroden eingespannt und der ohmsche Widerstand kontinuierlich gemessen. Die Sensoren müssen vor jeder Trocknung erneuert werden, weil rasche Alterung im Trockenklima zu Fehlmessungen Anlass gibt (siehe auch Kap. 3.3.2 Gleichgewichtsfeuchte).

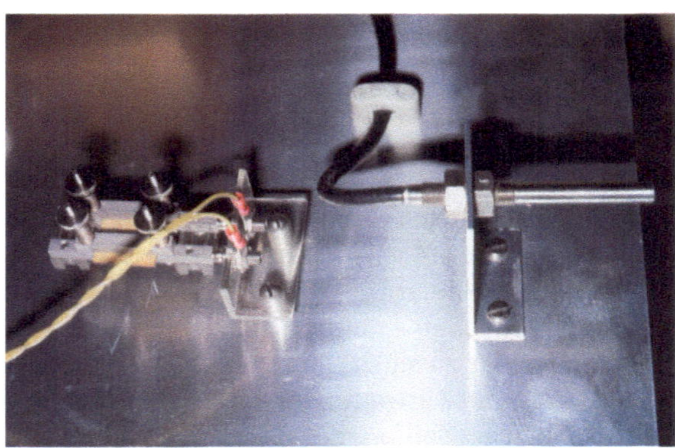

Bild 2-3 *Elektrische Klimamessstation in einer Trockenkammer. Links Elektrodenhalterung für den Holzspan. Rechts der Temperaturfühler*

Kapazitive Feuchtesensoren enthalten einen Kondensator, z. B. eine Kunststofffolie, der mit elektrisch leitendem Metall (z. B. einem Goldfilm) bedampft ist (BAUMGARTNER 2000). Die Folie dient als Dielektrikum. Kapazitätsänderungen werden in Abhängigkeit von der Umgebungsfeuchte über entsprechende Frequenzänderungen erfasst und ausgewertet. Die Messelemente lassen sich gut miniaturisieren (z. B. auf 4 × 6 mm²) und sind in der industriellen Messtechnik etabliert. Auf dem Markt sind Handmessgeräte (Bild 2-4) und Einbausensoren für Trockenanlagen, die in der Regel mit einem Temperaturmessgerät kombiniert sind. Die Fühler sind

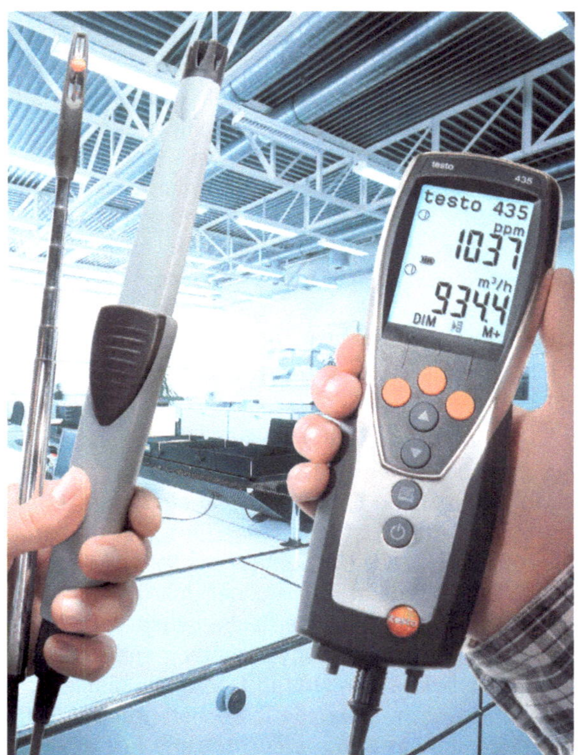

Bild 2-4 *Multimessgerät zur Analyse der Raumluftqualität (CO_2, relative Feuchte, Raumlufttemperatur) und Messsonden (Bild: TESTO)*

relativ preiswert und genau. Der Messbereich liegt bei einer relativen Luftfeuchte von 0 bis 100 % und einer Temperatur von -40 °C bis +180 °C. Die Lebensdauer beträgt über 7 Jahre, bei Wartungsintervallen von ca. einem Jahr.

2.2.2 Temperatur

Für die Messung werden verschiedenartige Thermometer eingesetzt.

Flüssigkeitsthermometer: In einem Röhrchen wird dabei die Volumenzunahme bestimmter Stoffe mit steigender Temperatur zur Temperaturmessung herangezogen. Am gebräuchlichsten sind Füllungen mit einer Flüssigkeit, z. B. Alkohol, Toluol (gefärbt), früher auch Quecksilber.

Bimetallthermometer: Auf dem Prinzip der Wärmeausdehnung beruhen auch die Bimetall-Thermometer, bei denen sich zwei unterschiedliche, verlötete Metallstreifen bei unterschiedlichen Temperaturen verschieden stark dehnen; die daraus resultierende Krümmung wird gemessen. Sie werden meist bei der Holztrocknung verwendet (Bild 2-4).

Temperaturindikatoren: Sie sind nur dazu geeignet, eine bestimmte Temperatur zu messen, z. B. durch den Farbumschlag von Stoffen bei Erwärmung auf bestimmte Temperaturen (Thermofarben, -kreiden, -folien).

Thermographie: Dies ist ein berührungsloses Verfahren, bei dem die vom Körper ausgehende Infrarotstrahlung punktweise von einem sehr kleinen fotoelektrischen Strahlungsempfänger, einer Infrarotkamera, „abgetastet“ wird; die vielen Einzelergebnisse werden als Graustufung oder Farbwerte zu einem Wärmebild des Objektes wieder zusammengestellt. Damit wird z. B. die Qualität einer Trockenkammer zwar aufwendig, aber eindeutig festgehalten.

Thermoelemente: Diese bestehen aus zwei an einem Ende zusammengelöteten Drähten aus unterschiedlichen Metallen. Bringt man die zusammengelötete Stelle in den Messbereich, kann die an den Metallen entstehende Spannungsdifferenz zur Temperaturmessung genutzt werden.

Widerstandsthermometer: Diese nutzen den Umstand, dass sich der ohmsche Widerstand eines metallischen Leiters in Abhängigkeit von der Umgebungstemperatur ändert. Solche Thermometer werden wegen ihrer geringen Fehleranfälligkeit und ihre Wartungsfreiheit häufig in **Trockenkammern** eingesetzt, z. B. als PT100-Fühler, die einen Platindraht nutzen.

3 Holzeigenschaften und Trocknung

Die Trocknung des Holzes gilt wegen der Inhomogenität des Materials als schwierig. Daher werden in diesem Kapitel einige Grundlagen erläutert, deren Kenntnis für die Entfeuchtung von Bedeutung sind. Der Aufbau des Holzes zeigt, weshalb Wasser aus dem Zellaufbau nur mit Schwierigkeiten zu entfernen ist. Die Rohdichte wird erläutert, sie ist ein wesentliches Merkmal zur Beurteilung von Trocknungseigenschaften. Die verschiedenen Stadien der Holzfeuchte im Gleichgewicht mit der Umgebung und ihrem Einfluss auf die Trocknung werden ebenso wie die Messung der Feuchte und die feuchtebedingten Maßänderungen dargestellt.

3.1 Aufbau des Holzes

Bäume und Sträucher produzieren Holz in Form von Stämmen, Ästen und Wurzeln. Die Bildung des Gewebes erfolgt im **Kambium**, einer ringförmigen Schicht von Teilungszellen. Nach innen wird **Holz** (Xylem), nach außen **Rinde** (Phloem) ausgebildet. Der Rindenzuwachs bleibt gegenüber dem Holzzuwachs weit zurück. Der Holzkörper besteht aus Millionen von Zellen unterschiedlicher Art, Größe, Form, Anzahl und Verteilung. Die Zellen erfüllen drei Funktionen:

- Festigung,
- Leitung,
- Speicherung.

Sie sind nach Holzgruppe und Holzart unterschiedlich ausgebildet.

Nadelholz besteht überwiegend aus Tracheiden, spitz zulaufenden Zellen, die sowohl der Festigung als auch der Leitung von Wasser und Nährstoffen dienen. **Laubhölzer** besitzen für die Festigung Holzfasern und für die Wasserleitung Gefäße oder Poren. Diese kann man sich als feine Rohrsysteme im Holz vorstellen. Schließlich gibt es in allen Holzarten für die Speicherung von Nährstoffen oder auch Inhaltstoffen spezielle Zellen, die **Parenchymzellen**. Zusätzlich sind in manchen Holzarten besondere Zellelemente für Harze, Öle u. a. vorhanden. Daraus ergibt sich, dass das Holz extrem inhomogen aufgebaut ist.

Die **Zellwände** bestehen aus Zellulose, Lignin, Pektinen, Hemizellulosen und Nebenbestandteilen unterschiedlichster Art. Zellulosemoleküle bilden zusammen mit Hemizellulose das Gerüst der Zellwand. Etwa 40 Zellulosekettenmoleküle sind zu Strängen, den Elementarfibrillen, gitterförmig zusammengeschlossen. Pektinstoffe verkleben die Fibrillen untereinander. Die Verholzung erfolgt durch das eingelagerte und umschließende **Lignin**. Für das Feuchteverhalten des Holzes ist bedeutsam, dass Wassermoleküle sich an und zwischen die Fibrillen anlagern, diese auseinander drücken und derart einen Quellungszustand herbeiführen. Die Auflösung dieser molekularen Bindung, d. h. das Herausholen der Wassermoleküle aus der Zellstruktur durch Trocknung, bedarf gegenüber freier Verdunstung eines erhöhten Energieaufwands.

Die meisten Zellen sind schmal und lang geformt und mit der Längsachse parallel zur Stammachse, also in Faserrichtung, ausgerichtet. Quer dazu liegen (im Stamm radial verlaufende) **Zellbündel**, bestehend aus Speicherzellen und teils auch aus Tracheiden und Harzkanälen.

Die meisten Zellen sind einzeln nur im Mikroskop zu erkennen. Der jeweilige Zellverband ergibt durch seine Anordnung das Bild, die Zeichnung oder **Textur** des Holzes. Zu unterscheiden sind die Zeichnungen quer zur Faser (im Hirnschnitt) sowie radial und tangential im Bezug zum Stamm (Bild 3-1). Mit dem bloßen Auge (makroskopisch) können bei manchen Hölzern **Harzkanäle** (z. B. bei Fichte, Kiefer), **Holzstrahlen** (z. B. bei Eiche, Platane), **Markflecken** (z. B. bei Erle), **Parenchymfelder** (bei vielen

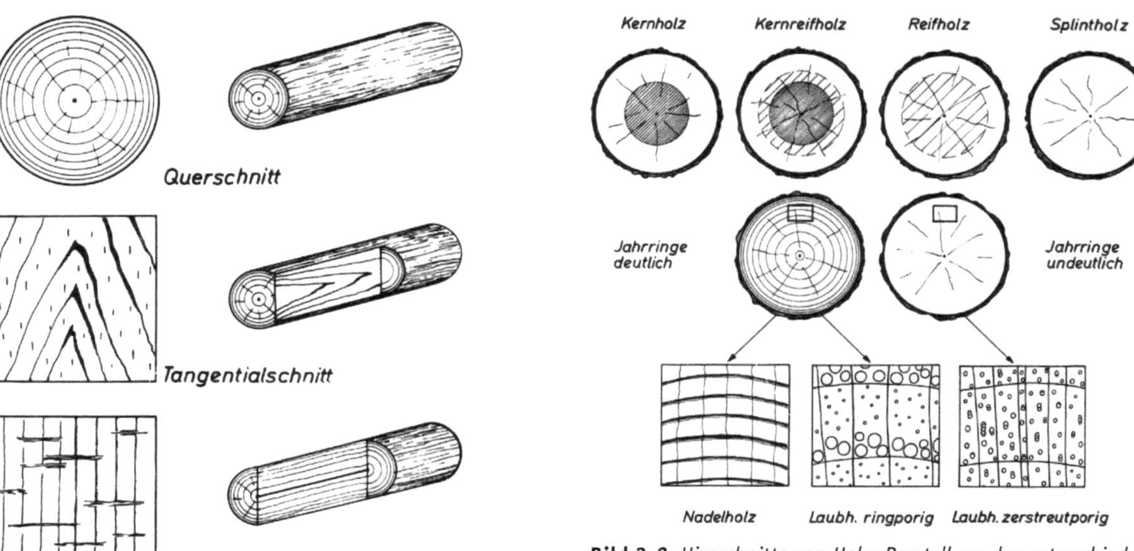

Bild 3-1 *Darstellung der Schnittrichtungen: Querschnitt (Hirnschnitt), Tangentialschnitt und Radialschnitt (Bild: GROSSER)*

Bild 3-2 *Hirnschnitte von Holz: Darstellung der unterschiedlichen Art der Verkernung und des Holzbildes, abhängig von den unterschiedlichen Zellarten (Bild: GROSSER)*

Tropenhölzern) oder **Poren** (z. B. bei Eiche) erkannt werden.

Die Bäume der gemäßigten Breiten wachsen nur in der warmen Jahreszeit. Im Frühjahr wird das **Frühholz** angelegt, das im Nadelholz aus einer Zone dünnwandiger, leitfähiger Tracheiden besteht. Bei Laubhölzern wird das Frühholz in ringporigen Hölzern, z. B. bei Eichen, auffällig locker ausgebildet. Im Sommer folgt eine Zone dichten **Spätholzes**, das im Nadelholz nur aus dickwandigen Tracheiden und evtl. Harzkanälen besteht. Zerstreutporige Laubhölzer bestehen über den ganzen Jahrring, ringporige Laubhölzer im Spätholz überwiegend aus Holzfasergewebe und kleinen Poren. Ab Oktober gibt es kein Wachstum mehr, die **Wachstums-** oder **Jahrringgrenze** ist erreicht. Die Folge dieses inhomogenen Jahrringaufbaus sind erhebliche Dichteunterschiede im Nadelholz und im ringporigen Laubholz (Bild 3-2).

Die Breite der Jahrringe liegt zwischen wenigen Millimetern und einigen Zentimetern, abhängig von der Holzart, aber auch von äußeren Umständen, wie Regen, Bewässerung, Belichtung, Nährstoffen u. a.

Der Zuwachs der Bäume nimmt mit dem Alter ab, die Jahrringe werden also enger. Aus der Anzahl der Jahrringe kann auf das **Alter von Bäumen** geschlossen werden. Auch in den Tropen, wo es keine größeren Klimaunterschiede über das Jahr gibt, werden in den Bäumen Zuwachszonen angelegt. Sie hängen vom Wechsel der Trocken- und Regenzeiten ab, aber auch von anderen, undefinierbaren Einflüssen. Das Baumalter kann an solchen Zuwachsringen meist nicht ausgezählt werden.

Ein junger Baum besitzt ein über den gesamten Stammquerschnitt leitfähiges Holz, das **Splintholz** genannt wird. Mit dem Alter bildet sich in vielen Baumarten nicht leitendes **Kernholz** aus, nur die äußeren Jahrringe bleiben leitfähig. Diese bleiben hell, während die Verkernung meist eine Färbung mit sich bringt, die alle Farbschattierungen annehmen kann, z. B. von Esche (weiß) bis Ebenholz (schwarz). Die Verkernung verursacht eine Änderung der physikalischen Eigenschaften. Kernholz ist im Baum weitaus trockener als Splintholz. Dagegen besitzen Bäume, die durchweg auch im Alter aus splintähnlichem Gewebe bestehen, immer eine helle Färbung und erhöhte Feuchte.

Gemäß ihrer Kernholzbildung können die Bäume unterteilt werden:

- **Splintholzbäume**. Geringe Farb- und Feuchteunterschiede zwischen inneren und äußeren Zonen. Verkernung verzögert und nur mikroskopisch nachweisbar. *Beispiele:* Birke, Erle, Weißbuche, Weide.
- **Reifholzbäume**. Helles Kernholz, nicht unterschieden vom Splintholz. Dieses ist weitaus feuchter als Kernholz. *Beispiele:* Fichte, Tanne, Rotbuche, Linde.
- **Kernholzbäume**. Obligatorische Farbkernbildung, außen helles Splintholz. Dieses ist weitaus feuchter als das Kernholz. *Beispiele:* Kiefer, Lärche, Eibe, Eiche, Nussbaum, Mahagoniarten
- **Fakultative Kernholzbäume**. Farbkernbildung in hellen Hölzern erfolgt selten und unregelmäßig, das Holz entspricht dann normalem Kernholz. *Beispiele:* Rotbuche, Esche, Limba.

Die **Trocknung von Splintholz** ist meist wenig problematisch, weil leitfähige Gewebe der Wasserbewegung nur geringen Widerstand entgegensetzen. Nachteilig ist bei frischem Splintholz der hohe Wassergehalt, oft verbunden mit einer Neigung von Feuchtenestern.

Die Verkernung bringt zwar eine Verringerung des Wassergehalts, dafür aber Erschwernisse für die Wasserbewegung mit sich. In Laubhölzern können die Poren durch **Thyllen** verstopft werden, feine Häutchen, die aus dem angrenzenden Parenchym in die Lumina (Zellhohlräume) wachsen. Die Durchlässe zwischen den Zellen, die **Tüpfel**, können verkleben (Bild 3-3). Eine Vielfalt von Kernstoffen können insbesondere in Laubhölzern zur Erschwerung der Trocknung Anlass geben.

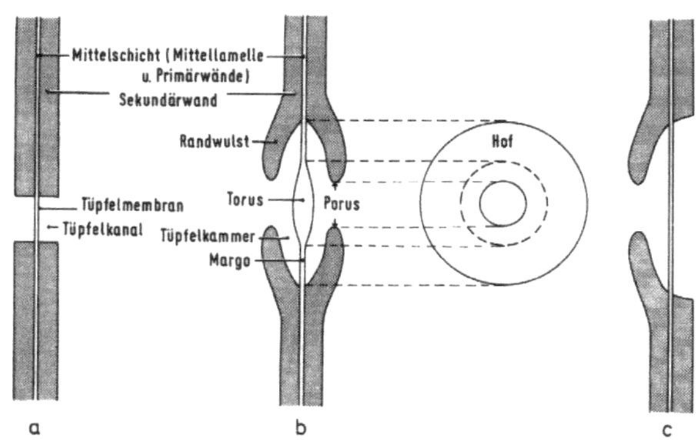

Bild 3-3 *Darstellung von Tüpfeln. a) einfacher Tüpfel, b) Hoftüpfel (behöftes Tüpfelpaar) – diese Tüpfel verkleben bei Fichte mit der Austrocknung, c) einseitig behöftes Tüpfelpaar (Bild: Grosser)*

Chemisch gesehen ist Holz eine saure Substanz. Der Mittelwert liegt bei einem pH = 5 ... 6 (wobei 1 sehr sauer, 7 neutral, 14 sehr basisch ist). Manche Laubhölzer, z. B. die Eiche, liegen aber im Bereich pH = 4. Daraus lässt sich eine erhebliche Korrosionsgefahr für verschiedene Metalle ableiten.

Ausführliche Darstellungen zu diesem Kapitel sind bei Grosser (1977) und Wagenführ (1980) zu finden.

3.2 Rohdichte

Die **Rohdichte** ist für poröse Stoffe wie Holz definiert als das Verhältnis der Masse zum Volumen, das neben der Zellsubstanz die wuchsbedingten Hohlräume einschließt.

$\rho = m/V$ in g/cm³ oder kg/m³

Zu beachten ist: 1 g/cm³ = 1000 kg/m³.

Für Eiche gilt z. B: $\rho =$ 0,65 g/cm³ = 650 kg/m³

Die Rohdichte ist eine wichtige Kenngröße für die **Trocknung des Holzes**. Je größer die Rohdichte, umso mehr Holzsubstanz ist bei einem gegebenen Volumen zu entfeuchten. Daher dauert die Trocknung umso länger, je schwerer das Holz ist.

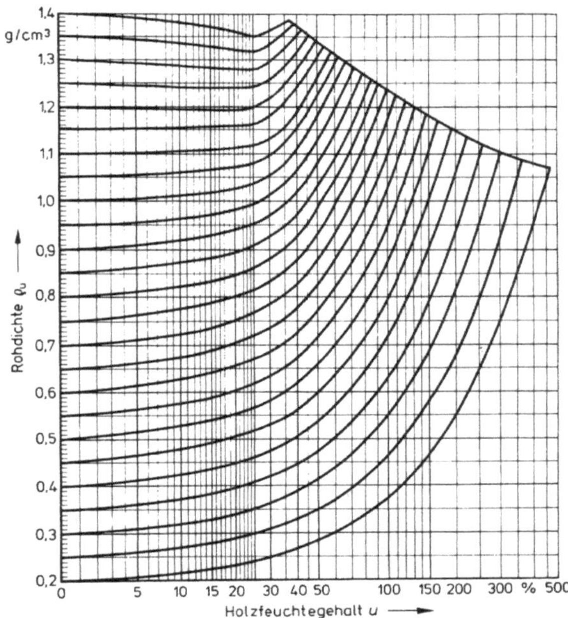

Bild 3-4 *Abhängigkeit der Rohdichte von der Holzfeuchte (nach DIN 52 182)*

Die Rohdichtewerte liegen zwischen 0,1 und 1,3 g/cm³, wobei die Extremwerte tropischen Hölzern zuzuordnen sind. Rohdichtewerte für viele Holzarten sind in DIN EN 350-2 aufgeführt. Die Rohdichte streut nicht nur zwischen den Holzarten, sondern auch innerhalb einer Art erheblich.

Die **Bestimmung der Rohdichte** erfolgt gemäß DIN 52 182. In Bild 3-4 wird die Abhängigkeit der Rohdichte von der Holzfeuchte dargestellt. Die Grafik beruht auf der Formel

$$\rho_u = \rho_0 \cdot \frac{100 + u}{100 + \alpha_v}$$

Ablesebeispiel: Eine Holzprobe besitzt bei 50 % Holzfeuchte eine Rohdichte von 0,6 g/cm³. Sie weist nach Trocknung auf 10 % eine Rohdichte von 0,48 g/cm³ auf.

Wenn die Zellwandsubstanz so komprimiert wird, dass keine Hohlräume mehr eingeschlossen sind, so beträgt die Dichte unabhängig von der Holzart einheitlich ca. 1,5 g/cm³ und wird dann wie bei allen homogenen Stoffen auch als **Reindichte** bezeichnet (Formelzeichen γ).

3.3 Holzfeuchte

3.3.1 Definitionen

Die **Holzfeuchte** (Formelzeichen u) wird gemäß DIN EN 13183-1 definiert als das prozentuale Verhältnis der Masse m_w des in einer Holzprobe enthaltenen Wassers zur Masse m_0 der wasserfreien (darrtrockenen) Holzprobe:

$$u = \frac{m_w}{m_0} \cdot 100\ \% = \frac{m_u - m_0}{m_0} \cdot 100\ \%$$

$m_u = m_0 + m_w$ (in g oder kg) Masse der feuchten Holzprobe

Kleinstwert der Holzfeuchte: u_0 (darrtrocken)

Theoretischer Größtwert: u_{max} (wassersatt)

Dazwischen liegen zahlreiche mehr oder weniger naturgegebene **Feuchteniveaus** von praktischer Bedeutung für Holztechnik und -wirtschaft. Die Holzfeuchte hat großen Einfluss auf die meisten Holzeigenschaften. Nachstehend werden verschiedene Feuchtezustände erläutert.

Darrtrocken ist das Holz nach Trocknung gemäß Darrmethode, die Holzfeuchte beträgt u = 0 %, abgekürzt u_0 geschrieben. Das **Darrtrockengewicht** (Darrgewicht) m_0 ist die Basis für die Berechnung der Holzfeuchte. Darrtrockenheit ist als Bezugspunkt eine wichtige Größe für die Angabe von Holzeigenschaften, die von der Holzfeuchte abhängig sind. So ist bei u = 0 % die Rohdichte ρ_0 eindeutig bestimmt. Der Darrzustand ist wichtig als Basis zur Berechnung von Ausbeute, Faserstoffkonzentration, Chemikalieneinsatz, sowie zur Gewichtsermittlung von Rohholz, das nach Gewicht gehandelt wird. Neben darrtrocken wird auch die Bezeichnung **atro** (absolut trocken) benutzt.

3.3.2 Gleichgewichtsfeuchte

Die **Gleichgewichtsholzfeuchte** (auch Holzfeuchtegleichgewicht) u_{gl} ist derjenige Feuchtezustand, der von Holz angenommen wird, wenn dieses einem konstanten Klima hinreichend lange ausgesetzt wird.

Das **Klima** wird gemäß Kap. 2.1. durch die relative Luftfeuchte φ oder den Dampfteildruck und die Luft- bzw. Gastemperatur ϑ definiert. Die drei Größen Luftfeuchte, Temperatur und Gleichgewichtsfeuchte stehen in gesetzmäßiger Beziehung zueinander: Sind zwei Größen gegeben, so ist damit auch die dritte festgelegt. Für Holz und Holzwerkstoffe muss die Gleichgewichtsfeuchte in Abhängigkeit vom umgebenden Klima experimentell ermittelt werden, z. B. im Klimaschrank oder in einem **Exsikkator** in einem Raum mit kontrollierter Temperatur. In den unteren Teil des Exsikkators wird eine wässrige, gesättigte Salzlösung gefüllt, über der sich ein bestimmter, vom verwendeten Salz abhängiger Wasserdampfdruck einstellt (DIN 50008, 1981). Die Ergebnisse finden meist in **Sorptionsisothermen** grafisch ihren Niederschlag, die für bestimmte, jeweils konstante Temperaturen gelten (siehe φ-ϑ-Diagramme Bild 3-5, 3-6, 3-7 und 3-8).

Das **hygroskopische Gleichgewicht** streut i. d. R. richtungsabhängig in bestimmten Grenzen innerhalb einer Sorptionsschleife (= Hysterese), je nachdem, ob zum Erreichen des Gleichgewichtszustandes Wasser abzugeben (Desorption) oder wieder aufzunehmen war (Adsorption).

Das Sorptionsgleichgewicht von Holz liegt bei Entzug von Wasser (**Desorption**), höher als bei Wasseraufnahme (**Adsorption**). Die zwei Sorptionskurven (**Sorptionsisothermen**) sind also nicht deckungsgleich, sondern bilden eine Schleife. Der Unterschied zwischen dem hygroskopischen Gleichgewicht bei Desorption und Adsorption wird als **Hysterese** bezeichnet. Aus Bild 3-5 ist der Verlauf der jeweiligen Sorption zwischen den Grenzpunkten der Luftfeuchte erkennbar (MATEJAK 1983). Dargestellt wird auch der Unterschied zwischen Splint- und Kernholz von Kiefer. Weiter spielt die Temperatur der den Versuchen vorausgehenden Trocknung eine Rolle – je höher die Temperatur ist, desto niedriger ist die Gleichgewichtsfeuchte. Auf diesem Weg kann also eine gewisse Dimensionsstabilisierung herbeigeführt werden (in Kap. 13 genauer beschrieben).

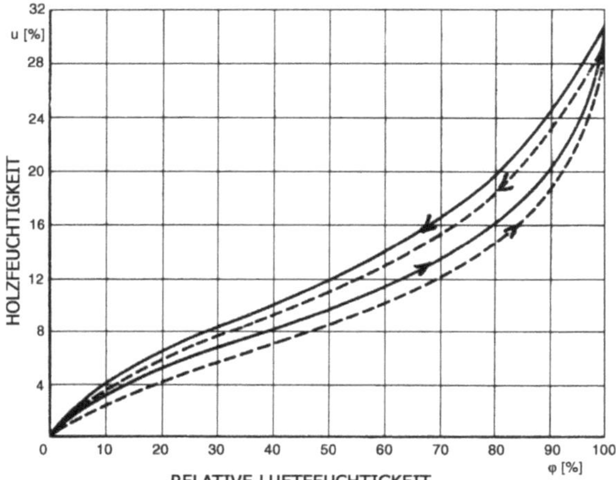

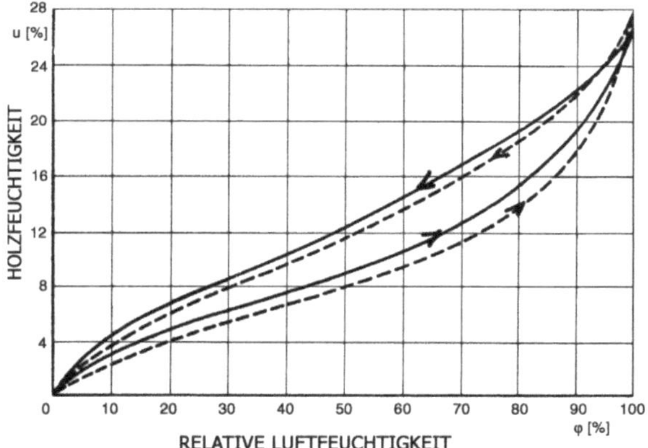

Bild 3-5 *Sorptionsisothermen (Bild: MATEJAK)*
Oben: Kiefernsplintholz, ermittelt bei 20 °C.
Das Holz war vorher getrocknet worden
—— bei 20 °C, – – – bei 103 °C
Unten: Kiefernkernholz, ermittelt bei 20 °C.
Das Holz war vorher getrocknet worden
—— bei 20 °C, – – – bei 103 °C

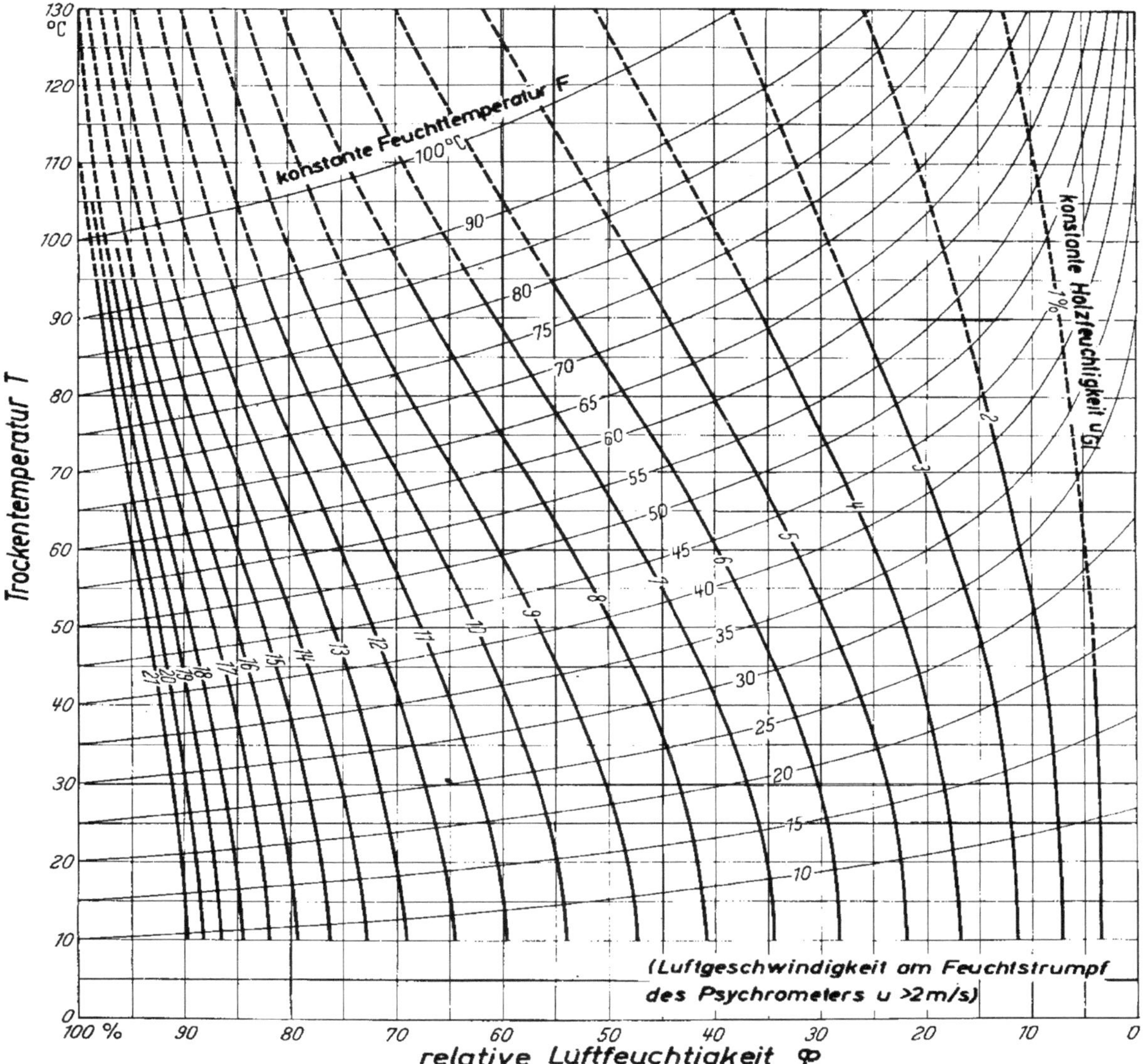

Bild 3-6 *Hygroskopische Isothermen, ermittelt für Fichtenholz (unter Verzicht auf besondere Genauigkeit auch für andere Holzarten verwendbar). Gezeigt wird die Abhängigkeit der Gleichgewichtsfeuchte von der Temperatur, der Feuchttemperatur und der relativen Luftfeuchte (Bild: KEYLWERTH und NOACK 1964)*

Aus dem KEYLWERTH-**Diagramm** (Bild 3-6) können die Werte der Gleichgewichtsfeuchte in Abhängigkeit von Temperatur und Luftfeuchte abgelesen werden. Zugleich sind die Linien konstanter Feuchttemperatur eingetragen. Dieses Diagramm stellt in vereinfachter Form die Basis in den meisten Trocknungsprogrammen.

Ablesebeispiel: An einem Psychrometer zeige die Trockentemperatur (= Lufttemperatur) 60 °C, die Feuchttemperatur 55 °C. Am Schnittpunkt wird auf der Abszisse darunter die relative Luftfeuchte von 75 %, an der schräg ansteigenden Linie die Gleichgewichtsfeuchte von 12 % abgelesen.

Diese Abhängigkeiten gelten nur bei einer Luftgeschwindigkeit von 2 ... 3 m/s, die in Trockenkammern üblich ist. Erkennbar sind die stark ansteigende Aufnahmefähigkeit von Wasserdampf bei Erwärmung von Luft und damit verbunden die Verringerung der Gleichgewichtsfeuchte von Holz. Die Kurven wurden ursprünglich von LOUGHBOROUGH für Sitkafichte ermittelt (KOLLMANN 1951), jedoch wird das Diagramm vereinfacht für alle Holzarten angewendet. Vernachlässigt werden dabei Randbedingungen wie die Hysterese oder der Fällungszeitpunkt. Daher sind Abweichungen der Werte einzelner Holzarten in Höhe von ±2 % Holzfeuchte und mehr von den angegebenen Kurven möglich. Für die betriebliche Verwendung bei der Messung durch **Psychrometer** wurden Bild 3-7 und Bild 3-8 abgeleitet. Eine praktisch brauchbare, zwischen $\vartheta = 50$ °C und 90 °C gültige Formel wurde von R. KEYLWERTH (1966) angegeben:

$$u_{gl} = \frac{120}{\vartheta - \vartheta_w + 5} \quad \text{(in \%)}$$

3.3.3 Holzfeuchte und Klima

Nachfolgend werden unterschiedliche Begriffe definiert, die vorrangig in der Praxis im Gebrauch sind.

Lufttrocken ist Holz, wenn die Holzfeuchte sich nach Freiluftlagerung dem Klima angepasst hat.

In Mitteleuropa hat solches Holz einen Feuchtegehalt von ca. 15 % mit einem Schwankungsbereich zwischen 12 und 20 % – abhängig von Witterung und Jahreszeit. Im Sommer sind die Werte niedriger, im Winter höher (Bild 3-9).

Die **Normalfeuchte** u_N ist die Holzfeuchte, die sich im Normalklima *N* (20 °C, 65 % rel. LF.) nach Konditionierung, d. h. längerer Lagerung, einstellt.

Technische Vergleiche und statische Berechnungen basieren auf dieser Normalfeuchte. Zu jedem ermittelten Holzeigenschaftswert ist der im Zeitpunkt der Prüfung tatsächlich vorliegende Feuchtegehalt der Probe zu bestimmen und anzugeben.

Die Sollholzfeuchte ist die **Endfeuchte**, die bei der Holztrocknung angestrebt werden muss, um das Holz den Anforderungen im nachfolgenden Fabrikationsprozess oder den Abnahmebedingungen des Käufers anzupassen.

3.3.4 Holzfeuchte im Bauwesen

DIN 68 365 (1957) Bauholz für Zimmerarbeiten:

- **frisch:** mittlere Holzfeuchte von über 30 % (bei Querschnitten von über 200 cm² über 35 %)
- **halbtrocken:** mittlere Holzfeuchte von über 20 % und höchstens 30 % (bei Querschnitten von über 200 cm² höchstens 35 %)
- **trocken:** mittlere Holzfeuchte bis maximal 20 %

Gemäß DIN 1052 (2004) Entwurf, Berechnung und Bemessung von Holzbauwerken:

- **Nutzungsklasse 1:** Holzfeuchte 5 ... 15 %, meist nicht >12 %, entsprechend einer Temperatur von 20 °C und einer relativen Luftfeuchte der umgebenden Luft, die nur für einige Wochen pro Jahr einen Wert von 65 % übersteigt.
- **Nutzungsklasse 2:** Holzfeuchte 10 ... 20 %, entsprechend einer Temperatur von 20 °C und einer relativen Luftfeuchte der umgebenden Luft, die nur für einige Wochen pro Jahr einen Wert von 85 % übersteigt.
- **Nutzungsklasse 3:** Holzfeuchte 12 ... 24 %, entsprechend Klimabedingungen, die zu höheren Holzfeuchten führen als in Nutzungsklasse 2 angegeben.

Auch im Rahmen von Gütezeichen wird die Holzfeuchte konkretisiert, z. B. bei **Konstruktionsvollholz** (KVH): Die Holzfeuchte muss 15 ± 3 % betragen.

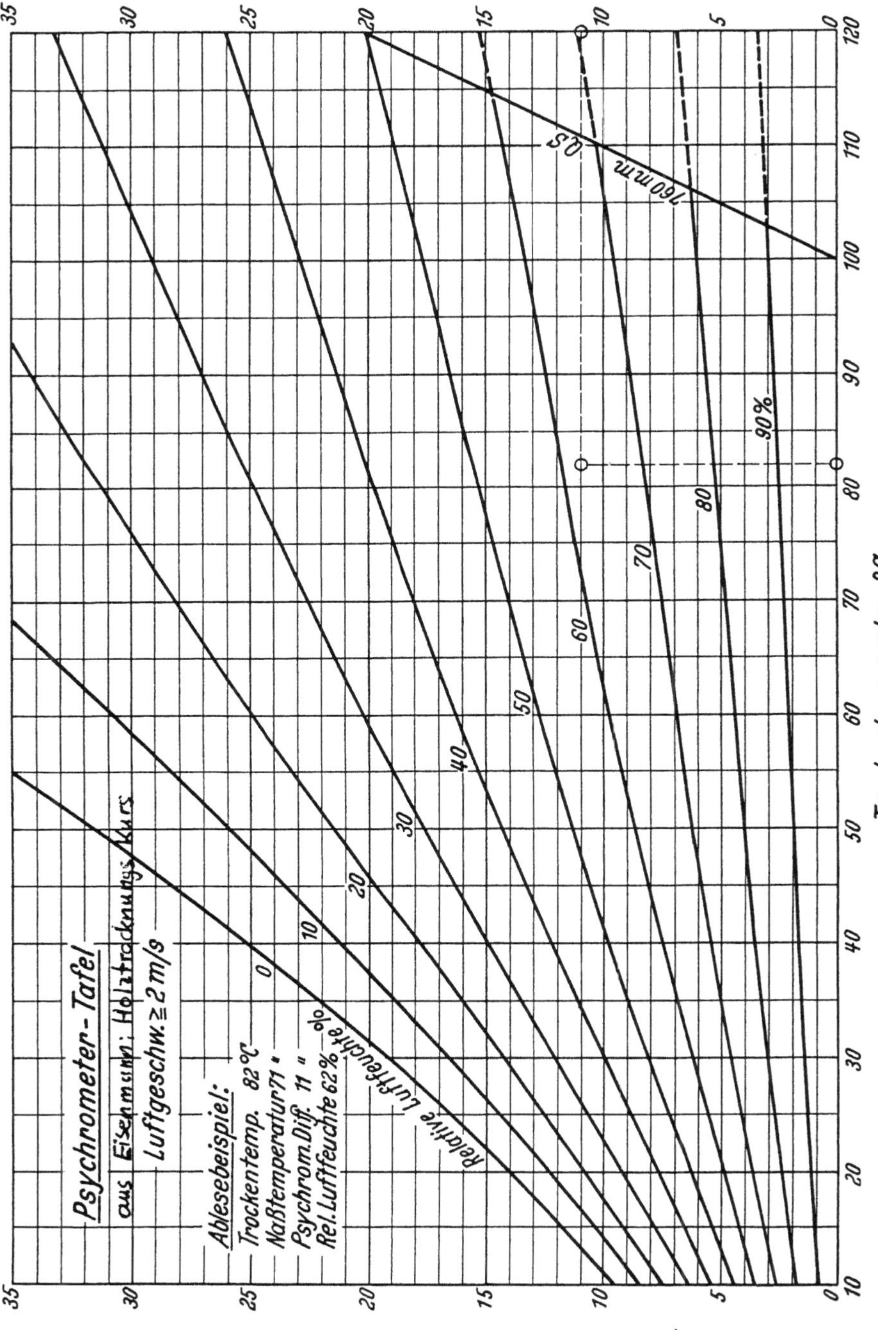

Bild 3-7 *Psychrometer-Tafel zur Ermittlung der relativen Luftfeuchte aus Trocken- und Feuchttemperatur (nur verwendet bei Einsatz eines Psychrometers). Beispiel: Trockentemperatur (= Lufttemperatur) sei 82 °C, Feuchttemperatur sei 71 °C, die psychrometrische Differenz daher 11 K oder 11 °C, so kann die relative Luftfeuchte bei ca. 62 % abgelesen werden (Bild: EISENMANN 1972)*

Psychrometrische Differenz K

Ablesebeispiel:
Trockentemperatur = 82 °C
Psych. Differenz = 11 °C
ergeben 8 % Gleichgewichtsfeuchte

Trockentemperatur in °C	0	1	2	3	4	5	6	7	8	9	10	11	12	13	14	15	16	17	18	19	20	21	22	23	24	25	Trockentemperatur in °C
120																					4,5	4	4	4	3,5	3,5	120
118																			4,5	4,5	4,5	4	4	4	4	3,5	118
116																	5	5	5	4,5	4,5	4	4	4	4	3,5	116
114															5,5	5,5	5,5	5	5	4,5	4,5	4	4	4	4	3,5	114
112													6,5	6,5	6	5,5	5,5	5	5	4,5	4,5	4,5	4,5	4	4	3,5	112
110											7,5	7	6,5	6,5	6	5,5	5,5	5	5	5	4,5	4,5	4,5	4	4	4	110
108									8,5	8	7,5	7	6,5	6,5	6	5,5	5,5	5	5	5	4,5	4,5	4,5	4	4	4	108
106							10	9,5	8,5	8	7,5	7	6,5	6,5	6	5,5	5,5	5	5	5	4,5	4,5	4,5	4	4	4	106
104					11,5	11	10	9,5	8,5	8	7,5	7	6,5	6,5	6	5,5	5,5	5,5	5	5	4,5	4,5	4,5	4	4	4	104
102			14,5	13	11,5	11	10	9,5	9	8,5	7,5	7	6,5	6,5	6	6	5,5	5,5	5	5	4,5	4,5	4,5	4	4	4	102
100	22	16,5	15	13	12	11	10	9,5	9	8,5	7,5	7	6,5	6,5	6	6	5,5	5,5	5	5	4,5	4,5	4,5	4	4	4	100
98	22,5	17	15	13,5	12	11	10	9,5	9	8,5	8	7,5	7	6,5	6	6	5,5	5,5	5	5	4,5	4,5	4,5	4	4	4	98
96	23	17	15	13,5	12	11,5	10	10	9	8,5	8	7,5	7	6,5	6	6	5,5	5,5	5	5	4,5	4,5	4,5	4	4	4	96
94	23	17,5	15,5	14	12	11,5	10,5	10	9	8,5	8	7,5	7	6,5	6,5	6	5,5	5,5	5	5	4,5	4,5	4,5	4	4	4	94
92	23,5	18	15,5	14	12	11,5	10,5	10	9	8,5	8	7,5	7	6,5	6,5	6	5,5	5,5	5	5	4,5	4,5	4,5	4	4	3,5	92
90	24	18	15,5	14	12,5	11,5	10,5	10	9,5	8,5	8	7,5	7,5	6,5	6,5	6	6	5,5	5,5	5	4,5	4,5	4,5	4	4	3,5	90
88	24	18,5	15,5	14	12,5	11,5	10,5	10	9,5	8,5	8	7,5	7,5	6,5	6,5	6	6	5,5	5,5	5	4,5	4,5	4,5	4	4	3,5	88
86	24,5	18,5	15,5	14,5	12,5	11,5	11	10	9,5	8,5	8	8	7,5	6,5	6,5	6	6	5,5	5,5	5	4,5	4,5	4,5	4	4	3,5	86
84	24,5	19	16	14,5	12,5	11,5	11	10	9,5	9	8,5	8	7,5	7	6,5	6	6	5,5	5,5	5	4,5	4,5	4,5	4	4	3,5	84
82	24,5	19	16	14,5	13	12	11	10	9,5	9	8,5	8	7,5	7	6,5	6	6	5,5	5,5	5	4,5	4,5	4,5	4	4	3,5	82
80	25	19	16	14,5	13	12	11	10	9,5	9	8,5	8	7,5	7	6,5	6,5	6	5,5	5,5	5	5	4,5	4,5	4	4	3,5	80
78	25	19	16	15	13	12	11	10	9,5	9	8,5	8	7,5	7	6,5	6,5	6	5,5	5,5	5	5	4,5	4	4	4	3,5	78
76	25	19,5	16,5	15	13	12	11	10	9,5	9	8,5	8	7,5	7	6,5	6,5	6	5,5	5,5	5	5	4,5	4	4	4	3,5	76
74	25,5	19,5	16,5	15	13	12	11	10	9,5	9	8,5	8	7,5	7	6,5	6,5	6	5,5	5,5	5	5	4,5	4	4	4	3,5	74
72	25,5	20	17	15	13,5	12,5	11	10	9,5	9	8,5	8	7,5	7	6,5	6,5	6	5,5	5,5	5	5	4,5	4	4	4	3,5	72
70	26	20	17	15,5	13,5	12,5	11	10,5	9,5	9	8,5	8	7,5	7	6,5	6,5	6	5,5	5,5	5	5	4,5	4	4	4	3,5	70
68	26	20	17,5	15,5	13,5	12,5	11,5	10,5	9,5	9	8,5	8	7,5	7	6,5	6,5	6	5,5	5,5	5	5	4,5	4	4	4	3,5	68
66	26,5	20,5	17,5	15,5	13,5	12,5	11,5	10,5	10	9	8,5	8	7,5	7	6,5	6,5	6	5,5	5,5	5	5	4,5	4	4	4	3,5	66
64	26,5	20,5	17,5	15,5	13,5	12,5	11,5	10,5	10	9	8,5	8	7,5	7	6,5	6,5	6	5,5	5,5	5	5	4,5	4	4	4	3,5	64
62	27	21	17,5	15,5	13,5	12,5	11,5	10,5	10	9	8,5	8	7,5	7	6,5	6,5	6	5,5	5,5	5	5	4,5	4	4	4	3,5	62
60	27	21	18	15,5	14	12,5	11,5	10,5	10	9,5	8,5	8	7,5	7	6,5	6,5	6	5,5	5	5	4,5	4,5	4	4	3,5	3,5	60
58	27	21	18	15,5	14	12,5	11,5	10,5	10	9,5	8,5	8	7,5	7	6,5	6,5	6	5,5	5	5	4,5	4,5	4	3,5	3,5	3,5	58
56	27,5	21	18	15,5	14	13	11,5	10,5	10	9,5	8,5	8	7,5	7	6,5	6,5	6	5,5	5	5	4,5	4	4	3,5	3,5	3	56
54	27,5	21,5	18	16	14	13	11,5	10,5	10	9,5	8,5	8	7,5	7	6,5	6,5	6	5,5	5	4,5	4,5	4	3,5	3,5	3	3	54
52	28	21,5	18	16	14	12,5	11,5	10,5	10	9	8,5	8	7,5	7	6,5	6	5,5	5,5	5	4,5	4,5	4	3,5	3,5	3	2,5	52
50	28	21,5	18,5	16	14	12,5	11,5	10,5	10	9	8,5	8	7,5	7	6,5	6	5,5	5,5	5	4,5	4	4	3,5	3	3	2,5	50
48	28	21,5	18,5	16	14	12,5	11,5	10,5	10	9	8,5	8	7,5	7	6,5	6	5,5	5	4,5	4,5	4	3,5	3,5	3	2,5	2	48
46	28,5	21,5	18,5	16	14	12,5	11,5	10,5	9,5	9	8,5	8	7,5	7	6,5	6	5,5	5	4,5	4	4	3,5	3	2,5	2,5	2	46
44	28,5	22	18,5	16	14	12,5	11,5	10,5	9,5	9	8,5	7,5	7	6,5	6	5,5	5,5	4,5	4,5	4	3,5	3	2,5	2,5	2		44
42	28,5	22	18,5	16	14	12,5	11,5	10,5	9,5	9	8	7,5	7	6,5	6	5,5	5	4,5	4	4	3,5	3	2,5	2			42
40	29	22	18,5	16	14	12,5	11,5	10,5	9,5	9	8	7,5	7	6,5	6	5,5	4,5	4,5	4	3,5	3	2,5	2				40
	0	1	2	3	4	5	6	7	8	9	10	11	12	13	14	15	16	17	18	19	20	21	22	23	24	25	

Psychrometrische Differenz K

Bild 3-8 *Zahlentafel zur Ermittlung der Gleichgewichtsfeuchte (nur verwendet bei Einsatz eines Psychrometers). Beispiel ist eingetragen (Bild: EISENMANN 1972)*

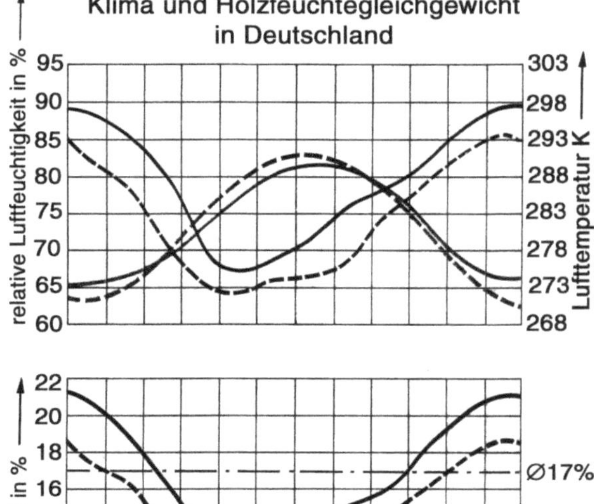

Bild 3-9 *Klima und Holzfeuchtigkeit in Deutschland. Dargestellt ist das maritime Klima Schleswig-Holsteins und das mehr kontinentale Klima Münchens. Der Unterschied der Gleichgewichtsfeuchte beträgt im Sommer 1 %, im Winter 3 %. Es ist also nicht möglich, für alle Gebiete eine einheitliche Verwendungsfeuchte anzusteuern (Bild: BM-Informationsblätter 1978)*

Gleichartige Forderungen werden an Betriebe gestellt, die den Herstellergemeinschaften „MH Massiv Holz" Deutschland oder Österreich angehören.

Holzfeuchte im Holzimport wird ebenfalls erst seit neuerer Zeit im Vertragswesen des Schnittholzimports konkretisiert. Gemäß dem **„Schlussschein Germania 1998"** darf, wenn ein Vertrag über „trockengarantiertes" Nadelschnittholz abgeschlossen wird, das Holz einen Feuchtegehalt von 14 bis 17 % aufweisen, definiert z. B. in DIN EN 14298 (s. Kap. 8.1). Lediglich in Einzelfällen – bis höchstens 10 % der Stückzahl pro Paket – darf dieser garantierte Höchstfeuchtegehalt überschritten werden, jedoch muss auch für diese 10 % zumindest „verschiffungstrocken" garantiert sein.

Verschiffungstrocken, auch „verladetrocken", „shipping-dry", „delivery dry" heißt gemäß dem Finn-Germania-Kontrakt 1982, „dass die Ware so trocken zu liefern ist, dass bei sorgfältiger Verladung und Verschiffung eine Lagerung in gedeckten Hallen möglich ist, ohne dass die Ware beschädigt wird".

Bei paketierter Ware soll die maximale Holzfeuchte 20 % betragen, wenn diese Zahl auch nicht offiziell festgelegt ist.

3.3.5 Holzfeuchte und Fasersättigung

Fasersättigungsfeuchte (u_F) bedeutet, dass die Zellwände feuchtegesättigt, die Zellhohlräume jedoch frei von Feuchte sind. Im Übergangsbereich liegen beide Zustände vor.

Der konkrete Feuchtegehalt bei Fasersättigung schwankt im Bereich zwischen 22 und etwa 35 %, und zwar je nach Holzart, auch innerhalb einer Holzart, innerhalb eines Stamms, wobei Zellwanddicke, Stoffeinlagerung u. a. eine Rolle spielen. Einen präzisen Feuchtegehalt als Fasersättigungspunkt (FSP) anzugeben, ist unrealistisch. Daher wird richtiger der Ausdruck Fasersättigungsbereich (FSB) verwendet. Nur als überschlägige Angabe wird häufig ein Mittelwert von 28 % gesetzt. Präzisierende Untersuchungen wurden schon frühzeitig von TRENDELENBURG (1939) gemacht. Demnach können Hölzer nach ihrer durchschnittlichen Fasersättigungsfeuchte in folgende Gruppen eingeteilt werden:

- **Farbkernhaltige Laubhölzer:** 22 ... 24 % Holzfeuchte, bedingt durch die Kernstoffeinlagerungen in die Zellwände.
- **Der Splint dieser Hölzer und Laubhölzer ohne Farbkern:** 32 ... 35 % Holzfeuchte
- **Nadelhölzer mit Farbkern:** 26 ... 28 % bei mäßigem Harzgehalt, 22 ... 24 % bei hohem Harzgehalt

- **Nadelhölzer ohne ausgeprägten Farbkern und der Splint der farbkernhaltigen Nadelhölzer:** 30 ... 34 % Holzfeuchte

Wegen der großen Streuung können diese Mittelwerte für praktische Schlussfolgerungen nur zurückhaltend verwendet werden..

Die **Fasersättigung** als physikalischer Zustand hat erhebliche Bedeutung. Die Holztrocknung herab bis zu diesem Feuchtebereich ist bei vielen Hölzern wegen der Gefahr von Zellkollaps und Verfärbungen (siehe Kap. 8.1) besonders vorsichtig zu handhaben. Fasersättigung stellt sich bei einer relativen Luftfeuchte von knapp unterhalb 100 % ein; oberhalb kann es daher kein Gleichgewicht mit der umgebenden Luft geben. Das bedeutet, dass nasses Holz an der Luft auf jeden Fall bis zur Fasersättigung trocknet, wenn die Luft mindestens ein kleines Feuchtedefizit aufweist. Allerdings ist die Trocknungsgeschwindigkeit sehr gering.

Unterhalb der Fasersättigung beginnt im Wesentlichen der Entzug der Feuchte aus den **Zellwänden**. Die Ermittlung der Fasersättigung ist schwierig und nur auf indirektem Wege möglich, z. B. durch Beobachtung des Beginns der Schwindung oder des Beginns der Abnahme der elektrischen Leitfähigkeit bei Entfeuchtung.

Als Ersatzwert für die Fasersättigungsfeuchte wird bei der Regelung der technischen Trocknung vereinzelt die **Grenzfeuchte** verwendet, um die Ungenauigkeit und die große Spanne der möglichen Fasersättigungswerte zu kompensieren.

Die Grenzfeuchte ist dabei diejenige Holzfeuchte, unterhalb der eine technische Trocknung ohne Trocknungsfehler verschärft werden kann. Sie ist holzartabhängig.

Saftfrisch (auch waldfrisch, grünfeucht) ist Rundholz unmittelbar nach dem Einschlag. Der Feuchtegehalt von saftfrischem Holz ist etwa so groß wie der im lebenden Baum.

Saftfrisch enthalten Fichte und Kiefer im Kern etwa 35 ... 50 %, im Splint 100 ... 150 %; im Durchschnitt 55 ... 70 % ihres Gewichts an Wasser. Harte Laubhölzer weisen Holzfeuchten von 40 ... 70 % (im Splint bis 100 %), weiche Laubhölzer durchschnittlich 80 ... 100 % auf. Der Wassergehalt im lebenden Baum ist innerhalb eines Baums über die vier Jahreszeiten hinweg wenig unterschiedlich; erheblich höher sind die Schwankungen des Wassergehalts in den verschiedenen Baumteilen zu einem gegebenen Zeitpunkt. Ein jahreszeitlicher Unterschied besteht darin, dass der Wasser-(Saft-)Gehalt im Frühjahr und Sommer in Bewegung ist, während er im Spätherbst und Winter ruht. Damit hat die Fällzeit keinen wesentlichen Einfluss auf den Feuchtegehalt von waldfrischem Holz.

Maximale Holzfeuchte u_{max} bedeutet, dass Zellwände und Zellhohlräume in höchstmöglicher Menge mit Wasser gefüllt sind. Der Zustand „**wassersatt**" wird nur nach monate- oder jahrelanger Lagerung von Holz unter Wasser erreicht, bis kein Wasser mehr aufgenommen wird. Der Feuchtegehalt von wassersattem Holz lässt sich ungefähr berechnen nach der Formel

$$u_{max} = u_F + \frac{\gamma - \rho_0}{\gamma \cdot \rho_0} \cdot 100 \quad \text{(in \%)}$$

$u_F = 28$ %	Durchschnittswert für die Fasersättigungsfeuchte
$\gamma = 1{,}5$ g/cm^3	Durchschnittswert der Dichte der reinen Holzsubstanz
$\rho_0 = m_0/V_0$ (in g/cm^3)	Rohdichte des jeweiligen Holzes bei Darrtrockenheit

Beispiel: $\rho_0 = 0{,}43$ g/cm^3 (Mittelwert bei Fichte). Dann errechnet sich ein u_{max} von 194 %. Beim frisch gefällten Holz weist jedoch allenfalls der Splint diesen hohen Wert auf. Der u_{max}-Wert kann Anhaltspunkt sein für Sinkgefahr bei Wasserlagerung und Trift, denn die Dichte von wassersattem Holz liegt über der Dichte des Wassers (1,0 g/cm^3). Die in der Natur vorkommenden Feuchtezustände sind aus Tabelle 3-1 zu ersehen.

Tabelle 3-1 *Holzeigenschaften (nach DIN 68 100, Holzartenmerkblätter von GROSSER und TEETZ)*
Es handelt sich um Mittelwerte. Größere Streuungen sind möglich.

Holzart	ρ_N	u_{max}	u_{65}	β_V	β_{tN}	β_{rN}	A_β	q_t	q_r	A_q
Douglasie (deutsch)	0,47	130*	12,2	11,9	4,0	2,5	1,6	0,27	0,15	1,8
Fichte	0,43	140*	11,9	12,0	4,0	2,0	2,0	0,36	0,19	1,9
Kiefer	0,49	130*	11,5	12,4	4,5	3,0	1,5	0,36	0,19	1,9
Lärche	0,56	100*	13,0	11,6	4,5	3,0	1,5	0,30	0,14	2,1
Tanne	0,47	165*	12,4	11,7	4,0	2,0	2,0	0,28	0,14	2,0
Bergahorn	0,59	80	13,5	11,5	5,5	2,5	2,2	0,26	0,15	1,7
Birke	0,61	86	13,0	13,7	8,0	5,0	1,6	0,29	0,21	1,4
Buche (Rotbuche)	0,68	73	11,2	17,9	9,5	4,5	2,1	0,41	0,20	2,1
Eiche europ.	0,65	73	13,0	14,9	7,5	4,0	1,9	0,34	0,18	1,9
Erle	0,51	116	13,0	14,0	6,5	4,0	1,6	0,27	0,16	1,7
Esche europ.	0,65	51	10,8	13,4	7,0	4,5	1,6	0,38	0,21	1,8
Nussbaum	0,64	70	11,5	13,4	5,5	3,0	1,8	0,29	0,18	1,6
Robinie	0,73	50	13,0	11,4	5,3	3,2	1,7	0,38	0,24	1,6

Erläuterungen:
ρ_N Rohdichte (in g/cm³) im normalklimatisierten Zustand, u_{max} maximale Feuchte im saftfrischen Zustand (in %) [* gilt für Splintholz. u_{max} von Kernholz und Reifholz ist etwa halb so hoch.], u_{65} Holzfeuchte [in %] bei Normalklima (φ = 65 %, ϑ = 20 °C), β_V Volumenschwindung, β_{tN} Schwindung tangential von nass bis 12 % (in %), β_{rN} Schwindung radial von nass bis 12 % (in %), A_β Anisotropie der Schwindung = β_{tN}/β_{rN}, q Quellungsquotient in tangentialer bzw. radialer Richtung, A_q Anisotropie der Quellungsquotienten = q_t/q_r

3.3.6 Holzfeuchte in der technischen Trocknung

Eine ausführliche dreisprachige Fachterminologie zu diesem Problemkreis ist in DIN EN 844-4 enthalten. Nachfolgend sollen die trocknungsrelevanten Begriffe erläutert werden.

Die **Anfangsfeuchte** oder Ausgangsfeuchte u_a ist die Holzfeuchte zu Anfang der Trocknung, gemessen zum Zweck der Trocknungsregelung als Maximalwert oder als Durchschnittswert aller oder ausgewählter Messwerte.

Eine große **Streuung** der Anfangsfeuchte erschwert die Trocknung und führt zu ungleichmäßiger Endfeuchte. Für Fichten- und Kiefernschnittholz haben GRUBER u. a. (2003) eine umfangreiche Untersuchung vorgelegt. In mehreren großen Sägewerken wurde gemessen, dass die Anfangsfeuchten erheblich mehr streuen als bisher angenommen. Selbst bei Kenntnis aller möglichen Einflussgrößen wie Wuchseigenschaften, Fällungszeitpunkt, Art und Dauer der Vor- und Zwischenlagerung, Einschnittmuster und Vorsortierung wurden auch bei sorgfältigster Einstapelung immer wieder zufällige Ansammlungen hochfeuchter Zonen aufgefunden (Bild 3-10). WARISLOHNER (2003) hat im Rahmen dieser Untersuchung in einem Sägewerk mehr als 10 000 Bretter aus 21 Trocknungschargen gemessen. Der Unterschied der Feuch-

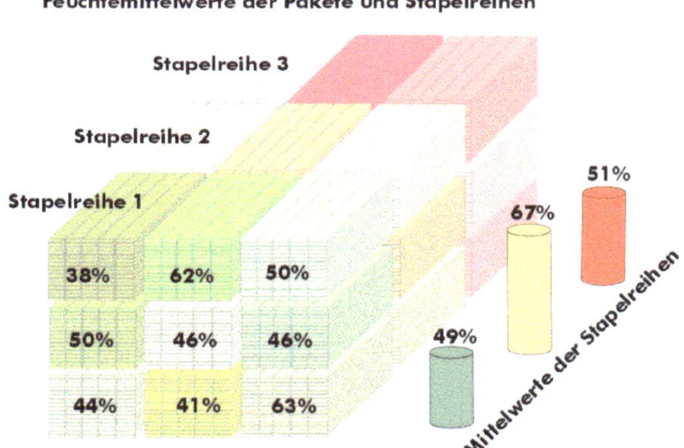

Bild 3-10 *Mittelwerte der Anfangsfeuchte der Pakete und Stapelreihen bei der Trocknung von Fichtenbrettern (Bild: GRUBER 2003)*

temittelwerte der Sortimente betrug ca. 20 %. Die Streubreite war unabhängig vom Sortiment sehr hoch. Aus Bild 3-11 geht hervor, dass 6 % der Hauptware mehr als 120 % Holzfeuchte aufgewiesen haben. Bei Seitenware lagen gemäß Bild 3-12 insgesamt 16 % der Werte über 120 %. Selbst durch eine besonders sorgfältige Vorsortierung konnten die extremen Feuchteunterschiede nicht ausgeglichen werden. Bei 21 Trocknungschargen wurden große Feuchtedifferenzen zwischen den Stapelreihen festgestellt. Auch die **Feuchteverteilung** bei gleichen Sortimenten war von Charge zu Charge sehr unterschiedlich (Bild 3-13). Daraus folgt, dass eine gleichmäßige Anfangsfeuchte nur nach überaus sorgfältiger Vortrocknung erreicht werden kann.

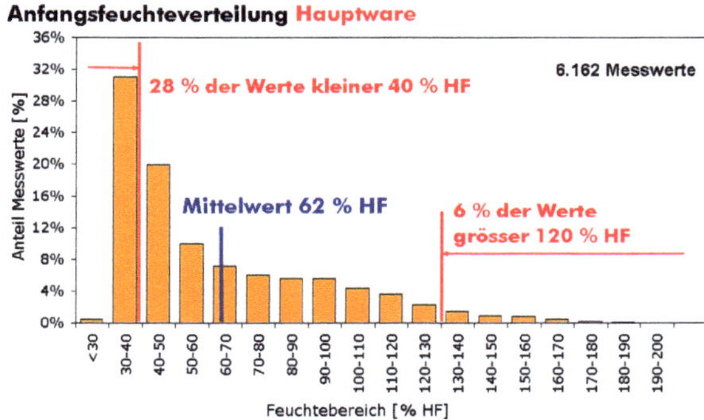

Bild 3-11 *Verteilung der Anfangsfeuchte bei Hauptware von 6162 Fichtenbrettern (Bild: GRUBER 2003)*

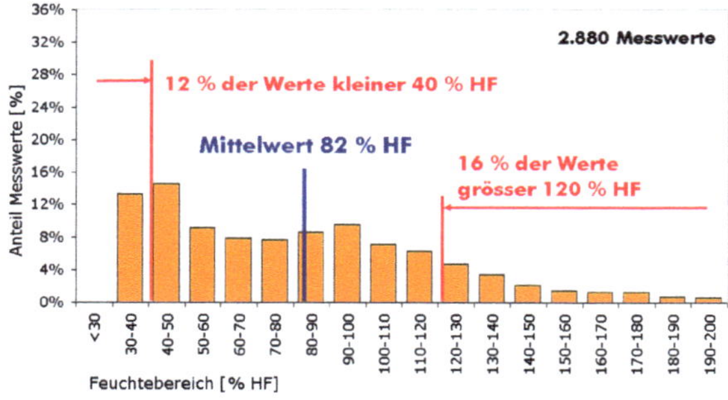

Bild 3-12 *Verteilung der Anfangsfeuchte bei Seitenware von 2880 Brettern (Bild: GRUBER 2003)*

Die **Endfeuchte** u_e am Ende der Trocknung wird gemessen als Maximalwert, Minimalwert oder als Durchschnittswert aller oder ausgewählter Messwerte.

Entscheidend für die Qualität des getrockneten Holzes ist die **Streubreite der Endfeuchte.** Sie hängt von vielen Parametern ab. Im Zusammenhang mit den Holzeigenschaften sollen die Untersuchungen von GRUBER u. a. (2003) erwähnt werden. Dort wird für Fichtenholz nachgewiesen, dass bei gleichmäßigem Klima über die ganze Kammer die von Anfang an bestehenden Feuchtedifferenzen nicht ausgeglichen werden. Vielmehr wird ein am Anfang besonders feuchtes Brett meist auch am

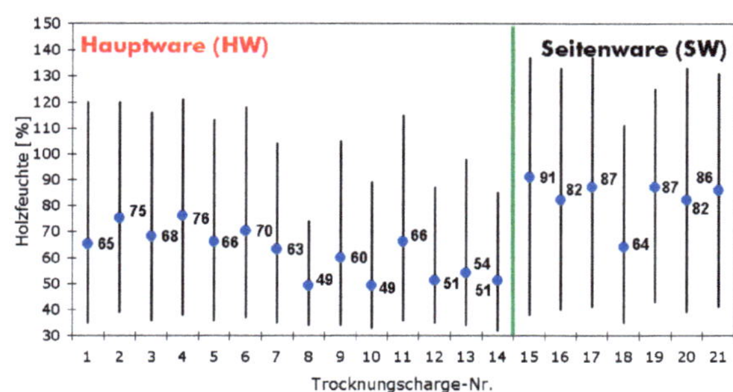

Bild 3-13 *Streubreite und Mittelwerte der Anfangsfeuchten aller Bretter gemäß der Bilder 3-11 und 3-12 (Bild: GRUBER 2003)*

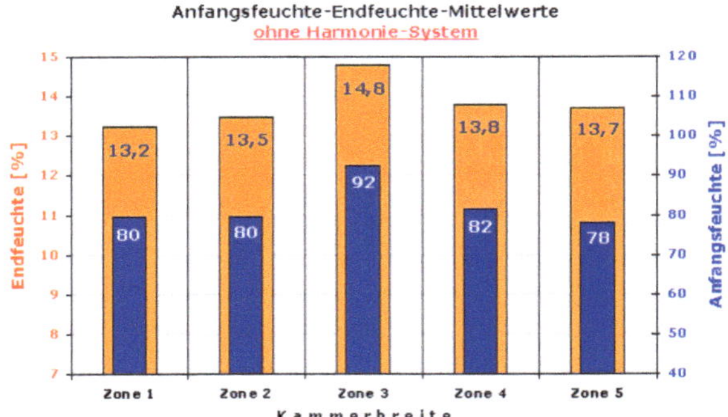

Bild 3-14 *Die Mittelwerte der Endfeuchten richten sich nach den Anfangsfeuchten in einer auf 5 Zonen aufgeteilten Kammer mit Fichtenbrettern (Bild: GRUBER 2003)*

Ende die höchste Feuchte aufweisen. Zur Messung wurden quer zu den Stapeln **Zonen** gebildet und in diesen Zonen jeweils die Mittelwerte von Anfangs- und Endfeuchte ermittelt. Bild 3-14 zeigt die Korrelation der zonenweisen Feuchten, dass nämlich die Zone der höchsten Anfangsfeuchte von 92 % auch die höchste Endfeuchte von 14,8 % aufweist. Die daraus abgeleiteten regelungstechnischen Möglichkeiten sind in Kap. 5.4.1 dargestellt.

Der **Wasserentzug** durch die Trocknung ist über die Differenz zwischen der Masse des Holzes vor und nach der Trocknung zu ermitteln. Diese Berechnung ist u. a. die Basis für die Abschätzung des für die Trocknung notwendigen Wärmebedarfs (Kap. 9.3.1).

Istfeuchte u_i ist die im Verlauf der Trocknung zu einem beliebigen Zeitpunkt vorhandene Holzfeuchte.

Die **Regelungsfeuchte** u_r bestimmt das Verfahren bei einem holzfeuchteabhängigen Trocknungsablauf. Diese Art der Regelung erfordert laufende oder periodische Messung der Holzfeuchte an einer oder mehreren Stellen in der Kammer. u_r wird als Mittelwert aller Messwerte, als Mittelwert der feuchteren Messstellen oder als Maximalwert gewählt, dies besonders bei Problemhölzern.

Die **Grenzfeuchte** u_{gr} ist diejenige Holzfeuchte, nach deren Unterschreiten das Trocknungsklima ohne Qualitätseinbußen planmäßig verschärft werden kann. Die Grenzfeuchte ist der Ersatzwert für den nicht sicher zu bestimmenden Fasersättigungspunkt.

Die Grenzfeuchte kann für Holzgruppen ähnlichen Trocknungsverhaltens einheitlich angegeben werden (siehe Kap. 5.4). Eine Gruppierung ist zweckmäßig, weil die Holzarten keineswegs in gleicher Weise kritisch auf Verschärfung der Trocknung reagieren. So kann für Fichte die Grenzfeuchte problemlos mit 45 ... 48 % angesetzt werden. Würde der Fasersättigungspunkt (ca. 30 %) mit milden Bedingungen angesteuert und dann das Klima erst verschärft, würde im Bereich der Trocknung von 45 bis 30 % Kapazität verschenkt. Einfachere Programme begnügen sich mit der Angabe nur eines einzigen Wertes von u_{gr} für alle Hölzer; meist u_{gr} = 28 %, dort sehr generalisierend mit **Fasersättigung** bezeichnet.

Holzfeuchteverteilung ist die Streubreite der Messwerte über den Brettquerschnitt (Feuchtegradient), entweder über die Brettlänge oder innerhalb der einzelnen Stapel bzw. Pakete oder innerhalb der Charge bzw. Lieferung (siehe Kap. 8.1).

Das **Feuchtegefälle** (Feuchtegradient) gibt die während der Trocknung entstehenden Holzfeuchteunterschiede zwischen den inneren und äußeren Zonen eines Brettquerschnitts an (Bild 3-15).

Bei Beginn der Trocknung ist die Feuchte einigermaßen gleichmäßig verteilt. Bei der Trocknung passen sich die Oberflächenschichten dem herrschenden Klima rascher an als die Innenzonen. Von innen nach außen bildet sich ein Feuchtegefälle. Der Feuchteverlauf kann durch Kurven *n*-ter Ordnung angenähert werden. Wird das Feuchtegefälle zu groß, verschalt das Holz (siehe Kap. 8.1). Um einen Feuchteausgleich zu erzielen, wird am Schluss der Trocknung konditioniert, je nach Bedarf aber auch schon während der Trocknung.

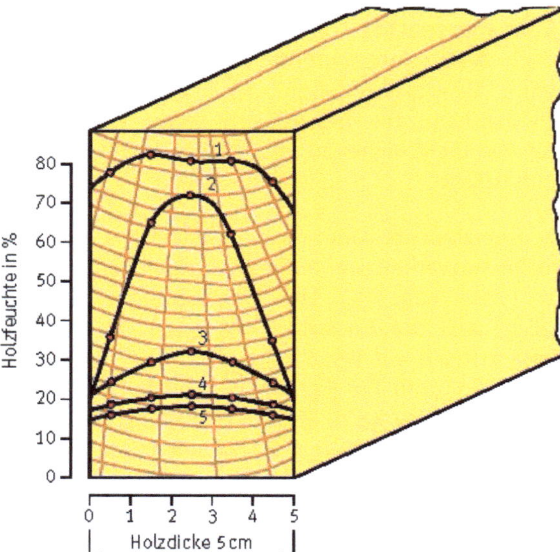

Bild 3-15 *Veränderung der Holzfeuchteverteilung in einer 50 mm dicken Buchenbohle während der Lagerung auf dem Holzplatz (nach BRUNNER-HILDEBRAND 1987): 1 Holzfeuchte am Anfang, 2 Holzfeuchte nach 6-wöchiger Lagerung, 3 Holzfeuchte nach 6-monatiger Lagerung, 4 Holzfeuchte nach 12-monatiger Lagerung, 5 Holzfeuchte nach 18-monatiger Lagerung*

Nicht direkt in Zusammenhang mit dem Feuchtegefälle steht das **Trocknungsgefälle**. Es handelt sich um eine Regelungsgröße, die das Verhältnis der Gleichgewichtsfeuchte zur Regelungsholzfeuchte während der Trocknung darstellt (siehe Kap. 5.2).

3.3.7 Ermittlung der Holzfeuchte

Der Feuchtegehalt des Holzes kann auf direktem oder indirektem Wege ermittelt werden.

3.3.7.1 Direkte Messverfahren

Die **Darrmethode** ist bis heute das Standardverfahren der Holzfeuchtemessung geblieben, obwohl diese Methode am Objekt nicht zerstörungsfrei durchzuführen ist. Auch kann das Ergebnis durch akzessorische Stoffe im Holz verfälscht werden, deren Siedepunkt unterhalb oder im Bereich desjenigen des Wassers liegt, z. B. ätherische Öle, Terpene, Harze, Fette.

Zur Durchführung der Darrmethode sind ein Wärmeschrank mit Durchlüftung erforderlich, dessen Temperatur sich auf 103 ± 2 °C regeln lässt, und eine Waage, mit der das Gewicht bzw. die Masse der Holzprobe auf 0,1 % genau bestimmt werden kann. Die Probe wird unmittelbar nach Entnahme gewogen und anschließend im Wärmeschrank bis zum Erreichen der Gewichtskonstanz getrocknet. Die dann darrtrockene Probe wird abgekühlt und erneut gewogen. Sie sollte so abgekühlt werden, dass sie nicht erneut Feuchte aus der Luft aufnehmen kann, z. B. im Exsikkator.

Aus dem Masseverlust kann die **Holzfeuchte** der Probe berechnet werden. Die Formel wurde bereits oben (Kap. 3.2.1) dargestellt.

Beispiel:

Eine Holzprobe habe eine Masse im nassen Zustand von m_u = 104 g, eine Masse nach dem Darren von m_0 = 80 g. Die Holzfeuchte berechnet sich nach der o. a. Formel

$$u = \frac{104 - 80}{80} \cdot 100\ \% \ = 30\ \%$$

Einzelheiten regelt EN 13183-1. Das Austreiben der Feuchte kann auch im **Vakuumofen** bei niedrigeren Temperaturen, zwischen Heizplatten, unter Infrarotstrahlern, im Hochfrequenzfeld usw. vorgenommen werden. In einer **Darrwaage** sind Trockner und Waage kombiniert. Hierfür muss die Probe klein geschnitzelt werden.

Wenn wissenschaftliche Genauigkeit gefordert wird, kann das aufwendige **Destillations-** bzw. **Extraktionsverfahren** zur Anwendung kommen. Es wird in besonderen Glasapparaturen mit Lösemitteln durchgeführt, die sich nicht mit Wasser mischen. Die Masse des entzogenen Wassers kann nach Separation von Harzen, anderen Inhaltstoffen oder Imprägniermitteln gemessen werden.

Allen diesen Verfahren ist gemeinsam, dass der Holzprobe die gesamte Feuchte entzogen und der Wasseranteil entweder gravimetrisch aus dem Masseverlust der Probe oder volumetrisch nach Kondensation des entwichenen Wasserdampfes bestimmt wird. Diese **direkten Methoden der Holzfeuchte-**

messung erfordern verhältnismäßig hohen Zeitaufwand und sind für die kontinuierliche Erfassung der Feuchte wenig geeignet, liefern aber die zuverlässigeren und – von wenigen Störgrößen abgesehen – absolut richtigen, d. h. von einer Kalibrierung unabhängigen, Ergebnisse.

3.3.7.2 Indirekte Messverfahren

Indirekte Verfahren verändern den Feuchtegehalt des Holzes nicht. Voraussetzung für die Anwendung derartiger Messverfahren ist eine möglichst stramme Korrelation zwischen der verwendeten Hilfsgröße und dem Feuchtegehalt des Holzes. Die zugrunde liegenden physikalischen Zusammenhänge müssen zunächst mit einem direkten Messverfahren erfasst und kontrolliert werden. Praktisch eingesetzte indirekte Verfahren messen die Größen:

- ohmscher Widerstand bzw. elektrische Leitfähigkeit (als reziproke Größe),
- Kapazität eines Kondensators mit Holz als Dielektrikum,
- Masse (Gewicht),
- Gleichgewichtsfeuchte.

Elektrische Feuchtemessverfahren

Sie haben weite Verbreitung zur laufenden Kontrolle und Automatisierung in der Holztechnik gefunden. In den einschlägigen Normen DIN EN 13183 Teil 2 und 3 wird eine Typenprüfung der Geräte gefordert. Diese muss an Fichte, Kiefer und einem Laubholz durchgeführt werden. Der Feuchtebereich bei der Prüfung soll dem Anwendungsbereich laut Hersteller entsprechen. Die Messergebnisse müssen für die drei Feuchtebereiche 7...12 %, 10...18 % und 14...25 % mitgeteilt werden. Sie müssen dann mit den Ergebnissen der Darrprobe verglichen werden.

Die **elektrische Messung des ohmschen Widerstandes** erfolgt bei niedriger Gleichspannung. Der Gerätehersteller legt die Messwerte entlang einer Eichkurve fest. Mit der normgemäßen Überprüfung wird zunehmend Übereinstimmung der Messwerte der einzelnen Fabrikate zu erzielen sein. In EN 13183-2 wird trotzdem dem Verfahren nur der Rang einer Schätzung zugebilligt.

Nach Anlegen, Einstechen oder Eintreiben von Elektroden der unterschiedlichsten Ausbildung an bzw. in das Holz (u. a. plattenförmige Stempel- und Zwingenelektroden, messer- oder nadelförmige Elektroden zum Einschlagen) wird der Messwert sofort analog oder digital angezeigt. Der Messbereich beginnt bei etwa 3 ... 5 % Holzfeuchte. Die Messgenauigkeit zwischen 5 und 20 % Holzfeuchte beträgt ±1 ... 2 %. Über 20 % muss mit zunehmenden Ungenauigkeiten der Anzeige gerechnet werden. Für Nadelholz wurde bei Gann eine Einschlagelektrode entwickelt, die durch eine Kombination von Widerstands- und Kapazitätsmessung eine hinreichend genaue Messung im Bereich zwischen 40 und 200 % Holzfeuchte ermöglichen soll. Die Abhängigkeit des ohmschen Widerstandes von Holzart und Temperatur erfordert die Einstellung am Gerät angebrachter Holzartengruppen- und Temperaturschalter oder die Anwendung mitgelieferter Messwert-Korrekturtabellen. Die neue Generation dieser Geräte wird von einem Mikroprozessor gesteuert, Parameter können eingegeben, Daten gespeichert und an einem PC bearbeitet oder ausgedruckt werden. Die Temperatur kann zusätzlich gemessen werden, die Holzfeuchte wird dann automatisch korrigiert. Zur Einschlag- bzw. Messrichtung (längs oder quer zur Holzfaser) ist die Herstellervorschrift zu beachten. Einschlagelektroden können so isoliert werden, dass nur die Spitze ein Messfeld ausbildet. Damit können Störfaktoren auf der Oberfläche des Holzes, wie erhöhte Nässe (Tau, Regen, Schneeschmelze), Salze (z. B. wasserlösliche Holzschutzmittel), Beizen, Farben, Klebstofffugen (z. B. Phenolharze), ausgeschaltet werden.

Die laufende Messung/Schätzung der Holzfeuchte in Trockenkammern mit Hilfe von vor dem Trocknungsbeginn eingeschlagenen Elektroden ist Bestandteil der meisten Regelungsanlagen in Europa. Holzfeuchte (und evtl. Temperatur) werden meist über einen Kabelanschluss abgefragt, können jedoch auch kabellos durch einen Sender übertragen werden. Die gemessenen Holzfeuchten gelangen an einen Regler oder Drucker. Die Holzplatzverwaltung kann mit Sendern kabellos organisiert werden, wobei die Holzfeuchte durch die Elektroden vom Stapeln über die Trocknung bis zum Abstapeln überwacht wird.

Die **Feuchtemessung über die Messung der Kapazität** bzw. der Dielektrizitätszahl oder des Verlustwinkels wird oft bevorzugt. Die Messungen erfolgen ohne Beeinträchtigung des Holzgefüges durch bloßes Anlegen der Messelektroden, z. B. in Form von Bügeln o. ä. an das Objekt, wobei die Hochfrequenzwellen das Messgut bis in etwa 50 mm Tiefe durchdringen. Im Gegensatz zu den vorher genannten Geräten bestimmt nicht die feuchteste Holzschicht das Messergebnis, sondern der jeweilige Mittelwert. Bei den Kapazitätsmessgeräten beginnt der Messbereich schon bei 0 % Holzfeuchte. Nachteilig ist jedoch die erhebliche Abhängigkeit der Anzeige von der Rohdichte des Holzes, die meist nur unzureichend berücksichtigt werden kann. Auch nahe der Messstelle gelegene Metalle können die Messung verfälschen. In EN 13183-3 ist das Verfahren genormt, dort wird es als Schätzverfahren bezeichnet.

Wegen der unkomplizierten Handhabung kommen diese Geräte auch bei der laufenden Holzfeuchtemessung während der Trocknung zum Einsatz. Hierzu wird eine schwertartige Elektrode verwendet, die mit einem Handmessgerät zusammengeschlossen wird (Bild 3-16). Sie wird einfach in den Stapel eingesteckt. Die gemessenen Feuchtewerte werden an eine elektronische Regelungsanlage übermittelt. Mit ihrer zunehmenden Verwendung bei der Regelung von Trocknungsabläufen kann gerechnet werden, zumal das System in Nordamerika schon seit langem eingeführt ist.

Die **kontinuierliche elektrische Holzfeuchtemessung** ist in der Holzverarbeitung zur Qualitätssicherung weit verbreitet. Der Feuchtegehalt von Hölzern, die einen Fertigungsprozess durchlaufen, kann mit Widerstandsmessgeräten entweder taktweise über Einstechelektroden oder kontinuierlich mit Bürsten-Rollen-Elektroden gemessen werden. Auch mittels elektromagnetischer Sensoren ist eine berührungslose Feuchtemessung im Durchlauf möglich. In den Normen für elektrische Messverfahren werden diese Geräte als **In-Line-Holzfeuchtemessgeräte** bezeichnet. Solchen Messstationen sind i. d. R. Einrichtungen nachgeschaltet, die bei fehlerhaften Stücken akustische Signale geben oder Farbmarkierungen anbringen. Meist erfolgt ein

Bild 3-16 *Elektrischer Holzfeuchtemesser nach dem kapazitiven Verfahren mit schwertartiger Elektrode. Zu verwenden als Handmessgerät oder als Bestandteil einer Regelungsanlage in Trockenanlagen (Bild: WAGNER Electronics)*

automatischer Auswurf aus der Fördereinrichtung. Zu den Durchlaufverfahren gehört ferner die berührungslos arbeitende **Finnmoist-Messanlage**, bei der die Hölzer nacheinander Mikrowellen und Gammastrahlen zur selektiven Feuchtegehalt- und Rohdichtebestimmung ausgesetzt werden. Die Auswertung der Messsignale übernimmt ein Mikroprozessor.

Die kontinuierliche Feuchtemessung stellt eine Totalkontrolle der Holzfeuchte einer Trockencharge dar und ist daher der Stichprobenmessung weit überlegen. Allerdings ist der Aufwand für Investition und Personal erheblich.

Holzfeuchte und Masse

Die **Folgeprobe** wird angewendet, um die Holzfeuchte während des Trocknungsprozesses verfolgen zu können. Sie ist auch durch die elektrischen Messverfahren keineswegs überflüssig geworden, dient vielmehr zur Überprüfung der Richtigkeit der Messwerte, weil sie als genauer gilt.

Es handelt sich um Proben mit bekannter Anfangsfeuchte, die stellvertretend für die übrigen (nassen) Hölzer einer Trocknungscharge den Verlauf des Feuchteentzuges angeben und zur Trocknungsführung dienen können.

Als Folgeproben sollen die feuchtesten und – soweit erkennbar – am langsamsten trocknenden Hölzer ausgewählt werden. Von diesen wird vor Beginn der Trocknung jeweils in mindestens 50 cm Abstand vom Hirnende ein kurzes Stück quer aus einem Brett herausgesägt und als **Darrprobe** verwendet. Damit wird die **Anfangsfeuchte** u_a ermittelt. Die verbleibenden Abschnitte der ausgewählten Hölzer werden, falls wegen Länge unhandlich, nochmals gekürzt. Von diesen gewählten Proben wird die **Anfangsmasse** m_a durch Wägen bestimmt. Falls die Proben weniger als 1 m lang sind, sollten die Hirnenden dampfdicht versiegelt werden. Die Folgeproben werden dann in die Stapel so eingebaut, dass sie leicht entnommen werden können (Bild 3-17). Notfalls müssen dazu Stapellatten gekürzt oder ausgeklinkt werden. Keinesfalls dürfen die Proben außerhalb der Stapel getrocknet werden, z. B. auf einer Waage. Zwar ist dort die Ablesung der Gewichtsabnahme einfach, aber diese Stücke trocknen weitaus schneller als das sonstige Trockengut. Die Proben werden wiederholt entnommen und gewogen und damit die Masse m_i ermittelt. Daraus lässt sich die momentane **Holzfeuchte** der Probe u_i berechnen:

$$u_i = \frac{m_i \cdot (u_a + 100)}{m_a} - 100 \quad (\text{in } \%)$$

Die Formel kann durch Umstellung auch zur Ermittlung der zu erreichenden Masse der Probe bei der gewünschten Endfeuchte verwendet werden:

$$m_e = m_a \cdot \frac{100 + u_e}{100 + u_a} \quad (\text{in g})$$

Bild 3-17 *Folgeproben, beschriftete Brettabschnitte mit Hirnholzanstrich, seitlich in einen Stapel eingeschoben, Stapellatten ausgespart zur leichteren Entnahme für die Wägung*

Die Feuchteabnahme der Folgeproben lässt sich zuverlässig verfolgen. Ob die Messungen für die ganze Kammerfüllung repräsentativ sind, hängt von der Anzahl und der Platzierung der Proben ab. Die Methode ist aufwändig und dient normalerweise nur zur gelegentlichen Überprüfung der elektrischen Feuchtemessung.

Beispiel:

Aus einem Brett soll eine Folgeprobe hergerichtet werden. Es ist 4 m lang. Zur leichten Manipulation wird als Folgeprobe ein nur 1 m langes Stück abgesägt. Zusätzlich wird noch eine Probe mit ca. 4 cm Länge gewonnen, die für die Ermittlung der Anfangsfeuchte dienen soll. Diese Probe wird gewogen, die Masse mit 60 g bestimmt. Dann wird gedarrt. Die Masse danach ergibt bei der Wägung 40 g. Berechnung der Anfangsfeuchte:

$$u_a = \frac{60 - 40}{40} \cdot 100\ \% = 50\ \%$$

Die 1 m lange Folgeprobe wird gewogen, die Masse am Anfang m_a mit 800 g ermittelt. Dann wird die Probe in den Stapel eingebaut. Von ihr wird angenommen, dass sie ebenfalls eine Anfangsfeuchte von 50 % besitzt. Nach einiger Zeit wird diese Probe erneut gewogen, m_i mit 720 g ermittelt. Die Feuchte der Probe beträgt nun

$$u_i = \frac{720 \cdot (50 + 100)}{800}\ \% - 100\ \% = 35\ \%$$

Nun soll ermittelt werden, bei welcher Masse der Folgeprobe die Trocknung beendet werden kann, wenn die Endfeuchte von 10 % gewünscht wird:

$$m_e = 800 \cdot \frac{100 + 10}{100 + 50} \text{ g} = 557 \text{ g}$$

Sobald die Masse von 557 g erreicht ist, kann demnach die Trocknung beendet werden; in den meisten Fällen wird sich eine Konditionierphase anschließen.

Durch laufende Wägung einer Probe wird demnach die Feuchteabnahme dokumentiert. Die Massendifferenz ist identisch mit der Masse der ausgetriebenen Feuchte.

Für die laufende Verfolgung der Trocknung in einer Kammer bietet es sich an, den Stapel oder auch die ganze Charge auf eine Waage zu stellen. Dass diese naheliegende Methode der Feuchtemessung kaum in die Praxis umgesetzt wird, hat mehrere Gründe. Eine Waage für eine Charge von z. B. 50 m^3 Holz mit einer Masse von geschätzt 50 t im nassen Zustand würde eine kaum akzeptable Investition bedeuten. Auch der Dauerschutz der Waage vor Korrosion in der Kammeratmosphäre wäre schwierig. Die Ermittlung der Anfangsfeuchte ist kaum in der erforderlichen Genauigkeit machbar, weil immer eine größere Anzahl von Proben gemessen werden muss. Messmethode und Probenzahl sind kaum zu definieren. Auch muss bedacht werden, dass die einzelnen Hölzer unterschiedlich trocknen. Die ermittelte Masseabnahme gilt aber immer für die gesamte Charge, gibt also keine Auskunft über die häufig erhebliche Streuung der Feuchtewerte.

Holzfeuchte und **Gleichgewichtsfeuchte** sind, wie oben beschrieben, voneinander abhängig. Strömt Luft durch einen Stapel, so nimmt sie Feuchte aus dem Holz auf. Die Differenz der Luftfeuchte vor Eintritt in den Stapel, also auf der Zuluftseite, und nach Verlassen des Stapels auf der Abluftseite kann verwendet werden, um über das Diagramm (Bild 3-6) den Holzfeuchteentzug zu ermitteln. Erforderlich ist je ein Klimamessgerät für die Zuluft und die Abluft.

Diese Methode wird inzwischen von verschiedenen Herstellern von Regelungsanlagen angewendet. Einschränkend muss darauf verwiesen werden, dass es sich um einen Durchschnittswert der Entfeuchtung handelt. Andererseits können in einer großen Trockenanlage auch Klimazonen gebildet werden, die einzeln gemessen und geregelt werden.

Es gibt Systeme, bei denen Luftfeuchte und Lufttemperatur in einem kleinen Hohlraum gemessen werden, dessen Klima vom Holz bestimmt wird. Hier kann sich analog zur Gleichgewichtsholzfeuchte ein Gleichgewichtsklima einstellen. Dieser Hohlraum kann ein Bohrloch im zu prüfenden Holzstück sein. Zur Messung wird eine perforierte Sonde mit einem Haar eingeführt und die sich einstellende Länge des Haares gemessen. Bei entsprechender Eichung kann direkt die Luft- bzw. Holzfeuchte abgelesen werden (**Stechhygrometer**). Auch ein einseitig offener, flacher Behälter kann verwendet werden, der mit der offenen Seite auf das Holz aufgelegt wird. Unter dem Behälter wird dann mit einem Haarhygrometer die Luftfeuchte gemessen (**Auflegehygrometer**). Die Temperatur muss immer zusätzlich gemessen werden, um die Gleichgewichtsfeuchte des Holzes zum Klima ermitteln zu können.

Weitere Möglichkeiten der **indirekten Messung der Holzfeuchte** sind:

- **Messung der Schwindung einer Holzprobe durch Feuchteabnahme** → ungenau und abhängig von Art und Genauigkeit der Ermittlung der Anfangsfeuchte. Die Schwindung eines Stapels in der Höhe durch Feuchteabnahme wegen vielfältiger Störgrößen ist als Indikator für Feuchteabnahme nicht verwendbar.
- **Wärmestrommessung oder Temperaturdifferenzverfahren** → ergibt keine Aussage für die Holzfeuchte, sondern nur über die Feuchteabnahme.
- **radiometrische Messverfahren**, d. h. die Abschwächung von auftreffenden Elementarteilchen (schnelle Neutronen, Betateilchen) → bisher keine ausreichende Erfahrung an Holz.

3.4 Wasserbewegung im Holz

Hygroskopizität ist die Eigenschaft des Holzes, die in der Praxis der Holzverwendung die größten Probleme bereitet. Holz kann Wasserdampf aus feuchter Luft oder anderen feuchten Gasen aufnehmen und sorptiv binden. Nicht nur Holz, sondern viele Stoffe sind hygroskopisch.

Allgemein wird die Bindung kondensierbarer Gase oder sonstiger löslicher Stoffe an einen anderen festen oder flüssigen Stoff unter dem Sammelbegriff **Sorption** zusammengefasst. Die Anlagerung oder Anreicherung eines gasförmigen oder flüssigen Stoffs (**Adsorbats**) an der Oberfläche eines anderen, meist festen Stoffs (**Adsorbens**), z. B. des Holzes, wird **Adsorption** genannt. Da es sich dabei um die Wirkung von Oberflächenkräften handelt, ist das Adsorptionsvermögen eines Stoffes von der Größe seiner (inneren) Oberfläche abhängig. Die Umkehrung der Adsorption, d. h. die Loslösung oder der Entzug einer sorptiv in einem oder an einen Stoff gebundenen Substanz, heißt **Desorption**.

Für die Trocknung von Holz gilt, dass oberhalb der Fasersättigung das Wasser nicht gebunden ist („freies" Wasser) und aus den Kapillaren ohne großen Widerstand austritt, d. h. verdunstet. Unterhalb der Fasersättigung wird die Desorption immer mehr bestimmend. Da die Wassermoleküle an die Zellwandmoleküle fest gebunden sind, verlangsamt sich die Trocknung.

Die Stoffeigenschaften, die eine **Sorption** bewirken, sind sehr komplexer Natur, bei Holz unterscheidet man z. B. drei Ursachen:

- Kapillarkräfte (Kapillarkondensation/Sorption) im Bereich *u* = 15 % bis Fasersättigung,
- Anziehungskräfte der „inneren Oberfläche" des Holzes (Desorption oder Adsorption) im Bereich *u* = 6 ... 15 %,
- Sorption infolge molekularer Anziehungskräfte (Chemosorption) im trockensten Bereich (etwa 0 ... 6 %).

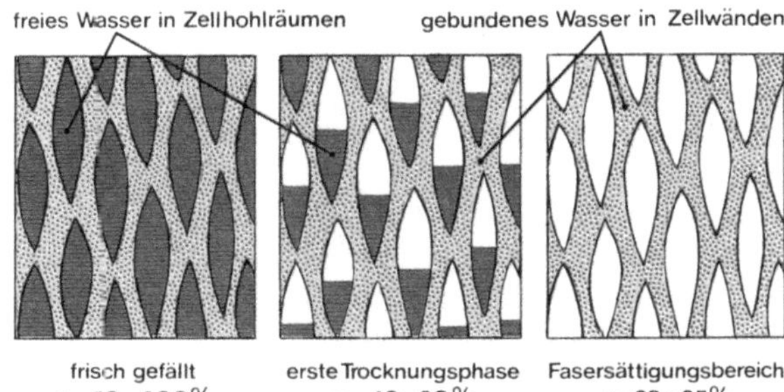

Bild 3-18 *Darstellung des Entweichens des Wassers aus den Hohlräumen des Holzes vom Nasszustand bis zur Fasersättigung (Bild: BM-Informationsblätter 1978)*

Bild 3-18 zeigt schematisch den Verlauf der Trocknung im Holz. Oberhalb von 50 % Holzfeuchte ist das Holz in Zellwänden und Hohlräumen mit Wasser gesättigt. Dann beginnt das freie Wasser aus den Hohlräumen zu entweichen, und bei Fasersättigung befindet sich nur noch gebundenes Wasser in den Zellwänden.

Die **Desorption** erfolgt stets unter Wärmeabgabe. Zum Aufbrechen der molekularen Bindung muss immer mehr Energie aufgewendet werden, um die Trocknung fortzuführen. Diese sog. **Bindungswärme** muss bei der Trocknung im hygroskopischen Bereich zusätzlich zur Verdampfungswärme dem Holz wieder zugeführt werden. Um so mehr Energie je Kilogramm Wasserentzug muss aufgewendet werden, je weiter man das Holz herabgetrocknet hat.

Beispiele:

- bei *u* = 12 % ca. 130 kJ/kg
- bei *u* = 7 % ca. 410 kJ/kg
- bei *u* = 2 % ca. 950 kJ/kg.

Bei der Wasseraufnahme wird Wärme freigesetzt. Diese Bindungswärme wird bei der Absorption (Chemosorption) auch als **Hydratationswärme**, bei der Adsorption und Kapillarkondensation auch als **Benetzungswärme** bezeichnet.

3.5 Schwindung und Quellung

Das Holz eines gesunden Baums befindet sich im lebenden Zustand oder kurz nach der Fällung im maximalen Quellungszustand. Die Abmessungen des Holzes bleiben unverändert, solange Änderungen des Feuchtegehalts oberhalb der Fasersättigung ablaufen. Hier wird das Wasser in den Kapillaren bewegt. Schon etwas über der Fasersättigung beginnt jedoch der Bereich, in dem sich neben freiem Wasser zunehmend an den Holzmolekülen angelagertes Wasser befindet. Wird dieses gebundene Wasser durch Trocknung entzogen, rücken die Moleküle mehr zusammen – **das Holz schwindet.** Die **Schwindung** setzt merkbar erst unterhalb der Fasersättigung ein und verstärkt sich, je trockener das Holz wird (Bild 3-19).

Wenn trockenes Holz befeuchtet wird, dann **quillt es.** Die **Quellung** läuft oberhalb der Fasersättigung aus, weil dann alle Stellen besetzt sind, wo an den Molekülen Wasser angelagert werden kann. Das in die Kapillaren zusätzlich eingelagerte Wasser verursacht keine weitere Quellung.

Für die Ermittlung des **Wärmebedarfs einer Trocknung** ist die Angabe des Holzvolumens im Darrzustand erforderlich (siehe Kap. 9.3.1). Dieses kann aus dem Volumen des frischen Holzes und der Schwindung des Volumens vom Nass- bis zum Darrzustand β_V ermittelt werden:

$$V_0 = V_u \cdot (1 - \beta_{V\,max})$$

Die Änderung der Abmessungen bei Feuchteänderung ist richtungsabhängig, Grund ist die Inhomogenität des Holzes. In der Längsrichtung (parallel der Faser) gibt es kaum Schwindung und Quellung. Quer zur Faser können die Zellwände jedoch ihre Dicke ändern. In Radialrichtung behindern allerdings die Holzstrahlen Schwindung und Quellung. Unbehinderte Maßänderung ist nur möglich in Tangentialrichtung, bezogen auf den Zellaufbau im Stamm (Bild 3-20).

Die Werte für die praktische Feuchteverformung sind für die einzelnen Holzarten unterschiedlich, und zwar abhängig von Rohdichte, holzanatomischem Aufbau, Inhaltstoffen u. a.

Die vielfach genannten Werte für **Gesamtschwindung** vom Nass- zum Darrzustand und **Gesamtquellung** vom Darr- zum Nasszustand sind jedoch wenig aussagekräftig, weil eine Feuchte unterhalb 7 % kaum vorkommt. Daher sind in Versuchen weitere Kennwerte ermittelt worden, die ein besseres Bild von den zu erwartenden Feuchteverformungen geben (gemäß DIN 52 184).

Die **Trocknungsschwundzahl** β_{tN} (tangential) bzw. β_{rN} (radial) sagt aus, welche prozentuale Schwindung durch die Trocknung vom Nasszustand auf das Normalklima 20/65 eintreten kann, entsprechend einer Holzfeuchte von 11 ... 13 %.

Die entsprechende Schwindung in den Hauptschwundrichtungen kann abgelesen werden. Es sollte darauf geachtet werden, dass die Schwundzahlen an großen Holzstücken und nicht an Laborproben bestimmt werden – der Unterschied kann erheblich sein. Die Zahlen liegen für tangentiale und radiale Schnittrichtung vor. Durch Schätzung kann die Schwindung bei jedem Jahrringverlauf ermittelt werden. Daraus kann man u. a. Schwundzugaben für den Einschnitt ableiten.

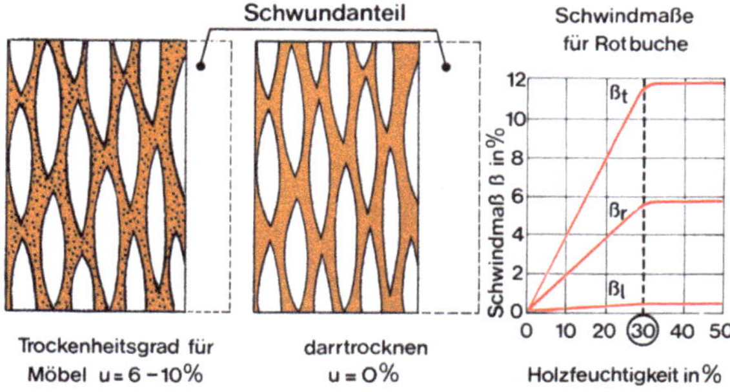

Bild 3-19 *Schwindung des Holzes nach Trocknung auf Gebrauchszustand oder Darrzustand, rechts Schwindmaße der Buche (Bild: BM-Informationsblätter 1978)*

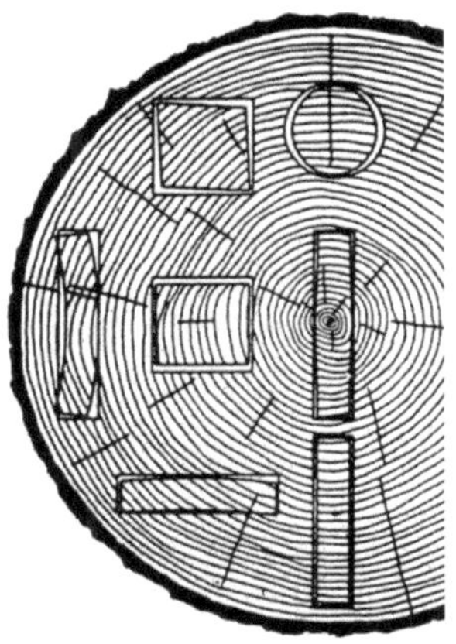

Bild 3-20 *Schwindung des Holzes nach Trocknung auf Gebrauchszustand oder Darrzustand, rechts Schwindmaße der Buche (Bild: BM-Informationsblätter 1978)*

Wesentlich für den Trocknungserfolg ist die **Formhaltigkeit der Schnittware**. Sie kann aus dem Quotienten der Anisotropie der Schwindung A_β abgeschätzt werden, die sich durch die Feuchteabnahme ergibt:

Schwindungsanisotropie $A_\beta = \dfrac{\beta_{tN}}{\beta_{rN}}$

Je größer diese Zahl ist, umso mehr neigt das Holz beim Trocknen zum Verziehen und Reißen.

Im Gebrauchszustand des Holzes, etwa zwischen 5 und 20 %, wird der Quellungsquotient q_t bzw. q_r für die Berechnung der differentiellen Quellung, d. h. des prozentualen Quellmaßes je 1 % Holzfeuchteänderung, verwendet. Das Verhältnis der Quellungszahlen tangential und radial zeigt ebenfalls die Neigung zu mehr oder weniger Verzug beim Quellen an.

Quellungsanisotropie $A_q = \dfrac{q_t}{q_r}$

Je größer dieser Wert ist, desto mehr kann sich das Holz verziehen.

Aus der Gesamtschwindung, den Werten der Anisotropie und der Rohdichte kann eine Aussage abgeleitet werden, welche Schwierigkeiten man bei der Trocknung einer bestimmten Holzart zu erwarten hat. Allerdings ist zu berücksichtigen, dass alle Schwund- und Quellwerte gemäß den Normen an kleinen, fehlerlosen, klimatisierten Proben gemessen worden sind. Bei der Trocknung hat man es aber mit großen Stücken (Bretter, Bohlen o. ä.) mit Ästen, Faserabweichungen u. a. zu tun, die sich ungünstiger verhalten als in vielen Tabellen abzulesen. In Tabelle 3-1 sind Holzarten mit den hier relevanten Eigenschaften aufgeführt, zu bewerten mit den angegebenen Einschränkungen. Für die Trocknung wichtige Werte harren für die meisten Holzarten noch der Ermittlung bzw. Publizierung.

4 Vorbereitung zur technischen Trocknung und Vortrocknung

4.1 Stapelung

Schnittholz wird für die Trocknung lagenweise mit Stapellatten oder anderen Abstandshaltern oder auch in lattenlosen Sonderformen zu Stapeln aufgesetzt. Das Aufsetzen wird auch **Hölzeln**, **Spandeln** oder **Stöckern** genannt. Zweck der Maßnahme ist, für alle Hölzer auf einem Schnittholzplatz oder in einer Trockenanlage die Voraussetzungen für eine möglichst gleichmäßige Belüftung zu schaffen und diese während der Trocknung beizubehalten.

4.1.1 Stapelplatz

Auf dem Holzplatz wird die Gesamthöhe aller Stapel übereinander als **Hochstapel** bezeichnet. Die Standsicherheit ist von der Tragfähigkeit des Stapelunterbaus abhängig, der die Auflagerkräfte aus dem Stapel aufnehmen und in den Boden ableiten muss. Zwecks guter Belüftung der unteren Brettlagen ist genügend **Bodenfreiheit** (40 ... 60 cm Abstand vom Erdboden) einzuhalten. Die Aufnahme von Bodenfeuchte oder hoher Luftfeuchte, die sich in Bodennähe bei Windstille ansammelt, ist zu verhindern.

Meist werden **Betonsockel** verwendet, die je nach Stapelgröße und Tragfähigkeit des Bodens angeordnet sind und über die ausreichend dimensionierte **Unterlagshölzer** gelegt werden. Bei Hochstapeln empfiehlt sich eine statische Berechnung des Stapelunterbaus. Da bei normalen Böden keine größere Bodenbelastung als 0,2 N/mm^2 zugrunde gelegt werden kann und somit die Stapelhöhe begrenzt wird, ist der Boden vielfach betoniert. Dadurch wird auch Unkrautwuchs verhindert, der stauende Feuchte verursachen kann (König 1970).

Empfindliche, zu Verfärbungen neigende Hölzer (wie Kiefer, Buche, Eiche, Ahorn usw.) sollen sofort nach dem Einschnitt aufgesetzt werden, ggf. als vorläufige Stapelung. Die zu stapelnden Bretter müssen vorher von einem etwaigen anhaftenden Spänebelag gesäubert werden.

4.1.2 Stapelarten

Schnittholzstapel können sehr unterschiedlich errichtet werden. Wird eine **Stapelmaschine** eingesetzt, beschränkt sich die Stapelform auf das maschinell Mögliche. Neben den üblichen Kastenstapeln gibt es viele Sonderformen, die fast alle ohne Stapellatten auskommen. Für die Beschickung in Trockenanlagen eignen sich nur Stapel, die problemlos mit Gabelstaplern transportiert werden können und eine hohe Platzausnutzung ermöglichen.

Die **Breite der Stapel** liegt zwischen 1 und 2 m, seltener darüber. Sie wird bestimmt durch die Art des innerbetrieblichen Transports, meist also die Transportkapazität eines Gabelstaplers, und durch den optimalen Luftweg durch den Stapel, vor allem in der Trockenanlage.

Die **Höhe der Stapel** wird durch Anforderungen an die Standsicherheit bzw. durch die Querdruckfestigkeit der Hölzer in den unteren Lagen begrenzt. Gemäß Unfallverhütungsvorschrift darf das Verhältnis Höhe zu geringster Breite 3 : 1 nicht überschreiten. Durch Transport- und Hebeeinrichtungen kann die Stapelhöhe weitergehend eingeschränkt sein.

Kastenstapel

Der **Kastenstapel** ist der für besäumte Bretter vorherrschende Stapel. Bretter beliebiger Breite werden dabei so gestapelt, dass ein quaderförmiger Stapel mit ebenen Seitenflächen entsteht. Die Bretter/Bohlen sollen auf Abstand liegen, um auch an den senkrechten Längskanten innerhalb des Stapels eine Ablüftung zu ermöglichen. Das ist umso wichtiger, je dicker das Holz ist. Liegen Bretter gleicher Breite vor, kann man sie so anordnen, dass Luft-

Bild 4-1 *Kastenstapel mit vertikal durchgehenden Luftschächten*

Bild 4-2 *Blockstapel mit bündigen seitlichen Außenflächen, die Blöcke sind aufgetrennt. Vorteile sind die höhere Stabilität des Stapels, sowie eine verringerte Gefahr von Rissen und Verformungen. Oben eine Jalousiewand gegen Direktbewitterung des Lagers*

schächte von ein bis zwei cm Breite entstehen – **Gitterstapel** (Bild 4-1). Die Zwischenräume ermöglichen eine verstärkte Durchlüftung der Stapel.

Grundsätzlich sollte ein Stapel bündige Außenseiten aufweisen, unterschiedliche Brettbreiten müssen möglichst im Inneren des Stapels ausgeglichen werden, so dass weitgehend glatte und ebene Stapelseitenflächen entstehen (Bild 4-2). Werden ungleich lange Bretter gestapelt, so ist es üblich, die Brettenden an einer Seite überstehen zu lassen und auf diese Weise einen **Besenstapel** zu erzeugen. Ein lückenloses Beschicken einer Trockenkammer ist aber damit unmöglich, weil die Durchlüftung unregelmäßig und die Endfeuchte stark streuend ist. Abhilfe wird durch einen beidseitigen bündigen Abschluss der Hirnflächen der Stapel erreicht (Bild 4-3), wenn die Stapellänge dies erlaubt.

Blockstapel

Beim **Blockstapel** werden die Bretter oder Bohlen eines Rundholzblocks so übereinander gelegt, dass der ursprüngliche Zusammenhang gewahrt bleibt. Diese Stapel werden nur bei unbesäumtem Schnittholz gebildet, das zudem auch i. d. R. blockweise zum Verkauf kommt. Meist sind **Einzelblockstapel** anzutreffen, weil sie besser mit dem Gabelstapler manipulierbar sind. Stabiler sind **Doppelblockstapel**, bei denen längere Stapellatten durch zwei Blöcke gelegt sind. Breite Bohlen, z. B. aus Tropenhölzern, werden im Zentrum getrennt (Bild 4-2). Gegenüber Kastenstapeln benötigen Blockstapel mehr Platz und beim Stapeln höheren Zeitaufwand. Bei Blöcken unterschiedlicher Länge werden die längsten zuerst (unten), die kürzesten zuletzt (oben) aufgesetzt (= **Treppenstapel**).

Bild 4-3 *Bretterstapel mit bündigen Stirnflächen. Die unterschiedlichen Brettlängen wurden im Stapelinneren ausgeglichen. Zweck ist vor allem die Vergleichmäßigung des Strömungswiderstands und daneben eine bessere Ausnutzung der Trockenkammer*

Kreuzstapel

Kreuzstapel werden aus Schnittholz mit einheitlicher Brettlänge gebildet. Dieses wird kreuzweise mit größeren Abständen zwischen den Stücken und ohne Stapellatten aufgesetzt. Da sich unter den verhältnismäßig großen Auflageflächen leicht Feuchtenester und letztlich Lagerflecken bilden können, ist der Kreuzstapel für farbempfindliche Hölzer weniger geeignet. Vielfach wird er für kürzere Schnittware angewendet, z. B. Rohfriesen.

Volumenberechnung für einen Kasten-, Block- oder eingeschränkt auch Kreuzstapel

Das **Raumvolumen** eines Stapels V_N setzt sich aus Länge l, Breite b und Höhe h zusammen:

$$V_N = l \cdot b \cdot h$$

Der **Stapelfaktor** besagt, welchen Anteil das Holz in der jeweiligen Richtung im Stapel besetzt:

$$f_s = f_l \cdot f_b \cdot f_h$$

Längenfaktor f_l **:** Wenn Stapelgut gleich lang und bündig gestapelt und die Nutzlänge komplett ausgenutzt ist, dann wird $f_l = 1$ gesetzt, andernfalls $f_l = 0{,}8 \dots 0{,}9$.

Breitenfaktor f_b: Summe der Brettbreiten/Stapelbreite wird bei gleich breiten Brettern o. ä. berechnet. Bei ungleich breiten Werkstücken wird angenommen: $f_b \approx 0{,}8$ (bei besäumtem Schnittholz), $f_b \approx 0{,}5$ (bei unbesäumter Ware).

Dickenfaktor f_h: Summe der Brettdicken/genaue Stapelhöhe, wobei die Lattendicke eine große Rolle spielt.

Das **Holzvolumen** eines Stapels ist $V_H = V_N f_s$.

Eine Volumenberechnung ist zweckmäßig, um die Ausnutzung des Stapelplatzes oder des Raumvolumens in einer Trocknungsanlage zu ermitteln. Ein Beispiel findet man in Kap. 10.3.5.

Weitere Stapelarten (nur für Lufttrocknung verwendet und ohne Latten aufgesetzt):

Dreieckstapel: Schnittholz, in zyklischer Folge zu einem Dreiecksverband aufgesetzt (Bild 4-4). Die Bretter sollen möglichst gleiche Länge haben, die nicht über etwa 4 m hinausgeht. Nachteilig ist, dass die Trocknungsqualität durch Verformungen, Endrisse und Farbfehler an den Auflagestellen beeinträchtigt wird. Außerdem ist das Auf- und Abstapeln kostenintensiv sowie ein Transport der Stapel unmöglich. Diese Stapelform ist ungeeignet für bessere Sortimente.

Senkrechtstapel: Bretter, zur Vortrocknung in nahezu senkrechten Lagen mit dem Zopfende nach unten in rechenartige Gestelle gestellt, am oberen Ende mit einer Vorrichtung für den notwendigen Abstand der Bretter untereinander versehen. Auch anderweitig werden Bretter an Querbalken oder Wände gelehnt. Die Bretter trocknen auf diese Weise rascher als bei horizontaler Lagerung. Das Verfahren wird für empfindliche Laubhölzer, z. B. bei Ahorn zur Erhaltung der weißen Farbe, empfohlen.

Scherenstapel: Variante der Senkrechtstapelung zur Vortrocknung. Bretter werden abwechselnd zu bei

Bild 4-4 *Dreieckstapel*

den Seiten eines Trägerbalkens schräg aufgestellt und aneinandergelehnt. In warmen Ländern ist dies eine übliche Stapelung im Freien oder unter Sonnendächern mit niedrigen Lohnkosten bei hohem Flächenbedarf (Bild 4-5).

Sonderstapel werden im Freien zur Lagerung bestimmter Sortimente wie Rohdauben und Rohfriesen zur Vortrocknung und bei Schwellen zur Erreichung der Tränkreife (ausreichende Trockenheit für das Tränken mit einem Schutzmittel) errichtet.

4.1.3 Stapellatten

Beim Aufsetzen eines Schnittholzstapels werden **Stapellatten** quer zur Längsachse der Hölzer zwischen die Brettlagen gelegt. Die Wahl der Holzart ist von Bedeutung. Die Latten dürfen nicht abfärben, womit z. B. gerbstoffhaltige Hölzer, wie Eiche, als ungeeignet ausscheiden (Kap. 8.1.7). Die Latten dürfen nicht härter sein als das Stapelgut, weil sie sich in unteren Lagen sonst eindrücken und schwere Schäden verursachen können, z. B. Hartholzleisten in Nadelholzbrettern.

Zur Erfüllung spezieller Anforderungen werden Stapellatten in Sonderformen verwendet. Bei Gefahr von Lattenabdrücken auf farbempfindlichen Hölzern wie Esche, Ahorn u. a. (Bild 4-6, siehe auch Kap. 8) wird Abhilfe durch besonders schmale Auflageflächen versucht, indem die Latten abgekantet (Bild 4-7) oder eingefräst (Bild 4-8) werden. Spezielle Rippen auf Hartholzleisten sollen für Minimalauflageflächen sorgen (Bild 4-9). Latten aus verdichtetem Sperrholz in Wellenform (**Laonda**) sollen Eindrücke und Verfärbungen verhindern (Bild 4-10). Schließlich werden Latten aus Metall verwendet, insbesondere wenn die Stapel längs durchlüftet werden. Sie sind gewellt oder mit Distanzhaltern ausgebildet. Die Sonderformen werden wegen der Kosten weniger für die Lagerung größerer Holzvolumina auf einem Lagerplatz verwendet, sie sind für die technische Trocknung bestimmt.

Bild 4-5 *Scherenstapel*

Mit den Stapellatten sollen die einzelnen Bretter, Bohlen, Kanthölzer usw. in einem festen Verband und während der Trocknung unverrückbar in ebener Lage gehalten werden. Diese Funktion kann von den Stapellatten nur erfüllt werden, wenn sie im Stapel genau senkrecht übereinander angeordnet werden. Sonst können sich die Bretter werfen, verziehen und vor allem biegen (s. Kap. 8.1.8). Der **Abstand der Stapellatten** in Stapellängsrichtung richtet sich nach den Auflagerpunkten des Stapelunterbaus und der Dicke des Trocknungsgutes. Er liegt zwischen 0,5 und 1,5 m. Ein Abstand von dem 20- bis 25-

Bild 4-6 *Stapellattenmarkierung. Trotz 1,5 mm Spanabnahme ist die Verfärbung noch deutlich sichtbar. Gestapelt war mit Fichtenlatten (Bild: SCHWEITZER)*

fachen der Brettdicke gilt als üblich. An den Stirnseiten der Stapel sollen die Stapellatten bündig mit den Hölzern abschließen oder etwas überstehen, um die Schnittflächen vor zu rascher Austrocknung zu bewahren.

Die Stapellatten bestimmen durch ihre Dicke die Größe der Kanäle im Stapel, die der strömenden Luft den horizontalen Durchtritt ermöglichen. Je dicker die Latten sind, desto geringer ist der **Strömungswiderstand**, den der Stapel dem Luftstrom entgegensetzt – ein Vorteil bei Freiluftlagerung. Das Holzvolumen im Stapel wird durch dicke Latten verringert, d. h., der Stapelfaktor ist kleiner. Das spielt auf dem Holzplatz aber keine Rolle. In der Trockenkammer ermöglichen dagegen dünnere Stapellatten ein größeres Füllvolumen, und der dann größere Strömungswiderstand muss durch die Ventilatoren überwunden werden. Weil ein Umstapeln normalerweise nicht infrage kommt, muss zwischen den beiden Aspekten der Belüftung jeweils ein Kompromiss gefunden werden. Meist genießt die Kammertrocknung Priorität. Im Allgemeinen wählt man die Dicke der Stapellatten mit 18 bis 40 mm etwa proportional zur Dicke des Trocknungsgutes aus – mit einer Tendenz zu dickeren Latten bei rasch trocknenden Nadelhölzern und zu dünneren

Bild 4-7 *Abgekantete Stapellatten bei Erlenschnittholz*

Latten bei langsamer und schwieriger zu trocknenden Laubhölzern. Nach Möglichkeit soll nur ein einziges **Lattenmaß** in einem Betrieb vorhanden sein, um Missbrauch, d. h. Verwendung verschiedener Lattendicken in einem Stapel oder gar in einer Lage, zu verhindern. Aus dem gleichen Grund soll der **Lattenquerschnitt** quadratisch sein – oder aber

Bild 4-8 *Eingefräste Stapellatten bei Eschenschnittholz. Zur Vermeidung von Abdrücken wird die Latte zusätzlich an das Hirnende gelegt – ein großer Aufwand!*

Bild 4-9 *Stapellatten aus Hard Maple (Kanadischer Ahorn) mit diagonalen Fräsungen zur Minimierung der Auflagefläche, verwendet in Laubholzsägewerken*

deutlich rechteckig. Die Stapellatten müssen sorgfältig gepflegt werden, sie müssen sauber, trocken und pilzfrei bleiben.

Getrocknete Ware wird zum Versand häufig paketiert, d. h. entstapelt und ohne Latten zusammengelegt.

4.2 Freilufttrocknung

4.2.1 Schnittholz

Freilufttrocknung (oder **natürliche Trocknung**) ist das älteste Verfahren der Holztrocknung, bei dem durch Lagerung im Freien oder in offenen Schuppen unter Dach ordnungsgemäß gestapeltes Schnittholz dem Wind ausgesetzt wird. Ungünstige Klimaelemente wie Regen, Schnee und direkte Sonneneinstrahlung sind möglichst weitgehend fernzuhalten. Der Grad der Einflussnahme auf den Trocknungsverlauf ist gegenüber der technischen Trocknung gering und beschränkt sich auf

- die Wahl eines geeigneten Standortes,
- die richtige Gestaltung und Pflege des Holzlagerplatzes und
- die Anwendung bewährter Stapelmethoden.

Schutzdächer auf Stapeln müssen direkte Sonneneinstrahlung verhindern sowie regendicht und sturmfest sein. Bretter oder Platten sind vorteilhafter als Plastikfolien oder Planen (Bild 4-11), weil die Luftbewegung im Stapel durch letztere leicht so behindert werden kann, dass selbst Holz Schaden erleidet, das sich in der Gleichgewichtsfeuchte mit der Außenluft befindet (z. B. durch Schwitzwasserbildung bei Temperaturschwankungen).

Bei noch nicht lufttrockenem Holz ist die Schadengefahr weit größer. Hier kann sich im Stapel ein Treibhausklima ausbilden, das zur Entwicklung von holzzerstörenden und -verfärbenden Pilzen führt. Das Abdecken muss daher so erfolgen, dass eine ausreichende Luftbewegung im Stapel gewährleistet bleibt, wenn es nicht umgehend zur Verarbeitung oder zum Versand kommt. Für raschen Ablauf von Wasser ist ein Stapelgefälle von etwa 3 % in Längsrichtung der Hölzer notwendig.

Bild 4-10 *Stapellatten aus hochverdichtetem Sperrholz mit minimaler Auflagefläche („Laonda"), nutzbar auf dem Holzplatz, in Dämpf- und Trockenanlagen*

Bild 4-11 *Schnittholzpakete zum Versand bereitgestellt, vorübergehend mit Planen geschützt*

Der Feuchteentzug sowie die erreichbaren Endfeuchten sind im Übrigen von den jahreszeitlichen Klimaschwankungen bzw. Klimadaten abhängig. **Klimakurven** gemäß Bild 4-9 geben eine ungefähre Übersicht vom Jahresgang der relativen Luftfeuchte und Lufttemperatur. Diese Daten gelten aber jeweils nur für begrenzte Gebiete, weil die klimatischen Verhältnisse durch folgende standortgebundene Faktoren beeinflusst werden:

- Höhe über dem Meeresspiegel,
- mittlere Niederschlagshöhe,
- Vorherrschen trockener oder feuchter Winde,
- Neigung zu Nebelbildung,
- Jahreszeit,
- Klimaänderungen im Lauf der Jahre.

Eine weltweite, grobe Kennzeichnung und kartografische Darstellung von Freiluftklimaten enthält DIN 50 019 Teil 1 (1979), die globale Klimaänderung wird aber zukünftig kaum noch eine langfristige Voraussage zulassen.

Im Prinzip ist die **Freilufttrocknung** ein Verfahren der Vortrocknung, da man für viele Verwendungsarten die Hölzer anschließend in technischen Anlagen fertig trocknen muss. Hauptanwendung ist daher die Trocknung frisch eingeschnittener, nasser Hölzer, insbesondere der in vielen Fällen langsamer trocknenden Laubhölzer, auf im Bereich der Fasersättigung liegende Restfeuchten. Unsachgemäße Lagerung kann zu Schäden führen. So sollen z. B. bei Werteiche die Stapellatten nicht über 20 mm dick sein; das Holz soll nicht voll dem Wind ausgesetzt werden. Helle Holzfarben sind besonders schwierig gleichmäßig zu erhalten.

Andererseits gibt es große Anwendungsbereiche z. B. im Bauwesen, für die ausschließlich im Freien getrocknetes, also lufttrockenes Holz eingesetzt werden kann.

Bei der Freilufttrocknung von **Nadelhölzern** und **weichen Laubhölzern** rechnet man je nach Jahreszeit, Holzart, Holzdicke, Schnittrichtung und angestrebter Endfeuchte mit Trocknungszeiten von einigen Wochen bis Monaten, bei **harten Laubhölzern** bis zu mehreren Jahren. In den Wintermonaten (etwa November bis März) kommt die Trocknung praktisch zum Stillstand.

Die Freilufttrocknung unterliegt den physikalischen Gesetzen der **Konvektionstrocknung** (s. Kap. 4). An die Stelle der Heizregister und Ventilatoren einer technischen Anlage treten hier die **Enthalpie** der Umgebungsluft gemäß *h*-*x*-Diagramm (Kap. 2.1.4) und der **Wind**. Die Wärmezuführung und Dampfabführung hängen von den Zufälligkeiten des Wetters ab. Kälte, Nebel, Regen und Wind-

Bild 4-12 *Ein engmaschiges Netz vor dem Stapel in einem Schuppen verhindert das Eindringen von Schnee und Regen, lässt aber Durchlüftung zu. Das Netz ist zur besseren Demonstration aufgerissen*

Bild 4-13 *Eine Folienwand verhindert im Winter das Eindringen von Schnee in die Lagerhalle, stoppt aber auch die Durchlüftung. Die Stapel im Schuppen sind teils in Folie verpackt, sie sind versandfertig*

stille wirken verzögernd auf den Trocknungsverlauf.

Zur **Beschleunigung der Freilufttrocknung** wird eine Optimierung für Perioden ungünstigen Klimas versucht. Der erste Schritt dazu ist der Schutz von Schnittholz vor direkter Bewitterung in geräumigen, allseitig offenen, luftigen Schuppen. Die Wetterseite derartiger Schuppen wird manchmal mit jalousieartig angeordneten schmalen Brettern, die den Zu- und Austritt der Luft nicht sperren, gegen das Hineinschlagen des Regens geschützt (Bild 4-2 oben). Sehr zweckmäßig ist das Zuhängen der Wetterseite mit engmaschigen Netzen (Bild 4-12), im Winter auch mit Folien (Bild 4-13). Wesentlich ist eine geordnete Einstapelung, damit die Luft durch jeden Stapel streichen kann. Der Wind darf nicht durch ungünstiges Gelände oder durch Baulichkeiten abgeblockt werden. Schuppen sind unerlässlich für die Lagerung von Schnittholz empfindlicher Hölzer, insbesondere der meisten Laubhölzer, aber auch der Kiefer, weil Schäden bei freier Bewitterung kaum zu verhindern sind.

Eine **zusätzliche Belüftung** kann durch Verteilerrohre unter den Stapeln erreicht werden. Dabei wird vorausgesetzt, dass die eingeblasene Luft in den Stapeln durch eigens angeordnete Schächte aufsteigt (Bilder 4-14 und 4-15).

Auf Holzplätzen werden für eine stetigere oder intensivere Belüftung der Stapel gelegentlich **Axialgebläse** mit großem Durchmesser (1,5 m und mehr) eingesetzt. Sie blasen entweder stirnseitig in eine tunnelförmig abgedeckte Stapelgasse oder werden so neben die Stapellängsseiten gesetzt, dass eine direkte Querbelüftung erfolgen kann. Um im letzteren Fall die Anzahl der Ventilatoren klein zu halten, montiert man die Gebläse auf gleisgebundenen Loren (bei hohen Stapeln zwei oder mehr Gebläse übereinander) und lässt sie als **Wanderventilatoren** an den Stapeln entlang

Bild 4-14 Belüftungssystem für Schuppentrocknung. Unter dem Dach Ventilator, fördert Luft nach unten unter die Stapel

Bild 4-15 *Gelochte Belüftungsrohre unter den Stapeln gemäß Bild 4-14*

oder zwischen zwei Stapelreihen hindurch fahren.

Bei der **Schuppentrocknung** werden ganze Längswände mit Axialgebläsen bestückt (z. B. eine Batterie von 12 Ventilatoren in Doppelreihe übereinander). Die gesamte Stapeltiefe sollte bei einseitiger Beaufschlagung 2,5 m, bei reversierbarer Strömungsrichtung 5 m nicht überschreiten. Bei niedrigen Temperaturen und insbesondere hohen relativen Feuchten der Außenluft werden aus Wirtschaftlichkeitsgründen die Ventilatoren abgestellt. Jedoch können auch evtl. vorhandene **Heizregister** in Betrieb genommen werden. In diesem Fall liegt eine reine **Zulufttrocknung** vor, die dadurch gekennzeichnet ist, dass die vorher erwärmte Luft nur einmal über oder durch das Holz geführt und anschließend aus dem System entlassen wird (Bild 4-16). Diese Beschleunigung der Trocknung ist mit einem Energieaufwand gekoppelt, der in manchen Fällen den erzielten Nutzen übersteigt.

Eine **Klimatisierung** in geschlossenen Lagerhallen ist zweckmäßig, wenn technisch getrocknetes Schnittholz oder andere Holzhalbwaren für Wiederverkauf oder Fabrikation in größeren Mengen und nicht nur kurzfristig vorrätig gehalten werden müssen. Das kann z. B. für Holzhandlungen, Fensterfabriken und Innenausbaubetriebe in Frage kommen.

Das Klima in einer solchen Holzlagerhalle kann bei einem Mindestmaß an Wärmedämmung durch eine gut regelbare Heizungs- und Lüftungsanlage eingestellt werden. Es richtet sich nach der Sollfeuchte, auf die man das überwiegende Volumen der in der Halle lagernden Hölzer einzustellen wünscht. Entsprechend dieser Sollfeuchte wird die **Gleichgewichtsfeuchte** über Lufttemperatur und Luftfeuchte geregelt. Bei ungeregelter Raumtemperatur ist die relative Luftfeuchte auf dem Sollwert zu halten und mit entsprechenden Messgeräten zu überwachen. Für eine Holzhandlung ergibt sich der Vorteil, dass viele Holzarten und Sortimente auch in kleinen Mengen gemeinsam gelagert werden können und

Bild 4-16 *Vortrockner (Predrier) in Nordamerika. Stapel stehen in einseitig offenem Schuppen und werden durchlüftet (von im Hintergrund sichtbaren Ventilatoren) und je nach Wetter auch beheizt (Heizrohre hinter Ventilatoren). Die warme Luft wird nur einmalig verwendet (Bild: LOHMANN)*

eine bestimmte, gewünschte Gleichgewichtsfeuchte annehmen. Dabei kann auf ausgefeilte Lüftungstechnik verzichtet werden; vielmehr wird eine Halle komplett belüftet. Das Holz muss luftig und mit Abständen gelagert sein, wie es in Holzhandlungen schon wegen des Kundenverkehrs notwendig und üblich ist. Die Halle kann je nach Zweckmäßigkeit in Klimazonen unterteilt werden. Zweckmäßig ist vor dem Verbringen in die Klimahalle eine Vortrocknung im Freien, weil bei Einlagerung nassen Holzes das Hallenklima überfordert wäre.

4.2.2 Rundholz

Um die Schnittholztrocknung zu verkürzen oder ganz wegfallen zu lassen, wird auch Rundholz nach speziellen, teils neu entwickelten Verfahren beschleunigt vorgetrocknet. Ebenfalls anzutreffen ist eine Vortrockenanlage für Model, deren Zwischenlagerung nach dem Vorschnitt im Sägewerk eingeplant wird (TRÜBSWETTER 1999):

Die **Trocknung von Rundholz** auf dem Freilagerplatz ist ein Verfahren, das in Sägewerken schon seit langer Zeit teils gezielt, teils auch ungezielt erfolgt. In der letzten Zeit gab es neue Anstöße, die Trocknung von Rundholz zu forcieren. Einerseits gab und gibt es zunehmend Naturkatastrophen, die zu einem großen und ungeplanten Rundholzanfall im Wald geführt und eine längere konservierende Lagerung notwendig gemacht haben. Andererseits sind die Forderungen nach trockenem Listenbauholz nicht immer nach Wunsch zu erfüllen, weil technische Trocknungskapazitäten fehlen oder auch keine ausreichende Zeit für eine Freilufttrocknung bleibt. Daher versucht man, Rundholz geplant zu trocknen, um es schadenfrei zu erhalten und dann nach Bedarf zu einer bereits ausreichend trockenen Ware einzuschneiden.

Zum Thema gibt es viele Forschungsberichte, u. a. von MÜLLER (2002) und SCHUMACHER u. a. (1998). Eine praktische Anleitung zur Trocknung kann aus einem DGfH-Merkblatt, verfasst von LANG u. a. (2000), entnommen werden.

Die **Rundholztrocknung** erfordert eine zielgerechte Planung und eine termingerechte Rundholzbereitstellung. Der Aufbau der Polter sollte im Frühwinter erfolgen. Eingelagert wird das Holz nach Gesundschnitt und Entrindung. Befallenes Holz ist auszusondern, was insbesondere bei Windwurfholz zu beachten ist. Die Polter sind im unteren Teil mittels Querlagerhölzern luftig aufzubauen. Oben sind die Polter dachförmig zu formen, um der dann aufzulegenden Plane eine Auflage zu geben, welche die Abhaltung von Niederschlägen vom Holz gewährleistet. Zahlreiche Details sind gemäß Merkblatt zu berücksichtigen. Als Mindestdauer für die Trocknung sind bei optimalem Polteraufbau und günstiger Witterung 9 ... 10 Monate zu veranschlagen (bei einer Endfeuchte von etwa 20 %). Wenn die Trocknung des Splints ausreichend rasch erfolgt, so sei mit Verfärbung durch Pilze (Bläue, Rotstreif) und ins Reifholz reichenden Rissen nicht zu rechnen.

Nicht verschwiegen werden kann, dass in der Praxis die Verarbeitung luftgetrockneten Rundholzes als nicht ganz problemlos beurteilt wird. So kann **Befall durch Frischholzinsekten** auf dem Trockenpolter nicht ausgeschlossen werden. Der Einschnitt von trockenem Holz ist energieaufwendiger und produziert mehr Staub als der von Frischholz.

4.3 Vortrocknung

Die Vortrocknung ist durch eine gesteuerte Klimatisierung, d. h. Einstellung eines günstigen Klimas, in einem geschlossenen Raum gekennzeichnet. Die Luft wird durch Ventilatoren bewegt, die Luftströmung aber nicht optimiert. Eine Endtrocknung ist meist nicht angestrebt, weil wegen des Fehlens eines geregelten Trockenklimas und einer ausreichend dimensionierten Heizung die Trocknungsqualität, insbesondere die Endfeuchte, nur geringen Ansprüchen genügt. Das Trocknungsgut muss anschließend nach üblichen Methoden (Kap. 5, 6 und 7) **fertig getrocknet** werden.

Vortrockner werden fertig angeboten. Sie werden meist wegen des entsprechend einzustellenden Sommerklimas als „Schönwetterkammern" bezeichnet. Nicht einzusehen ist dabei, dass dieses Klima häufig auch dann technisch erzeugt wird, wenn im Freien das gleiche Klima herrscht.

Freie Luftbewegung wird ebenfalls zur Vortrocknung verwendet. Dabei wird das Prinzip der Thermik angewandt. Im Basisbereich einer Lagerhalle tritt Kaltluft durch entsprechende Mauerschlitze ein, durchläuft Heizrohre und strömt dann in einen unter Stapeln angeordneten Luftraum. Die Luft steigt von dort durch in den Stapeln angeordnete senkrechte, mindestens 3 cm breite Luftschächte nach oben und nimmt dabei Feuchte mit. Die aufgefeuchtete Luft sinkt dann, weil sie schwerer geworden ist, in anderen Schächten wieder zu Boden und gerät nach wiederholter Aufheizung durch einen Kamin ins Freie. Damit auch die Feuchte aus den durch die Stapellatten gebildeten horizontalen Spalten entweichen kann, sollen die Bretter nicht über 20 cm und gleich breit sein. In diesen „**Hollandkammern**" (so benannt, weil sie vielfach in den großen Importholzlagern Hollands anzutreffen sind) herrscht ein feuchtwarmes Klima, das ebenfalls einen Trocknungseffekt ausübt. Lediglich bei bläueempfindlichen Hölzern ist Vorsicht geboten. Die Kammern wurden von den interessierten Betrieben selbst gebaut, nach Anleitung des TNO, der Niederländischen Forschungsorganisation (TNO 1973). Diese Förderung ist jedoch ausgelaufen.

Hollandkammern funktionieren ähnlich wie jene Trockenkammern, die man noch bis zum Jahr 1950 in vielen Betrieben antreffen konnte. Sie besaßen ebenfalls keine Ventilatoren, jedoch eine unten liegende Heizung. Die warme Luft stieg auf und entwich durch Schächte im Dach, was als „**natürlicher Zug**" bezeichnet wurde und einen gewissen Trocknungseffekt hatte. Die Trocknung war im Winter recht wirksam, weil durch die Temperaturunterschiede der Zug gewährleistet war. Bei besten Bedingungen kam jedoch keine größere Luftgeschwindigkeit als 1 m/s zustande. Die Folge waren lange Trockenzeiten. Im Sommer versagte die Kammer, wenn kaum Feuchteunterschiede zwischen Innenraum und Außenluft bestanden.

Vortrocknung ist nicht exakt von der beschleunigten Freilufttrocknung abzugrenzen, wie an vielfältigen Beispielen aus der Praxis zu erkennen ist. In Europa spielt die Verkürzung der Verweilzeit des Holzes in Trockenkammern durch Senkung der Anfangsfeuchte keine große Rolle, weil das Angebot an fertigen Lösungen zur Vortrocknung beschränkt ist. Betriebseigene Entwicklungen sind selten. In nordamerikanischen Betrieben ist man eher bereit, eigene Ideen zu realisieren, und beweist dabei großen Einfallsreichtum.

Eine zweckmäßige Anlage (Bild 4-17) sei hier beschrieben. Sie ist aus dem üblichen, dem Wetterschutz dienenden Dach auf Stützen entwickelt worden. Auf der Lagerfläche unter dem Dach werden Stapel so eingebracht, dass der vorherrschende Westwind zur Trocknung genutzt wird. Die Wirksamkeit entspricht in der günstigen Jahreszeit den Erwartungen an eine ordnungsgemäße Freilufttrocknung. Für die Monate November bis März werden alle Seitenflächen geschlossen.

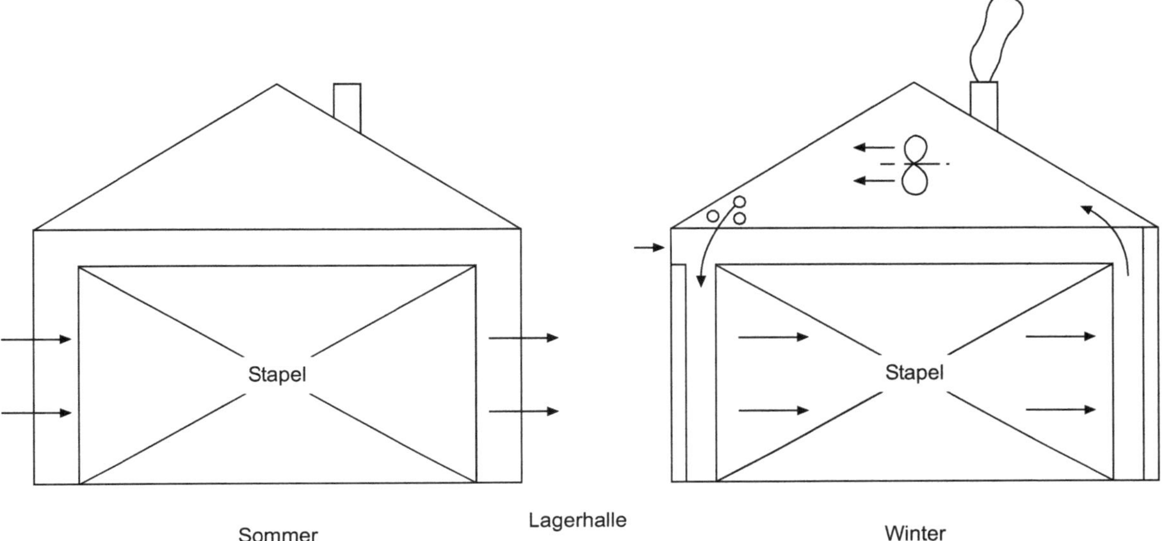

Bild 4-17 *Schuppentrocknung, mit offenen Seiten und natürlicher Belüftung im Sommer, mit Seitenwänden, Gebläse, Heizung und Abluftschacht im Winter*

Die Stirnwände (nord- und südseitig) sind mit festen Wänden versehen, weil diese Richtungen für die Durchlüftung ohnehin nichts bringen. Die Wände in der Hauptwindrichtung (West – Ost) erhalten mobile Wandelemente. Wände und Dach sind mehr oder weniger behelfsmäßig wärmegedämmt. Auf die Dachbalkenlage ist in Traufhöhe eine Zwischendecke aufgelegt, die auf Ost- und Westseite ca. 1 m Abstand von der Traufe hält. In diesen Zwischenraum sind westseitig mehrere Rippenrohre montiert. Oberhalb der Zwischendecke sind etwa mittig an Sparren einige Ventilatoren so befestigt, dass ein Luftstrom erzeugt wird, der nach Erwärmung Feuchte aus dem Holz aufnehmen kann. Die anfallende feuchte Luft wird durch einige Schächte im Dach entlassen. Die als Ersatz notwendige Frischluft tritt durch einige mit Hängeklappen verschließbare Spalte in den Wänden. Auf diese Weise kann auch im Winter ein nahezu der sommerlichen Freilufttrocknung entsprechender Erfolg erzielt werden.

Jede Art der Vortrocknung führt zu einer breit gestreuten Endfeuchte, entsprechend einer gleichermaßen breit gestreuten Anfangsfeuchte für die technische Trocknung. Je leichter das Holz trocknet, desto größer sind die genannten Feuchtedifferenzen. Ihre Vergleichmäßigung erfordert eine Rückbefeuchtung bis nahezu zur Ausgangsfeuchte. Andernfalls erhält man schlechte Trockenqualität in Form uneinheitlicher Endfeuchten. Vortrocknung ist dagegen für Hartholz und Nadelholz großer Querschnitte auf jeden Fall zweckmäßig und manchmal sogar unabdingbar (Kap. 5.3, Tabelle 5-1). Die Endfeuchten von Harthölzern werden meist am Ende der Trocknung durch einen Konditioniervorgang sorgfältig vereinheitlicht.

4.4 Beeinflussung der Trocknungseigenschaften

4.4.1 Mechanische Hilfen

Holz kann sich während der Trocknung verziehen (Bild 4-18). Um dies zu verhindern, werden verschiedene Vorrichtungen verwendet. Grundprinzip ist die Ebenhaltung der Hölzer zwischen den Stapellatten durch **Belastung von oben**. Während die unteren Lagen im Stapel durch die Last der da-

Bild 4-18 *Die oberen Lagen eines Stapels nach dem Trocknen. Die Hölzer sind verzogen*

rüber liegenden Hölzer meist ausreichend eingespannt sind, ist für die oberen Lagen eine zusätzliche Belastung zweckmäßig (genannt **„top load"**). Die richtige Beschwerung kann mit pneumatischen Zylindern ermittelt werden – allerdings nur, wenn ein oberes Widerlager vorhanden ist. Normalerweise wird probiert, und zwar je nach Holzart und Querschnitt mit 0,4 ... 1,0 t/m². Entsprechende Platten aus Beton oder Eisen werden für den laufenden Betrieb als Auflage auf die Stapel verwendet (Bild 4-19). Hebel- und Federspannvorrichtungen werden auch empfohlen, sind aber meist zu schwach (Bild 4-20).

Die Belastung ist nur wirksam, wenn mit Temperaturen über 70 °C getrocknet wird, weil dann das Holz allmählich plastisch wird und sich leichter in der gewünschten Form halten lässt. Entlastet werden darf erst nach der Abkühlung des Holzes, weil sich bis zum Erreichen der Endtemperatur immer noch Verformungen bilden können.

Die **Umreifung** des nassen Stapels mit Bändern ist zwecklos, selbst wenn straff angezogen wird, weil der Stapel im Lauf der Trocknung erheblich schwindet, die Spannung also nicht erhalten bleibt.

Bild 4-19 *Belastung durch einen Betonblock mit ca. 750 kg/m² bei einem Trocknungsversuch für Bauholz*

Bild 4-20 *Spannvorrichtung mit Federzug zur Verhinderung von Verformungen der oberen Lagen*

Holz großer Dicke lässt sich nur schwer trocknen. Durch verschiedene Verfahren des Auftrennens und Wiederzusammenfügens lässt sich das Holz in schwachen Querschnitten leichter trocknen und dann zu stabileren Bauteilen zusammenfügen. Dieses Verfahren des „Reengineerings" erfordert das Auftrennen in Lamellen, die problemlos getrocknet werden können. Sie werden dann zur erforderlichen Dimension verleimt – eine übliche Verfahrensweise bei Holzleimbindern, Fensterkanteln oder anderen Produkten.

Bauholz stärkerer Dimension reißt nach Trocknung. Bei einstieligem Einschnitt, d. h., wenn das Herz etwa mittig im Balken sitzt, kann sich ein großer **Herzriss** bilden. Dieser Riss führt oft zu Reklamationen, er wird daher vorteilhaft gezielt im Voraus in Form einer Entlastungsnut erzeugt, die einseitig bis zum Herz eingesägt wird. Die nachträgliche Rissgefahr ist damit gebannt, die derart genutete Seite kann meist unsichtbar verbaut werden.

Balken werden auch oft herzgetrennt oder herzfrei gesägt. Diese Zuschnittarten sind z. B. bei **Konstruktionsvollholz** (KVH) verbindlich vorgeschrieben, damit Herzrisse verhindert oder wenigstens minimiert werden (Bild 4-21).

Drehwuchs lässt sich an frisch gesägten Brettern oft nicht erkennen. Dann kommt es vor allem bei Fichte oft zum Verziehen ganzer Stapel (Bild 4-22) und in der Folge sogar zum Umstürzen und zur Zerstörung von Kammern (Bild 4-23). Über diesen Drehwuchs bei Fichte sind Kammerbetreiber immer wieder überrascht. Die Erklärung ist: In den Bäumen drehen sich die Fasern in der Jugend häufig in einer Richtung; ungefähr im Alter von 30 Jahren kehrt sich die Drehrichtung um. Das bedeutet, dass besonders Schwachholz, d. h. junges Holz, zur Drehung in nur einer Richtung neigt. Versucht wird, durch besonders enges Legen von Stapellatten das Drehen der ganzen Stapel zu vermeiden. Empfohlen wird auch ein Unterlegen von Keilen an den diagonalen Stapelecken, die beim Verzug unten bleiben – wenn man weiß, welche Ecken das sind. Auch Mil-

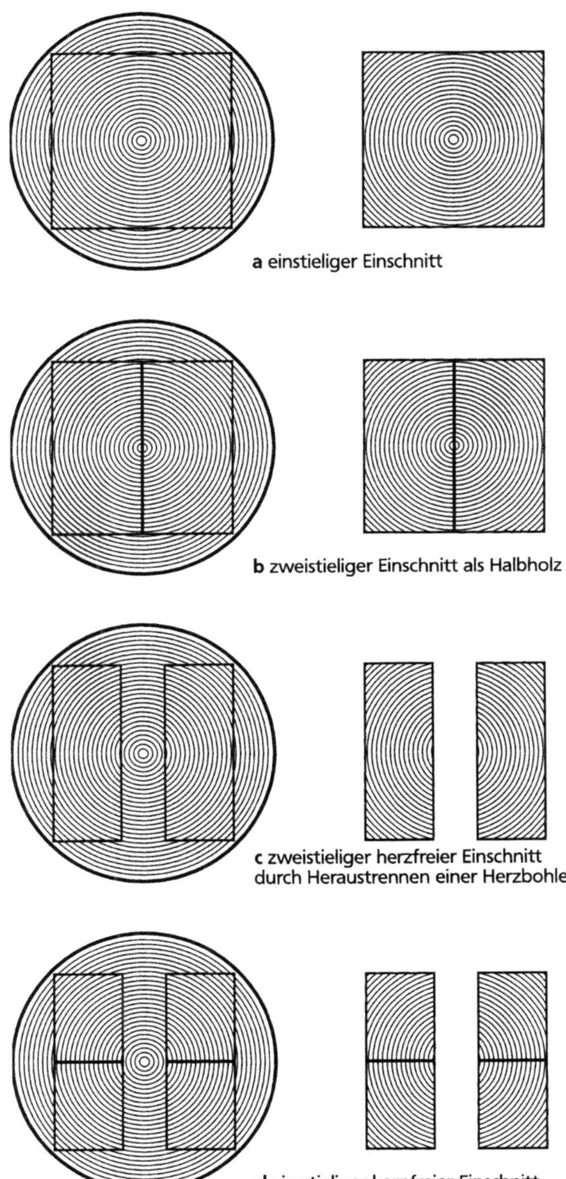

Bild 4-21 *Einschnittarten. Einstieliger Einschnitt führt nach Trocknung immer zu einem großen Kernriss. Daher wird bevorzugt zweistielig gesägt, und zwar herzgetrennt oder herzfrei (Bild: Informationsdienst Holz 2000)*

Bild 4-22 *Stapel nach Trocknung verzogen*

derung des Kammerklimas soll Abhilfe schaffen. Eine sichere Methode gegen diese Folgen des Drehwuchses gibt es aber bisher nicht.

Aufwendiger ist eine Methode von MÜHLBÖCK zu Sicherung der Stapel. Auf der Beschickungsseite einer staplerbeschickten Kammer sind für jede Stapelreihe zwei Streben vorgesehen, die auf einer Laufschiene geführt und am Kammerboden verriegelt werden (Bild 4-24). Diese Einrichtung kann in einer Kammer auch nachträglich eingebaut werden, allerdings ist oft eine Versteifung und Anpassung der Tragkonstruktion notwendig.

Bei Verwendung von **Rollwagen** für die Beschickung können Rungen angebracht werden, die ebenfalls das Umstürzen verhindern.

Bild 4-23 *Während der Trocknung umgestürzte Stapel. Kammer ist schwer beschädigt (Bild: MÜHLBÖCK)*

Die **Perforation von Holzoberflächen** kann zu einer besseren Durchlässigkeit oberflächennaher Schichten und damit zu einer rascheren Trocknung führen.

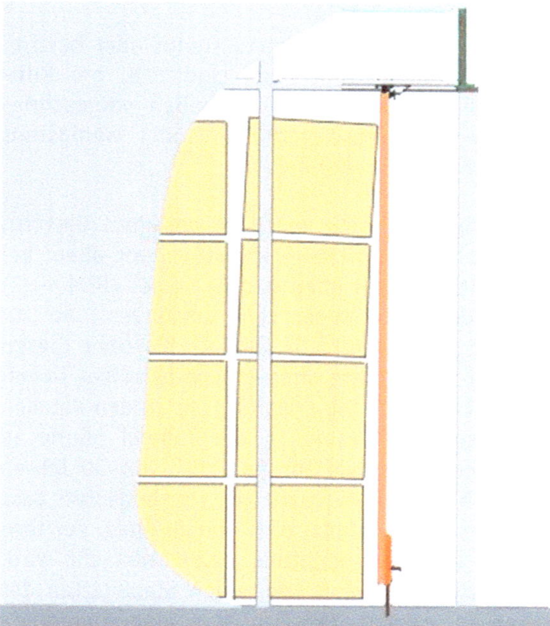

Bild 4-24 *Abstützen von Stapeln. Zwei Streben werden auf einer Laufschiene auf der Beschickseite vor den Stapel geschoben und am Kammerboden verriegelt (Bild: MÜHLBÖCK)*

Allerdings sprechen sowohl die Kosten als auch eine Verringerung der Biegefestigkeit gegen die Einführung dieses Verfahrens (KAMKE, PERALTA 1990).

Zuschnitte lassen sich je nach Dimension wesentlich rascher trocknen als rohe Bretter oder Bohlen. Daher wird in manchen Branchen grundsätzlich das Holz im nassen Zustand aufgeschnitten, gestapelt, auf den Platz gesetzt und schließlich in der Kammer getrocknet (s. Kap. 9.1).

4.4.2 Anstrichmittel

Anstrichmittel sollen eine Verbesserung der Trocknungseigenschaften des Holzes bewirken. Seit langem üblich sind **Hirnholzanstriche** mit Paraffin oder auch **Wachsdispersionen**, die eine übermäßige Austrocknung der Sägekanten verhindern sollen. Damit können Hirnrisse verhindert werden.

Eine weitergehende Behandlung des Holzes hat sich bisher nicht durchgesetzt. Vorgeschlagen wird, durch Anstrich bzw. Tränkung mit bestimmten Substanzen die Schwindung und damit die Rissgefahr zu vermindern oder die ursprüngliche Farbe der Holzoberfläche zu erhalten. Nachfolgend werden einige Beispiele aufgeführt.

Polyethylenglykole werden häufig für die Verbesserung der Trocknungseigenschaften von Holz diskutiert (MORÉN 1965, siehe Kap. 7.7). Die Mittel sind jedoch nicht auswaschbeständig und überdies teuer, ihre Anwendung daher kaum sinnvoll.

Eine ähnliche Substanz wird unter der Bezeichnung **PEGMA** angeboten, ein Vergütungsmittel auf der Basis eines mit Polyglykol modifizierten Acrylats. Diese Flüssigkeit dringt in das nasse Holz ein und stabilisiert den Quellungszustand des Holzes, indem es das Wasser in den Zellwänden durch nicht flüchtige, sich verfestigende Stoffe ersetzt. Die Verringerung der Quell- und Schwundbewegungen des Holzes bewirkt eine Reduzierung der Rissbildung während des Trocknungsvorgangs. Das Mittel muss tief eindringen, um volle Wirkung zu erzeugen. Daher muss das behandelte Holz mindestens 24 Stunden, besser aber länger, unter Dach zwischengelagert werden, bevor es den eigentlichen Trocknungsbedingungen ausgesetzt wird. Das Mittel fixiert im Holz und ist nach einigen Tagen auswaschbeständig (STETTER 1988).

Unter dem Namen **Erbatop** wird eine Chemikalie angeboten, die zur risikolosen Beschleunigung der Holztrocknung ins Holz eingebracht werden kann. Größere Verbreitung haben die angesprochenen Substanzen nicht gefunden.

5 Die Verdunstungstrocknung mittels Frischluft und Abluft

Die naturgegebene Trocknung durch Luft stellt physikalisch eine **Konvektionstrocknung** dar. Die meisten Verfahren der Holztrocknung arbeiten nach diesem Prinzip – sie imitieren und verstärken die althergebrachte Trocknung mittels Wärme und Luftströmung an der freien Luft oder in Schuppen.

Bei **Konvektion** handelt es sich um die Trocknung in Dampf-Luft-Gemischen (siehe Kap. 2), gelegentlich auch in Heißdampf oder anderen strömenden Medien, sogar in geeigneten Flüssigkeiten, mit gegenüber dem Holz erhöhter Temperatur. Konvektion ist nämlich physikalisch die „Mitführung" von Energie in einer Strömung. Aus der Umgebung oder von Heizkörpern wird Wärme an die Luft abgegeben und dem Holz zugeführt (Wärmeübergang). Gleichzeitig nimmt diese Luft aus dem Holz austretende Feuchte auf und führt sie als Dampf ab. Die Beladung mit Wasserdampf ist begrenzt. Daher muss durch besondere Maßnahmen dafür gesorgt werden, dass das Aufnahmevermögen der Trocknungsluft für Wasserdampf erhalten bleibt. In der Regel geschieht dies durch dosiertes Einschleusen von Frischluft in den Trockner unter gleichzeitiger Abführung einer begrenzten Menge feuchter Abluft, auch **Fortluft** genannt. Diese Methode heißt **Frischluft-Ablufttrocknung**. Die Frischluft vermischt sich mit einem Umluftstrom erhöhter Temperatur und führt dadurch die erwünschte Verringerung des Dampfgehaltes im Trocknungsmittel herbei. Der Trocknungsablauf wird im Wesentlichen durch Verstellen der Frischluft- und Abluftklappen in für den Luftaustausch vorgesehenen Schächten gesteuert.

Die Trocknungsluft wird als Umluft meist wiederholt verwendet, weil bei einem großen Luftaustausch einerseits die Aufheizung einer großen Menge Frischluft zu kostspielig und die Trocknung andererseits auch zu scharf wäre. Nur bei Wärmeüberschuss im Gesamtbetrieb kann die Trocknungsluft nach einmaligem Überstreichen des Gutes aus dem Trockner entlassen werden. Diese reine Zulufttrocknung findet sich bei Vortrocknern. Auch in geschlossenen Trockenkammern mit reinem Umluftbetrieb, d. h. ohne Zuluft, kann die mit Dampf beladene Trocknungsluft regeneriert werden, indem ein Kühler in den Luftstrom gesetzt wird, an dem der Dampf kondensiert.

Eine gezielte technische Trocknung setzt einheitliche Ware voraus. Eine Kammercharge soll nur eine Holzart, eine Dimension und etwa gleiche Anfangsfeuchte enthalten.

Holzart und Dimension sind vom Kammerbetreiber organisatorisch vorzugeben. Die Gleichmäßigkeit der Anfangsfeuchte ist nach verschiedenen Versuchsergebnissen (z. B. GRUBER u. a. 2003) jedoch nur begrenzt zu beeinflussen.

Vorsortierung wird in vielen Betrieben als unangemessen abgelehnt, weil oft erhebliche Fehltrocknungen die Folge sind. Wo Holz mit Nasskern anfällt, z. B. Tanne oder Hemlock, wird immer wegen zu großer Endfeuchtestreuungen Beschwerde geführt. Vorschläge, das Nasskernholz vom gesunden Holz zu trennen und gesondert zu trocknen, finden aber wenig Gehör. Allerdings zwingt auch der Markt zu manchen Problemtrocknungen, so beispielsweise beim Bauholz, wenn es nicht nach Vorzugsmaßen (z. B. KVH) auf Lager produziert wird, sondern als Listenholz mit uneinheitlichen Querschnitten einer üblichen Bauholzliste getrocknet werden muss.

Für die **Möbelherstellung** und den **Innenausbau** ist in der Industrie die Verwendung ordnungsgemäß getrockneten Holzes eine Selbstverständlichkeit. Aber auch bei handwerklicher Fertigung ist eine technische Trocknung des Holzes unerlässlich. Auf keinen Fall ist es ausreichend, lufttrockenes oder gar nasses Holz einige Tage vor der Verarbeitung in einen beheizten Raum zu legen und rasche Trocknung auf die erforderlichen 8 ... 10 % zu erhoffen. Daher haben die **Kleintrockner** aller Systeme für Handwerkerbedarf seit den neunziger Jahren einen erheblichen Aufschwung genommen und sind in den meisten Werkstätten anzutreffen.

5.1 Steuerung und Regelung von Holzart und Holzfeuchte

Durch die **Steuerung** werden Stellglieder so beeinflusst, dass ein vorgegebener Trockenplan eingehalten wird. Die Steuerung läuft meist automatisch, kann aber auch von Hand gestellt werden.

Jede Regelung im Soll-Ist-Vergleich erfordert eine korrekte Messung der physikalischen Größen (siehe Kap. 2 und 3), die den Zustand des Holzes und der Kammerluft kennzeichnen.

5.1.1 Messtechnik

Die **Holzfeuchte** wird an mehreren Messstellen erfasst, und zwar zweckmäßigerweise in mindestens je zwei Holztiefen (zur Ermittlung des **Holzfeuchtegefälles**), weil schichtweise unterschiedliche Schwindung, „**Verschalung**" genannt, existiert.

BRUNNER fordert, dass in großen Kammern an vier definierten Stellen sogar drei Elektrodenpaare mit Eindringtiefen von 5 mm, 1/3 und 1/2 Holzdicke zu verwenden seien, woraus sich die Feuchteverteilung ergibt (Bild 5-1). Damit werde eine Berücksichtigung der Innenspannungen des Holzes bei der Klimaregelung ermöglicht.

Die **elektrische Holzfeuchtemessung** gilt als problematisch. Insbesondere ist die Aussage bezüglich der Holzfeuchteverteilung in einer Kammer wegen der zu geringen Anzahl von Messstellen statistisch nicht gesichert. Viele Anwender misstrauen aber auch der Genauigkeit.

Bei Fortentwicklungen wird die Holzfeuchtemessung nicht mehr zur Regelung, sondern nur noch zur

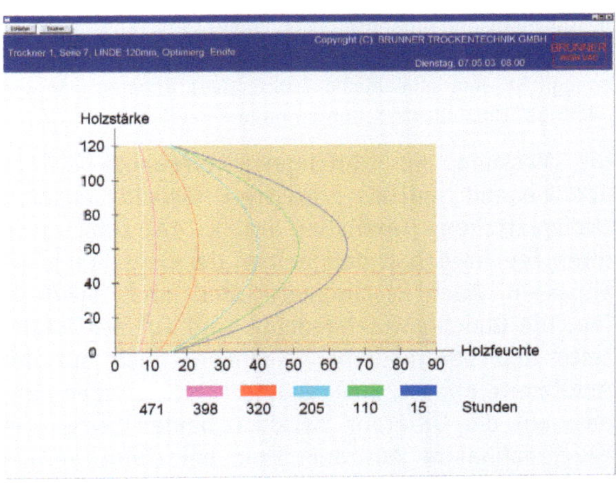

Bild 5-1 *Feuchtegradient in 120 mm dickem Holz, dargestellt auf einem Bildschirm. Die Kernfeuchte hat innerhalb von 471 Stunden von 65 % auf 9 % abgenommen, die Randfeuchte in der gleichen Zeit nur von 16 % auf 8 % (Bild: BRUNNER-HILDEBRAND, Prospekt Computersysteme 05/2003)*

Kontrolle benutzt. Die **Feuchteabnahme** des Holzes wird für die Steuerung zunehmend auf andere Weise ermittelt.

BRUNNER-HILDEBRAND hat die Folgeprobe elektronisch weiterentwickelt, indem kleine Waagen in den Stapeln verteilt eingestellt werden, die jeweils die Gewichtsabnahme einer Holzprobe laufend messen und in die Computersteuerung einfließen lassen (Bild 5-2). Die Wägung kann für sich zur Trocknungsführung verwendet werden, was eine vorherige

Bild 5-2 *Spezialwaage mit geringer Bauhöhe zur laufenden Wägung einer Holzprobe (Bild: BRUNNER-HILDEBRAND)*

Bestimmung der Anfangsfeuchte voraussetzt (s. Kap. 3.3.6, Folgeprobe). Eine Kombination mit elektrischen Messwerten ermöglicht eine allmähliche (sukzessive) Näherung an die „richtige" Holzfeuchte schon im nassen Bereich.

Die Messung der **Gleichgewichtsfeuchte** erfolgt überwiegend mittels resistiver Feuchtesensoren (Holzplättchen, Textilvlies usw.), die sehr rasch ihren Feuchtegehalt demjenigen der Umgebungsluft anpassen. Auch Psychrometer sind noch anzutreffen. Die Gleichgewichtsfeuchte wird auf der Zuluftseite und bei modernen Kammern auch auf der Abluftseite erfasst. BRUNNER und MÜHLBÖCK geben an, dass aus der Differenz zwischen beiden Seiten die Feuchteabnahme aus dem Holz berechnet werden kann und damit die direkte Holzfeuchtemessung nur noch Kontrollfunktion besitzt.

Die Temperatur wird auf der Zuluftseite gemessen, zusätzlich bei fortschrittlichen Anlagen auch auf der Abluftseite. Darüber hinaus gibt es inzwischen auch die Möglichkeit, die **Holztemperatur** zu messen – sie gibt eine wichtige zusätzliche Aussage über den Holzzustand.

Die herkömmliche Messung von Gleichgewichtsfeuchte und Lufttemperatur wird meist in einer **Klimamessstation** zusammengefasst. Bei reversierenden Ventilatoren muss das Klima jeweils über die Station der Zuluftseite geregelt werden. Es ist darauf zu achten, dass die Messstationen etwa einander gegenüber liegen. Wegen großer Tore werden oft Kompromisse geschlossen, indem nämlich die torseitige Messstation in eine Ecke verbannt wird und dann nicht mehr ordnungsgemäß misst. Um die Station trotz des Tores in die Mitte zu bekommen, wird entweder ein Schwenkarm montiert oder aber die Station mit einem Steckschwert eingesetzt (Bild 5-3).

Bild 5-3 *Klimamessstation auf Torseite, mit Schwert in Stapel eingesteckt*

Bei großen Kammern (sowohl nach dem Frischluft-Abluft-Prinzip als auch im Vakuum) werden zunehmend mehrere Klimamessstellen und zugehörige Holzfeuchtesensoren verwendet, die über die Länge der Stapel verteilt sind. Damit wird die Kammer zoniert, d. h., das Holz wird zonenweise gemessen und das Klima entsprechend geregelt. Voraussetzung ist die Installation eines Messsystems in jeder Zone (Kap. 5.4.1).

5.1.2 Steuer- und Regelanlage

Die Klimagrößen sind konventionell an die Holzfeuchte als veränderliche Prozessgröße gekoppelt. Sie werden gezielt beeinflusst. Es handelt sich um eine **Folgeregelung**, die im einfachsten Fall an entsprechenden Stellgliedern von Hand oder wenigstens per Halbautomatik vorgenommen wird. Diese unkomplizierte Anlage ermöglicht auf einfache Weise eine Vorgabe von Klimadaten als Zuordnung zu **Holzfeuchtestufen**.

Durch eine **automatische Regelungsanlage** wird gewährleistet, dass die Istwerte den Sollwerten ohne größere Abweichung folgen. Dazu werden **Befehle** (Stellgrößen) an die Stellglieder des Systems so ausgegeben, dass in möglichst kurzer Zeit und ohne den Regelkreis in (Über-)Schwingungen zu versetzen, der Gleichgewichtszustand wieder hergestellt wird. Sollwert und Istwert müssen übereinstimmen, die Regeldifferenz geht dann gegen null.

Eine Qualitätstrocknung erfordert hochwertige **Stellglieder**. Bei einfacheren Anlagen werden **Regler** eingesetzt, die unterschiedliches Regelverhalten besitzen, d. h. Regler, die sich in der Art der Zuordnung von Regeldifferenz und Stellgröße unterscheiden:

- **P-Regeleinrichtung**
  Der Regeldifferenz wird eine ihr proportionale Stellgröße zugeordnet (Proportional-System).
- **I-Regeleinrichtung**
  Der Regeldifferenz wird eine ihr proportionale Stellgeschwindigkeit zugeordnet (Integral-System).
- **D-Regeleinrichtung**
  Der Regelabweichungsgeschwindigkeit wird eine bestimmte Stellgröße zugeordnet (Differential-System).

Gebräuchlich sind P-, I-, PI-, PD- und PID-Regler. Ihr Einsatz hängt jeweils wesentlich von der **Art der Regelstrecke** (dem Zeitverhalten der einzelnen Glieder des Systems) und der geforderten **Regelgenauigkeit** ab. Sie gehören zu den **stetigen Reglern**. Von grundsätzlicher Bedeutung für das Regelverhalten sind außerdem Signalspeicher, mit denen die Weitergabe der Signale zeitlich beeinflusst werden kann (Vermeidung von schroffen Übergängen im Regelkreis oder Überreaktionen des Reglers z. B. infolge zu großer Sprünge der Führungsgröße bzw. kurzzeitig auftretender Störgrößen).

Einfachere Regler sind **Zwei-** oder **Mehrpunkt-Regeleinrichtungen**, z. B. die Ein-Aus-Schaltung eines Heizstromes mit einem Kontaktthermometer nach Unterschreiten bzw. Erreichen einer vorgegebenen Temperatur. Um die Position der Stellglieder verändern zu können, müssen die vom Regler ausgehenden Stellgrößen meist erst verstärkt (**Regler mit Hilfskraft**) oder umgewandelt werden (**Signalumformer**, z. B. Umwandlung elektrischer in pneumatische Signale für den Antrieb von Ventilen), genannt **speicherprogrammierbare Steuerung** (SPS).

Moderne Regelungsanlagen müssen Vorgänge und Abläufe speichern, Fehler erkennen und Korrekturen anbringen können. Sie sollen in der Lage sein, Trocknungen nicht nur nach gespeicherten Vorgaben, sondern auch nach Eingaben des Trocknungsfachmanns zu realisieren. Bei einer größeren Anzahl von zu regelnden Trockenkammern wird ein **Zentralcomputer** eingesetzt, dessen Bildschirm den Betriebszustand aller Kammern im Überblick zeigen soll. Bei Bedarf kann eine Kammer ausgewählt und überprüft oder neu eingestellt werden. Die Einzelkammern sollen sicherheitshalber jeweils von einem eigenen Peripherie-Computer (z. B. einem Mikroprozessor) mit Display geregelt werden, der selbständig in Funktion tritt, wenn der Zentralcomputer ausfällt.

Heizventil und **Klappen** (und bei Vakuumtrocknung der Unterdruck) müssen stetig geregelt werden. Für das übliche Sprühventil reicht eine Auf-Zu-Regelung, bei Hochdrucksprühung ist eine Stetigregelung die bessere Wahl. Die **Ventilatordrehzahl** kann durch einen Frequenzumformer stetig geregelt werden und ins Trockenprogramm integriert werden. Einfacher ist bei geringeren Ansprüchen die preiswerte **Polumschaltung**, eine Stufenschaltung der Lüftermotoren (Kap. 9.3.3). Sie kommt infrage, wenn z. B. aus Schallschutzgründen eine Nachtabsenkung gefordert wird.

Trockenpläne werden als Software in jeder computerisierten Regelung mitgeliefert. Die Optimierung dieser Pläne im eigenen Betrieb ist fast immer zweckmäßig, wenn auf Wirtschaftlichkeit und Qualität wert gelegt wird. Auch neue Pläne können eingegeben werden. Das Bedienungspersonal ist allerdings dazu nur nach entsprechender Ausbildung und Erfahrung in der Lage. Eine Abstimmung mit dem Lieferanten der Regelungsanlage ist zweckmäßig.

Die Trocknung muss mitgeschrieben werden, am besten als Grafik mit einem Vielfarbendrucker. Weniger praktisch ist der routinemäßige Ausdruck des Protokolls in Form von Zahlentabellen. Im Betrieb ist kaum jemand in der Lage, daraus die notwendigen Schlüsse zu ziehen. Für den externen Berater bieten sie allerdings meist einen vorzüglichen Ansatz für die Beurteilung und Optimierung von Trocknungsabläufen, sie sollten daher im Speicher aufzurufen sein.

Bei vielen Regelungsanlagen kann auch das **Regelverhalten** von Stellmotoren für Ventile und Klappen registriert werden. Ein **Fehlerprotokoll** wird mitgeliefert. Die durchgeführten Trocknungen sollten über längere Zeit zurück gespeichert werden, um daraus für die Optimierung Schlüsse ziehen und Reklamationen überprüfen zu können. Dazu ist eine eigene Datenbank zweckmäßig. Zunehmend gefragt sind zusätzliche Programme für **Wirtschaftlichkeitsberechnungen** oder für ein **Energiemanagement**, das bei Erreichen einer Obergrenze beim Energieverbrauch die Kammern nach eingegebener Wertigkeit zurückfährt. Sowohl Strom als auch Wärme können berücksichtigt werden.

Auch **Modembetrieb** ist möglich, d. h., der Hersteller oder ein externer Berater können die Trocknung direkt (online) überwachen oder auf die Trocknungspläne zugreifen und Änderungen vornehmen. Bei manchen Herstellern von Trockenanlagen besteht die Tendenz, die Durchführung der eigentlichen Trocknung selbst zu übernehmen. In diesem Fall wird zusätzlich zur Lieferung der Anlage auch die **Online-Steuerung** vereinbart. Der Betreiber übernimmt dann die Vorbereitung der Trocknung bis hin zum Schließen der Kammer. Alle Regelungsprozesse werden dann von Spezialisten des Herstellers bewirkt. Ein erster Schritt ist eine Routinekontrolle, die manche Hersteller heute schon in bestimmten Zeitabständen bei ihren Kunden online durchführen, um die Funktionsfähigkeit der Aggregate zu überprüfen und rechtzeitig Reparaturen u. a. vorzunehmen.

5.1.3 Stellglieder

Die Regelung der Frischluft-Ablufttrocknung erfolgt über Stellglieder für Temperatur und Gleichgewichtsfeuchte oder relative Luftfeuchte (Bild 5-4).

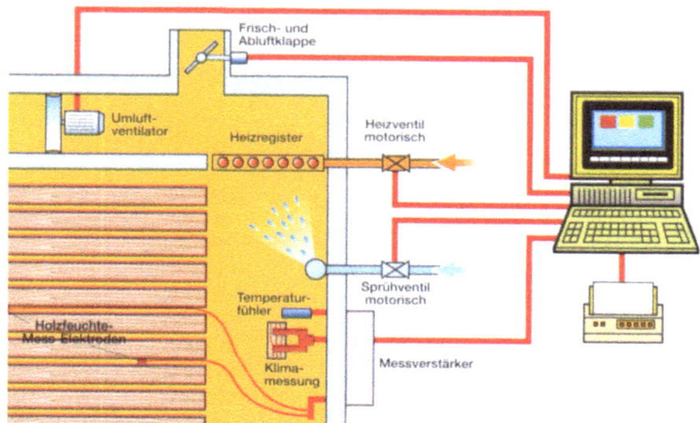

Bild 5-4 *Regelschema mit Holzfeuchtemessung zur Führung des Trocknungsprozesses. Gleichgewichtsfeuchte (Klima) und Temperatur werden entsprechend der Regelungsfeuchte eingestellt, betätigt werden dazu motorisch die Klappen, das Heizventil und das Sprühventil, evtl. auch die Ventilatordrehzahl (Bild: Eisenmann)*

Temperatur

Die **Wärmeversorgung** erfolgt meist mit Warmwasser, gesteuert über ein oder mehrere Ventile. Zu Beginn muss die Heizung volle Leistung bringen. Nach der Aufheizperiode wird heruntergeregelt. Dazu gibt es folgende Möglichkeiten:

- Beimischen von Kaltwasser zum Warmwasserstrom über ein Mischventil (aktuelle Methode),
- Drosseln des Heizventils,
- periodisches Abstellen der Heizung (Zweipunktregelung),
- Abstellen eines Teils der Heizung, wenn die Heizung in zwei oder mehr Register aufgeteilt ist und jedes Register für sich eine gleichmäßige Heizung des Trockenraums ermöglicht.

Gleichgewichtsfeuchte bzw. relative Luftfeuchte

- **Regelung über Frischluft-Abluftklappen**

Feuchte Luft wird über Abluftklappen aus der Kammer entlassen, sobald die Luft mehr Feuchte enthält, als dem Sollwert entspricht. Der die Kammer verlassende Abluftstrom wird dabei durch eintretende, relativ trockene Frischluft ersetzt. Die Frischluft vermischt sich mit dem Umluftstrom und vermindert dabei den Dampfgehalt der zirkulierenden Luft. Die Frischluft- und Abluftklappen werden über Stellmotoren stufenlos und jeweils gleichzeitig geöffnet oder geschlossen.

- **Regelung über die Sprüheinrichtung**

Sobald die Luft in der Kammer gegenüber dem Sollwert zu trocken ist, wird das Ventil für die Sprühung geöffnet und Kaltwasser oder Dampf in der Kammer fein vernebelt. Dies geschieht solange, bis der jeweilige Sollwert erreicht ist.

- **Regelung über Heizung**

Bei Abkühlung der Luft steigt ihre relative Feuchte. Daher kann durch Zurücknahme der Wärmezufuhr die relative Feuchte der Luft abgesenkt werden.

5.2 Phasen einer Frischluft-Ablufttrocknung

Die Frischluft-Ablufttrocknung durchläuft typischerweise die folgenden fünf Phasen:

- Aufheizphase,
- Durchwärmphase,
- Trocknungsphase,
  - oberhalb Fasersättigung,
  - unterhalb Fasersättigung,
- Konditionierphase,
- Abkühlphase.

Bild 5-5 stellt den Ablauf schematisch dar:

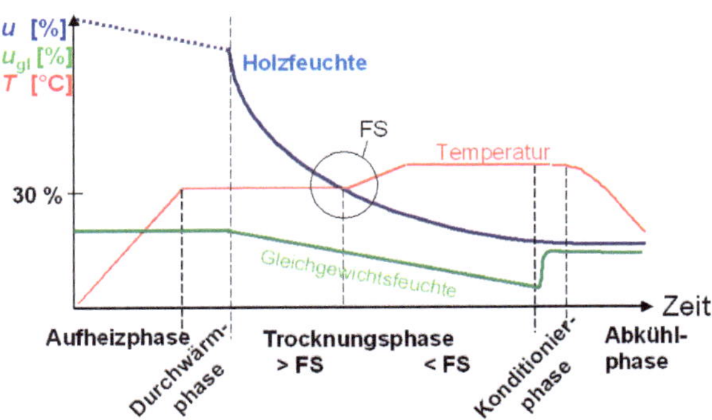

Bild 5-5 *Schematischer Ablauf einer Frischluft-Abluft-Trocknung*

5.2.1 Aufheizphase

Das Holz kommt in die Kammer

- **frisch** (sägefallend) mit einer annähernd gleichmäßigen hohen Feuchte über den Querschnitt oder
- **vorgetrocknet** auf dem Holzplatz oder in einer der in Kap. 4 beschriebenen Vortrocknungseinrichtungen. Das vorgetrocknete Holz besitzt zwar gegenüber dem frischen Holz eine niedrigere, jedoch ungleichmäßige Holzfeuchte. Sie differiert innerhalb der Stapel sowie über die Brettquerschnitte. Diese sind ziemlich trocken in den Außenzonen, aber feucht bis nass in den Mittelschichten (Bild 5-1).

In der Realität des Holzbetriebs ergibt sich in vielen Fällen eine Mischung aus sehr unterschiedlichen Anfangsfeuchten. Das bedeutet, dass man kaum mit einer für die Kammertrocknung günstigen einheitlichen Holzfeuchte rechnen kann. Vielmehr wird man in der Charge jene Hölzer berücksichtigen müssen, die wegen unkontrollierter Vortrocknung ausgetrocknete Oberflächenschichten aufweisen. Sie bilden eine Schale um das Holz, das Holz ist dann **„äußerlich verschalt"** (Näheres zur Verschalung s. Kap. 8.1). Diese Schale muss aufgelöst werden. Daher wird der Aufheizprozess sehr feucht gestaltet, weil nur auf diese Weise die Holzoberfläche wieder wasserdurchlässig wird.

Eine automatische Regelungsanlage wird diesen Prozess problemlos bewältigen, weil sie eine Auffeuchtung durch Öffnung des Sprühventils bewirkt, sobald der Gleichgewichts-Feuchtefühler eine zu geringe Feuchte meldet. Bei frischem Holz dagegen wird die Gleichgewichtsfeuchte normalerweise so hoch sein, dass kaum oder nicht gesprüht werden muss.

Bezüglich des **notwendigen Feuchtegehalts** der Luft gilt der Grundsatz, dass immer so feucht wie möglich aufzuheizen ist, jedoch unter Vermeidung von Kondensat bzw. tropfbarem Wasser. Die maximale Luftfeuchte von 100 % wäre bei verschaltem Holz wünschenswert, ist allerdings nicht erreichbar. Grund dafür sind Schwachstellen in der Wärmedämmung der Trocknungsanlagen, wie Tordichtungen, Kabeldurchführungen und besonders Klappen in Luftschächten. Dort wird die Umluft abgekühlt, Feuchte aus dieser Luft schlägt sich nieder, und die Luft wird partiell trockener. Zu niedrige Feuchtewerte können auch durch eine unzulängliche Sprüheinrichtung (siehe Kap. 9.2.2) verursacht werden. Erreichbar ist in einer guten Kammer eine Gleichgewichtsfeuchte $u_{gl} = 18$ % entsprechend einer Luftfeuchte $\varphi \approx 90$ %. Trockneres Klima bringt Risiken. Unterhalb von einem Wert von $u_{gl} = 16$ % sind **Trocknungsschäden** aus Verschalung vorprogrammiert.

Durch die Temperaturerhöhung sinkt die relative Feuchte im geschlossenen System. Die Klimaregelung muss so eingestellt werden, dass beim Aufheizen einer hohen Gleichgewichtsfeuchte, also i. d. R. 18 %, Vorrang vor der Temperaturerhöhung gegeben wird. Wenn die Feuchte sinkt, muss das Heizventil geschlossen werden. Es wird geöffnet, wenn die Feuchte durch Sprühen oder Verdunstung aus frischem Holz wieder den Sollwert erreicht hat. Diese Prozedur benötigt Zeit, und zwar umso mehr, je mehr Schwachstellen die Wärmedämmung einer Kammer aufweist. Es ist daher wenig zweckdienlich, beim Aufheizen ein Zeitziel vorzugeben. Damit wird das Ziel einer hohen Feuchte verfehlt. Ein richtig durchgeführter **Aufheizvorgang** benötigt unter Beachtung der beschriebenen Regelung seine Zeit. **In der Aufheizphase soll noch keine Trocknung stattfinden.**

Die Aufheizphase ist beendet, sobald die Solltemperatur gemäß Trocknungsplan erreicht ist.

5.2.2 Durchwärmphase

Die während der Aufheizphase erreichte Temperatur gilt zunächst nur für die Kammerluft und die Holzoberfläche. Um das Holz vollständig über den Querschnitt zu durchwärmen, schließt sich die **Durchwärmphase** an. Diese ist zeitabhängig und dauert ca. 1...2 h pro Zentimeter Holzdicke. Temperatur und Luftfeuchte bzw. Gleichgewichtsfeuchte werden hierbei konstant auf dem hohen Niveau der Aufheizphase gehalten.

Auf eine Durchwärmung kann im Einzelfall bei dünnem Schnittholz oder bei anschließender sehr milder Trocknung verzichtet werden.

5.2.3 Trocknungsphase

Diese Phase der Trocknung hat die Entfeuchtung des Holzes zum Ziel. Sie lässt sich in zwei Teile untergliedern:

- Trocknung oberhalb Fasersättigung/Grenzfeuchte,
- Trocknung unterhalb Fasersättigung/Grenzfeuchte

Zur besseren Transparenz wurde das **Trocknungsgefälle *TG*** als Verhältnis der aktuell herrschenden Holzfeuchte zum aktuell herrschenden Holzfeuchte-Gleichgewicht eingeführt:

$$TG = u_{aktuell}/u_{ql\ aktuell}$$

Diese Formel gilt nur für die Holzfeuchten, die gleich oder kleiner als die Fasersättigungsfeuchte sind. Oberhalb der Fasersättigung gibt es kein Gleichgewicht mit der umgebenden Luft und damit auch kein Trocknungsgefälle (wie in Kap. 3.2 erläutert). Das Trocknungsgefälle drückt die Schärfe der Trocknung aus, liegt in der Praxis bei 1,5 ... 5,0 und beeinflusst die Trocknungsgeschwindigkeit mehr als die Trocknungstemperatur. Zu niedriges Trocknungsgefälle verlängert die **Trocknungszeit** auf unwirtschaftliche Werte, zu hohes Trocknungsgefälle kann die Trocknungszeit zwar verkürzen, führt jedoch zur Ausbildung zu hoher **Feuchtegefälle** im Holz und im Extremfall zur Entwertung des Holzes durch **Verschalung** oder Innenrisse.

Trocknungsabschnitt I

Die Trocknung oberhalb der Grenzfeuchte wird durchgeführt bei mildem Klima mit annähernd konstanten Werten für Temperatur (ϑ_1) und Gleichgewichtsfeuchte ($u_{gl\,1}$). Der Index 1 (und 2) bezieht sich auf die Tabelle der Regelungsdaten. Für die Berechnung der Gleichgewichtfeuchte $u_{gl\,1}$ muss an die Stelle der Regelungsfeuchte u_r die Gleichgewichtsfeuchte u_{gr} eingesetzt werden:

$$u_{gl\,1} = u_{gr} \cdot TG$$

In diesem Bereich ist eine langsame und schonende Trocknung angezeigt, weil andernfalls wegen unsachgemäßer Eile besonders bei Laubhölzern große Schäden auftreten können (s. Kap. 8.1).

Wenn die Drehzahl der Ventilatoren in die Regelung einbezogen ist, wird meist maximale Luftgeschwindigkeit gefahren, weil nur auf diese Weise die anfallenden großen Feuchtemengen abgeführt werden können. Dies kann jedoch andererseits wegen zu rascher Entfeuchtung bei empfindlichen Hölzern zu Schäden führen. Bei Qualitätsmängeln sollte daher die Drehzahl, sofern möglich, versuchsweise zurück genommen werden.

Trocknungsabschnitt II

Die Trocknung unterhalb der Grenzfeuchte kann bei wesentlich schärferen Bedingungen durchgeführt werden. Die Temperatur wird allmählich auf ϑ_2 erhöht. Die Gleichgewichtsfeuchte $u_{gl\,2}$ wird gemäß der sinkenden Regelungsfeuchte u_r gesenkt:

$$u_{gl\,2} = u_r / TG$$

Das Trocknungsgefälle *TG* wird unterhalb der Regelungsfeuchte $u_r = 15\,\%$ um das 1,5- bis 3fache gesteigert. In diesem Bereich kann zunehmend scharf getrocknet werden, ohne noch Schäden befürchten zu müssen. Bei Drehzahlregelung wird die Luftgeschwindigkeit jedoch bei manchen Programmen mit der Begründung abgesenkt, dass nur noch wenig Feuchte abzuführen sei. Damit kommt aber andererseits eine geringere Wärmemenge ans Holz, was eine Verlangsamung der Trocknung bewirken kann. Die Wirksamkeit einer Drehzahl-Rücknahme sollte daher geprüft werden.

5.2.4 Konditionierphase

Nach der reinen Trocknung ergeben sich je nach Schärfe der Durchführung Feuchtedifferenzen über den Querschnitt des Holzes oder zwischen den Hölzern. Da sie meist unerwünscht sind, wird das Holz **klimatisiert**, indem die Gleichgewichtsfeuchte u_{gl} auf die Höhe der Zielfeuchte u_e angehoben wird. Das bedeutet einen **Befeuchtungsvorgang** durch Sprühen. Wenn Dampf verwendet wird, stellt sich eine hohe Temperatur ein, was zu intensivem Feuchteausgleich führt. Eine Sprühung mit Kaltwasser ist dagegen Ursache einer Temperatursenkung und in der Folge eines rascheren Abkühlprozesses.

Der Feuchteausgleich erfolgt unbefriedigend, wenn zur Abkürzung der Trocknung die Konditionierung schon oberhalb der gewünschten Endfeuchte begonnen wird, wie immer wieder zu beobachten ist.

5.2.5 Abkühlphase

Beim Ausfahren dürfen keine zu großen Temperaturdifferenzen auftreten, weil das Holz wegen der Wärmespannungen sonst reißt. Meist wird bis wenigstens 40 K über der Außentemperatur in der geschlossenen Kammer, jedoch bei geöffneten Schächten abgekühlt. Ein Zeitziel kann nicht vorgegeben werden, man muss probieren. Rissbildung in den Hirnflächen des Holzes ist bei abrupter Kaltluftzufuhr ans heiße Holz unvermeidlich und hörbar.

5.3 Regelungsdaten

5.3.1 Vorgaben

Zur Erstellung eines Trocknungsplans oder zur Überprüfung eines in der Regelungsanlage vorgegebenen Programms werden allgemein Daten vorgegeben, die sich bei den verschiedenen Herstellern nicht wesentlich unterscheiden, es sei denn, es handelt sich um neu entwickelte Programmsysteme.

In diesem Kapitel wird zunächst eine relativ einfache Basis für die **Erstellung von Programmen** dargestellt, die sich bei Neueinrichtung und Programmsanierung vielfach bewährt hat. Dazu dienen Regelungsdaten gemäß Tabelle 5-1. Gebräuchliche Holzarten sind in 10 Gruppen etwa gleichen Trocknungsverhaltens zusammengefasst. Falls andere als die aufgeführten Holzarten zu trocknen sind, so muss abgeschätzt werden, z. B. anhand der **Rohdichte** oder der **Schwundzahlen**, in welche Gruppe sie jeweils einzuordnen sind. Um solche Hölzer nicht zu vertrocknen, ist es oft angebracht, mit dem **mildesten Programm** (Gruppe 9) zu beginnen.

Kammerhersteller geben in diesem Zusammenhang umfangreiche Tabellen mit Holzarten und den dazugehörigen Trocknungsdaten heraus. Damit wird aber eine Genauigkeit vorgespiegelt, die tatsächlich nicht gegeben ist.

Jeder Trocknungsplan muss in der Praxis überprüft und den realen Gegebenheiten und Ansprüchen angepasst werden.

Tabelle 5-1 enthält **Regelungsdaten für die Entfeuchtung**, die um die Grenzfeuchte u_{gr} gruppiert sind. Links von dieser Spalte sind die Klimadaten für Trocknungsabschnitt I angegeben, d. h. für den nassen Bereich oberhalb u_{gr}. Nach Unterschreitung von u_{gr} beginnt Trocknungsabschnitt II (rechte zwei Spalten).

Tabelle 5-1 *Regelungsdaten für die Entfeuchtung*

Gruppe	Holzart	ϑ_1 (in °C)	$u_{gl\,1}$ (in %)	u_{gr} (in %)	ϑ_2 (in °C)	TG
		für $u_r > u_{gr}$			für $u_r < u_{gr}$	
1	Fichte, Tanne, Abachi (geringe Ansprüche)	60	12	48	90	4,0
2	Fichte, Tanne, Kiefer, Oregon Pine, Hemlock, WR Cedar, Abachi, Balsa	50	13	45	80	3,5
3	Erle, Linde, Pappel, Weide, Ilomba, Okoumé	45	14	39	80	2,8
4	Edelkastanie, Abura, Lärche, Koto	45	15	37	80	2,5
5	Birnbaum, Kirschbaum, Nussbaum, Birke, Rüster, Khaya	45	16	35	75	2,2
6	Buche, Kambala, Makoré, Sipo, Framiré, DR Meranti, Teak	45	16	34	75	2,0
7	Ramin, Weißbuche, Brasilkiefer	40	15	30	70	2,0
8	Keruing, Kosipo, Hickory, Tali, Wengé	40	17	30	70	1,8
9	Eiche, Afzelia, (Bongossi)	30	18	27	70	1,5
10	Esche, Ahorn, Buche, wenn einheitlich hell verlangt (sägefrisch in Kammer!)	45	13	32	65	2,5

Anmerkungen:
In den Holzgruppen 1 bis 7 kann ϑ_1 um 5 K höher angesetzt werden, wenn das Holz eine Dicke von <40 mm hat.
Die Trocknung schwieriger Hölzer der Holzgruppen 8, 9 und 10 wird in Kap. 5.4.3 erläutert.

Zur Erstellung eines Programms wird aus der Tabelle zunächst die zu Holzart und Trocknungsstufe angegebene **Anfangstemperatur** des jeweiligen Holzes entnommen, bis zu der aufgeheizt wird, und zwar bei hoher Gleichgewichtsfeuchte gemäß Kap. 6.2. Falls erforderlich, ist die Feuchte durch **Sprühung** zu erhöhen, ein Vorgang, der durch ein Regelungsprogramm automatisch eingeleitet wird. Bei Laubhölzern, deren helle Naturfarbe erhalten bleiben soll (Gruppe 10 der Tabelle), muss ohne Sprühung aufgeheizt werden, weil andernfalls Verfärbungen auftreten können. Vorausgesetzt wird, dass hell verlangte Laubhölzer frisch zur Trocknung kommen.

Bei Eintritt in den eigentlichen Trocknungsprozess werden bei nassem Holz die Daten des Trocknungsabschnitts I verwendet. Getrocknet wird mit gedrosselter Temperatur und konstant hoher Ausgleichsfeuchte u_{gl}. Nach Erreichen der Grenzfeuchte wird die Temperatur erhöht und u_{gl} gesenkt, entsprechend dem Trocknungsgefälle *TG*, das als Rechengröße eingeführt wird.

Die aus den Daten der Tabelle erstellten Pläne können für den laufenden Gebrauch gespeichert werden. Eine Optimierung ist empfehlenswert, indem die einzelnen zunächst verwendeten Daten bei gelungener Trocknung vorsichtig verschärft werden. Keinesfalls darf aber eine niedrigere Temperatur durch schärferes Trocknungsgefälle kompensiert werden. Diese Versuchung liegt nahe, weil Heizungen wegen zu schwacher Auslegung von Heizkesseln oft kaum 70 °C Kammertemperatur ermöglichen und damit Kapazität verloren gehen kann.

Tabelle 5-1 kann für die Verfahren der **Verdunstungstrocknung** angewendet werden. Bei der Vakuumtrocknung und anderen Trocknungsmethoden bedarf es zusätzlicher Parameter.

Die Trocknungsdaten sind empirisch gewonnen, teils aus Laboruntersuchungen, teils aus praktischen Erfahrungen mit Trocknern. Die Einhaltung der Daten kann nach dem Stand der Technik durch eine automatische Regelung gewährleistet werden.

5.3.2 Ausblick

Man versucht, die elektrische Holzfeuchtemessung durch Erfassung des aus der gesamten Charge entzogenen Wassers nach Kondensierung als Steuergröße zu ersetzen. Mit diesem Verfahren werden Werte einzelner Bretter/Bohlen nicht erfasst, und daher gibt es keine Kontrolle der Feuchtestreuung.

Durch die schon länger bekannten **Wägeverfahren zur Feuchteermittlung** von Einzelproben (Folgeprobe!), Stapeln oder ganzen Chargen wird die Massenabnahme als Steuergröße verwendet. Das Resultat ist ein Mittelwert mit keiner oder unzureichender Aussage über die Streuung der Feuchte. Das gilt selbst für Einzelproben bei zwangsläufig zu geringer Probenanzahl. Gegenüber den heute üblichen elektrischen Messungen oder der Kondensatmessung ergeben sich statistisch keine Vorteile.

Die Entwicklung geht immer mehr in Richtung intelligenter Programme. Nach Berger (2004) sind dies „mitdenkende" Programme:

- Anlagen werden durch Touchscreen ohne umständliche Menüverschachtelung bedient.
- Verbrauchswerte, Bilanzen, Statistiken und andere betriebsspezifische Zusammenstellungen können installiert werden.
- Bei einem außerplanmäßigen Anstieg der Regelungsfeuchte wird die Temperatur gesenkt und damit die Gleichgewichtsfeuchte erhöht.

  Bei zu großen Differenzen zwischen Zu- und Abluftseite sowie auch zwischen Kern- und Außenmessstellen wird als Ursache zu scharfe Trocknung erkannt und das Klima entsprechend abgemildert.
- Die Luftgeschwindigkeit im Stapel kann bei dickem Holz und zu schwachen Stapelleisten unzuträglich ansteigen. Bei GANN gibt es daher eine automatische Berechnung und entsprechende Reduzierung der Ventilatordrehzahl.

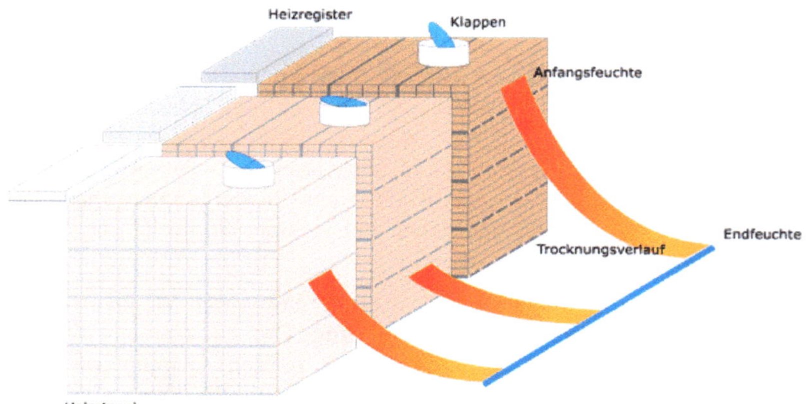

Bild 5-6 *Funktionsprinzip des Klima-Regelungssystems „Harmonie" der Firma Mühlböck. Darstellung der Feuchteabnahme in drei Zonen, mit ungleichen Anfangsfeuchten (Bild: MÜHLBÖCK)*

In einer Kammer können Zonen unterschiedlichen Trocknungsklimas eingerichtet werden. Schon länger ist bekannt, dass sich die Luftströme der über einer Zwischendecke montierten einzelnen Ventilatoren kaum vermischen. MÜHLBÖCK hat diese Tatsache in seinem **Harmonie-System** ausgenutzt (GRUBER u. a. 2003). Hierfür werden Zonen mit jeweils getrennt arbeitenden Trocknungsaggregaten ausgestattet. Auf der Zuluft- und der Abluftseite der Stapel wird in einer Zone, der **Messzone**, in üblicher Weise jeweils eine Klimamessstation angebracht. In den anderen Zonen werden nur die Temperaturen erfasst. Die Klimawerte können für diese Zonen rechnerisch ermittelt werden. Heizung, Sprühung, Luftschächte und Ventilatordrehzahl werden zonenbezogen geregelt. In der Tiefe der Kammer (in Luftrichtung) sollen **Zwischenheizregister** für eine Teilung in zwei Klimazonen sorgen. Selbst in der Höhe sollen zwei Bereiche eingerichtet werden können. Durch die hintereinander liegenden Zonen soll bereits ein Ausgleich zwischen den Zonen erfolgen, wie durch die Zonierung angestrebt ist. Für die Anlage ist eine stirnseitige Gleiswagenbeschickung vorgesehen.

Daraus resultiert die Möglichkeit, feuchteabhängige Trocknungsgeschwindigkeiten je Zone zu steuern (Bild 5-6). Ziel ist der Abbau der großen Streuungen der Anfangsfeuchte (Kap. 3.3.5). Angestrebt wird ein Feuchteausgleich bis zur Grenzfeuchte bzw. Fasersättigung, um anschließend nach gleichmäßiger Regelungsfeuchte trocknen zu können und letztlich zu einer geringen Endfeuchtestreuung zu kommen. Im Bild 5-7 wird das Verhalten von zwei Zonen mit Messstellen unterschiedlicher Feuchten u_1 und u_2 dargestellt. Bei normaler Klimaregelung würde u_2 von seiner niedrigeren Anfangsfeuchte aus rascher trocknen als u_1, die Endfeuchtestreuung wäre groß. Im „Harmonie-System" würde u_2 gezielt verlangsamt, u_1 aber forciert auf 30 % getrocknet. Die weitere Trocknung würde bei gleichem Klima und etwa gleichen Regelungsfeuchten erfolgen.

Nach dem bisherigen Stand der Technik wird für jede Trocknungsstufe über eine gewisse Zeit ein

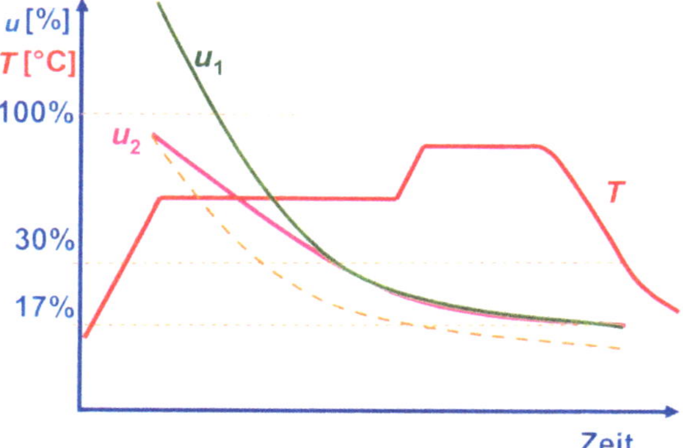

Bild 5-7 Darstellung des Trocknungsverlaufs von zwei verschiedenen Zonen in einer Kammer. Die Zone mit der Regelungsfeuchte u_1 weist eine höhere Anfangsfeuchte auf, sie trocknet langsam. Die Zone der Regelungsfeuchte u_2 wird bei normaler Trocknung entlang der gestrichelten Kurve trocknen und eine niedrigere Endfeuchte erreichen als u_1. Beim Harmoniesystem wird u_2 jedoch im Trocknungsablauf gemäß der ausgezogenen Kurve gebremst, um bis Fasersättigung eine einheitliche Feuchte zusammen mit u_1 und bis zum Schluss eine einheitliche Endfeuchte zu erreichen. T ist die Temperatur (Bild: GRUBER 2003)

annähernd konstantes oder sich langsam veränderndes Klima gehalten. Der stetige Klimaverlauf scheint aber nicht zu einer optimalen Trocknung zu führen. Forschungsergebnisse von WELLING und RIEHL (2001) zeigen, dass die Trocknung mit **zyklisch wechselnden Klimabedingungen** das Potential für eine kürzere Trockenzeit birgt, verbunden mit verbesserter Trockenqualität. Gleiches hat bereits KLINKMÜLLER (1987) durch seine Arbeiten mit **Intervallbelüftung** nachgewiesen (siehe Kap. 9.2.3). Zur Einführung von rasch wechselnden Klimazuständen bedarf es allerdings gewisser technischer Änderungen an den derzeitigen Kammern und Regelungsanlagen.

Das Motiv für weitere angestrebte Änderungen ist vorrangig die Verbesserung der bisher unzureichenden Messtechnik bzw. die Auflösung der damit verbundenen statistischen Problematik. Nicht gelungen ist es, die Holzfeuchte einer Charge einer großen Kammer hinreichend genau, d. h. statistisch gesichert, zu erfassen. Daher werden die heute noch über Istfeuchten gesteuerten Trocknungsabläufe vermutlich allmählich vom Markt verdrängt werden.

Ein relativ neuer Ansatz, ohne Holzfeuchtemessung auszukommen, ist das von MÜHLBÖCK entwickelte **IntelliPilot-Verfahren.** Dabei wird die Feuchteabnahme des Holzes aus Gleichgewichtsfeuchte- und Temperaturdaten errechnet, die jeweils auf der Zuluft- und der Abluftseite der Trocknungscharge gemessen werden. Hierzu ist eine aufwendige Messtechnik erforderlich. Das Verfahren wird momentan bei der Trocknung von Nadelholz angewendet und laufend weiterentwickelt.

Bei der **Durchlufttrocknung** (**System „603"** der Fa. MÜHLBÖCK) wird die angesaugte Zuluft nach Erwärmung nur einmal durch das Holz gebracht, dort mit aus dem Holz entweichenden Wasser angereichert und danach ohne weitere Zirkulation sofort über Abluftklappen in die Umgebung entlassen. Vorteil dabei ist das Erzielen sehr geringer relativer Luftfeuchten bzw. Holzfeuchte-Gleichgewichte bei relativ niedrigen Temperaturen. Dies ermöglicht die Nutzung niedriger Vorlauftemperaturen. Die Luftgeschwindigkeit kann um ca. 50 % gegenüber konventioneller Frischluft-Ablufttrocknung reduziert werden, was sich in einer Einsparung elektrischer Energie in der Größenordnung von 50 ... 90 % widerspiegelt. Trockenzeit-Einsparungen von bis zu 65 % sind möglich. Das System ist geeignet für gut permeable Nadelholzarten bis 50 mm Dicke. Die Gleichgewichtsholzfeuchten liegen bei 0 ... 2 %, bei Temperaturen von ca. 45 ... 70 °C.

Während konventionelle Frischluft-Abluftkammern Entfeuchtungsleistungen von 2 ... 3 $l_{Wasser}/(m^2\ h)$ aufweisen, lassen sich mit der Durchlufttrocknung 6 ... 18 $l_{Wasser}/(m^2\ h)$ erreichen (Holzkurier 2007 und 2008, MÜHLBÖCK 2009).

In der Forschung hat sich seit einiger Zeit die Sparte der **Modellierer** etabliert. Sie stellen in Fachkongressen oft den größten Anteil der Beiträge. Diese Modelle könnten in Zukunft den Ablauf über entsprechende Regelungsprogramme vom Anfang der Trocknung an bestimmen. Voraussetzung sind Programme, die auf den physikalischen Grundlagen des Prozesses beruhen. Notwendig dafür sind Aussagen über die Stoff- und Energiebilanzen sowie die Kinetik des Prozesses. Der Zusammenhang zwischen Holzeigenschaften und Trocknungsparametern kann reproduzierbar hergestellt werden. Die Trocknungskosten könnten einbezogen werden (MILITZER, WELLING 1993). Die verfügbaren Modelle sind jedoch bisher noch nicht in der Praxis anwendbar, wie die Referate anläßlich der IUFRO-Tagung 2003 gezeigt haben (z. B. VOLKMER u. a. 2003). Besondere Probleme ergeben sich bei der Entwicklung der Modelle dadurch, dass meist Labortrockner für Tests verwendet werden, deren Resultate nur schwierig auf die industriellen Großtrockner übertragbar sind.

Ein anderer Ansatz ist die Regelung der Trocknung nach den im Holz auftretenden **Spannungen**. Eine direkte, kontinuierliche und zerstörungsfreie Bestimmung dieser Spannungen ist bisher aber nicht möglich. WELLING (1987) hat daraufhin ein Simulationsmodell entwickelt, um den Spannungszustand während der Trocknung abzuschätzen. In das Modell gehen die jeweiligen Holzeigenschaften ein, die für jede Holzart die Abschätzung der tolerierbaren Spannung ermöglichen. Werte aus dem Modell werden mit den Werten einer kontinuierlichen Messung des Feuchteprofils im Holz verglichen, d. h. der Messung an vielen Feuchtemessstellen über den Querschnitt. Im Versuch wurden 6 Holzfeuchtemessstellen über die halbe Dicke einer 60-mm-Bohle verteilt und zu einer Feuchteprofilmessstelle zusammengeschaltet. Aus diesen Werten wurde die jeweilige Innenspannung berechnet. Die Einführung in die Praxis scheint insbesondere bisher daran zu scheitern, dass die elektrische Feuchtemessung zu ungenau ist. Auch ist es schwierig, die teilweise großen Streuungen der relevanten Holzeigenschaften im Modell zu berücksichtigen. Die Entwicklung wurde von MILITZER und WELLING 1993 weitergeführt, wobei nun versucht wurde, zusätzlich Amortisations-, Wärme- und Stromkosten einzubeziehen.

SALIN (2005) hat fast 100 Trockenkammerbediener nach der Akzeptanz von Modellen für den täglichen Trocknungsbetrieb befragt. Daraus ergaben sich folgende praktische Anwendungen zur Verbesserung des Trocknungsablaufs:

- **Starke Rissbildung vorhanden.** Dazu wurde die Entwicklung der Spannungen analysiert. Der Trocknungsplan wurde in denjenigen Phasen abgemildert, die in der Berechnung zu hohe Spannungen zeigten.
- **Zu lange Trocknungszeit.** Die Berechnung der Trocknungsspannungen zeigte, in welchen Phasen die Spannungen eindeutig unterhalb der kritischen Grenze lagen. Dort wurde die Trocknung verschärft.
- Allgemeine Analyse von Trocknungsplänen, Temperaturen usw., ohne dass Probleme reklamiert waren. Das Ziel war, herauszufinden, ob eine Möglichkeit der Verbesserung bestand.

Gearbeitet wird an der Verwertung von **Geräuschemissionen.** Während der Trocknung entstehen durch Spannungen kontinuierlich **Mikrobrüche**, die Geräusche emittieren. Je schärfer die Trocknung, desto größer wird der Schallpegel. Es ist vorstellbar, diese Geräusche – im vom Ohr nicht mehr wahrnehmbaren hohen Frequenzbereich – als Steuergröße für die Trocknung zu verwenden. Sie können mit geeigneten Messgeräten registriert werden. Die vielfältigen Untersuchungen darüber weltweit (z. B. WASSIPAUL u. a. 1986, BERNATOWICZ u. a. 1991, HONEYCUT u. a. 1991, KRUG u. a. 1995) haben allerdings nicht zu einer praktisch brauchbaren Regelung geführt. Viele zusätzliche Einflüsse, wie Holzart, vorhergehende Lagerbedingungen, oder Streuung der Schallemissionen (TOBISCH und FRÖHLICH 1996) haben eine Programmführung bisher unmöglich gemacht.

5.4 Trocknungspläne

Für die Aufstellung von **Trocknungsplänen** gibt es allgemein anerkannte Richtlinien. Zu beachten ist die Aufteilung der Trocknung in die Trockenabschnitte gemäß Kap. 5.2. Geregelt wird meist nach der **Regelungsfeuchte**, in speziellen Fällen aber auch nach der **Folgezeit.** Basis für einen Plan ist die wechselseitige Abhängigkeit von Temperatur, Luftfeuchte und Holzfeuchte, dargestellt im KEYLWERTH-Diagramm (Bild 4-6, daraus abgeleitet auch Bilder 4-7 und 4-8).

5.4.1 Trocknungsplan abhängig von Regelungsfeuchte

Gearbeitet wird meist zunächst mit Standardprogrammen, die seit langem weit verbreitet sind und für die meisten Holzarten eine sichere Trocknung ermöglichen. Durch die automatische Regelungsanlage werden vom Kammerführer bestimmte Eingaben angefordert. Die Basis für die Erstellung eines Standardplans sind **Holzart** und gewünschte **Endfeuchte.** Nach Eingabe kann ein Trockenplan auf dem Monitor angesehen oder auch ausgedruckt werden. Bei betriebseigener Erstellung werden zur Holzart aus dem Speicher oder aus Listen (Tabelle 5-1 oder Betriebsanleitung der Kammer) **Temperaturen** und **Trocknungsgefälle** gewählt. Die Klimadaten zu jedem sich während der Trocknung einstellenden Holzfeuchtewert sollten von der Anfangs- bis zur Endfeuchte im Plan enthalten sein. Darauf wird meist verzichtet, um nicht zu viele Daten darstellen zu müssen und die Übersicht zu ermöglichen. Die Regelungsfeuchte wird daher zweckmäßig gemäß Tab. 5-2 abgestuft.

Bei einer automatischen Regelung stellen die Stufen Hilfswerte dar. Tatsächlich wird das Klima kontinuierlich geregelt, wobei die Regelungsfeuchte in Intervallen von Minuten abgefragt und das Klima dann entsprechend der im Zweifel geringfügigen Feuchteabnahme geändert wird. Bei Handregelung werden die Klimastufen real auf die Steuerung übertragen.

Nachfolgend wird exemplarisch das Erstellen von Trocknungsplänen gezeigt.

Tabelle 5-2 *Trocknungsplan in Abhängigkeit von der Holzfeuchtemessung für Fichten-Rohhobler als Beispiel (Erläuterungen im Text)*

Regelungs-feuchte u_r (in %)	Trocknungs-gefälle *TG*	Gleichgewichts-feuchte u_{gl} (in %)	Temperatur ϑ (in °C)	Feuchttem-peratur ϑ_N (in °C)	Bemerkungen
60	–	16 ... 18	auf 50	auf 47	Aufheizen
60		16 ... 18	50	47	Durchwärmen evtl. entbehrlich
60 ... 45	3,5	13	50 ... 60	55	Trocknungs-abschnitt I
45 ... 35	3,5	10	auf 70	auf 63	Trocknungs-abschnitt II
35 ... 25	3,5	7,1	80	72	dto.
25 ... 20	3,5	5,7	85	68	dto.
20 ... 15	3,5	4,3	85	63	dto.
15 ... 12	5,2	2,3	85	58	TG um 50 % erhöht
12 ... 10	5,2	1,9	85	56	dto.
10	1,0	10	ca. 85	78	Konditionieren
10			auf 40 über außen	–	Abkühlen
10					Ausfahren

1. Beispiel: Trocknungsplan für Fichtenschnittholz für Hobelware

Die **Anfangsfeuchte** u_a sei 60 %, die gewünschte **Endfeuchte** u_e sei 10 %. Angegeben werden im Plan die (Trocken)Temperatur ϑ und die Gleichgewichtsfeuchte u_{gl}. Diese ist über das Trocknungsgefälle *TG* zu ermitteln. Bei Messung mit resistiven Feuchtesensoren sind diese Daten ausreichend. Falls die Gleichgewichtsfeuchte mit einem Psychrometer ermittelt wird, muss zusätzlich die **Feuchttemperatur** ϑ_W angegeben sein. Die Dimensionen des zu trocknenden Holzes können bei der Aufstellung des Trocknungsplans außer Acht gelassen werden, vorausgesetzt, dass es handelt sich um „normale" Abmessungen, d. h. vor allem Dicken nicht über ca. 80 mm. Bauholz größerer Dimensionen wird an anderer Stelle angesprochen.

Beim **Aufheizen** darf nicht getrocknet werden; daher gibt es kein Trocknungsgefälle. Das Klima muss möglichst feucht sein. Wenn die notwendige Gleichgewichtsfeuchte von u_{gl} = 16 bis 18 % nicht durch die aus dem Holz austretende Feuchte zustande kommt, muss gesprüht werden. Die Temperatur muss laut Tabelle 5-2 für das Fichtenholz auf 50 °C hochgefahren werden. Eine Einstellung des Aufheiztempos, z. B. in °C je Stunde, ist unzweckmäßig. Bestimmt wird das Tempo nämlich dadurch, dass die Ausgleichsfeuchte nicht unter den eingestellten Wert fallen darf.

Nach Erreichen der **Solltemperatur** kann das Holz durchgewärmt werden, und zwar bei dem nach dem Aufheizen planmäßig erreichten Klima. Hierfür kann eine feste Zeit vorgegeben werden. Der Vorgang ist allerdings bei einem milden Trocknungsplan, wie hier vorgegeben, nicht notwendig, weil das Holz gefahrlos in der ersten Trocknungsphase thermisch ausgeglichen wird.

Für die **reine Trocknung** (Entfeuchtung) werden die Werte aus Tabelle 5-2 verwendet.

Getrocknet wird im Trocknungsabschnitt I bis zur Regelungsfeuchte $u_r = u_{gr}$ = 45 % mit ϑ = 50 ... 60 °C und u_{gl} = 13 %, errechnet aus u_{gr}/TG = 45/3,5.

Tabelle 5-3 *Trocknungsplan für Fichtenbauholz in Abhängigkeit von der Holzfeuchtemessung (Kernfeuchte)*

Regelungsfeuchte u_r (in %)	Trocknungsgefälle *TG*	Gleichgewichtsfeuchte u_{gl} (in %)	Temperatur ϑ (in °C)	Feuchttemperatur ϑ_N (in °C)	Bemerkungen
60	–	16 ... 18	auf 50	auf 47	Aufheizen
60 ... 45	3,5	13	auf 60	auf 55	Trocknungsabschnitt I
45 ... 35	5,0	7	auf 70	auf 53	Trocknungsabschnitt II
35 ... 15	5,0	3	auf 90	auf 60	
15			auf ca. 50		Abkühlen, Ausfahren

Die Trocknung wird unter durchschnittlichen Bedingungen ca. 3 Wochen in Anspruch nehmen, allein das Aufheizen wird etwa 2 Tage dauern.

Bei Eintritt in den Trocknungsabschnitt II wird u_{gl} gesenkt, im Beispiel berechnet:

u_{gl} = 35 %/3,5 = 10 %

Entsprechend sind die weiteren u_{gl}-Werte zu berechnen. Die Temperatur kann auf 85 °C angehoben werden, wenn die Heizung entsprechend ausgelegt ist. Ist sie das nicht, wird eben mit der Temperatur getrocknet, die möglich ist, was naturgemäß Kapazität kostet. Unterhalb von u_r = 15 % kann *TG* um den Faktor 1,5 erhöht werden, weil in diesem Bereich die Trocknung sonst zu sehr verzögert wird. Auch ist das Holz nicht mehr schadengeneigt, wenn es bis dahin ohne Schäden geblieben ist.

Am Schluss ist zu konditionieren; die Temperatur passt sich an, je nachdem, ob mit Dampf (Temperatur steigt) oder mit Kaltwasser (Temperatur sinkt) gesprüht wird. Die abschließende Abkühlung muss vorsichtig erfolgen, damit keine Risse aus Wärmespannungen entstehen. Für diese Endabläufe wird meist eine Zeit einprogrammiert.

2. Beispiel: Trocknungsplan für Fichtenbauholz

Die Charge bestehe aus Hölzern sehr unterschiedlicher Dimensionen mit Querschnitten zwischen 20 cm × 28 cm und 3 cm × 8 cm. Eine einheitliche Endfeuchte ist hierfür kaum zu erreichen. Bessere Ergebnisse könnten erzielt werden, wenn die Dimensionen wenigstens grob sortiert zur Trocknung kommen. Die Anfangsfeuchte muss annähernd einheitlich sein, was in der Regel nur bei **sägefrischem Holz** erwartet werden kann. Dieses ist daher am besten für die **Kammertrocknung** geeignet, selbst wenn die Trockenzeit wegen der höheren Anfangsfeuchte länger angesetzt werden muss.

Die üblichen Maßnahmen der Vermeidung von Schäden sollten nach Möglichkeit angewendet werden: Kerntrennung oder Kernfreischnitt, Kernnut, evtl. Belastung der Stapel (Kap. 4.4).

Auf jeden Fall sind die Feuchtewerte der dicksten Hölzer zu messen und für die Regelung heranzuziehen. An jeder Feuchtemessstelle müssen lange (ca. 70 mm) und kurze (ca. 10 mm) Elektroden auf der Oberseite der Hölzer nebeneinander platziert werden. Die Feuchtedifferenz zwischen den beiden Messungen darf nicht über 20 % betragen. Bei den Messstellen muss durch wiederholte Kontrolle sichergestellt werden, dass sich zwischen den Elektroden kein Schwundriss bildet, was die Messung verunmöglicht.

Die Stapelung muss so erfolgen, dass die Luft quer durch alle Stapellagen streichen kann. Die Anfangsfeuchte u_a sei 60 %, die gewünschte Endfeuchte u_e 15 %.

5.4.2 Trocknungsplan abhängig von Trocknungszeit

Die Holzfeuchte wird hier nicht zur Regelung herangezogen und allenfalls für Kontrollzwecke gemessen. Ein derartiger Plan kann erstellt werden, wenn der Trocknungsablauf in der eigenen Anlage und mit immer demselben Holzsortiment genau bekannt ist. Daher kann nur sehr erfahrenes Trocknungspersonal diese Art von Plänen sinnvoll und vor allem schadenfrei nutzen. Als Beispiel wird ein Plan für Fichte-Rohhobler, 25 mm dick, u_a = 60 %, u_e = 10 % dargestellt, dessen Anwendung jedoch auf die Anlage und das Holz beschränkt ist, für die der Plan ermittelt wurde.

5.4.3 Trocknungspläne für schwierige Hölzer

Nachfolgend werden die Trocknungspläne einiger Holzarten beschrieben, die ziemlich häufig Probleme hinsichtlich der Qualität mit sich bringen. Es handelt sich um Eiche und ähnliche zu trocknende Hölzer sowie hell gewünschte Hölzer wie Esche, Buche, Erle, Birke u. a.

Eiche kann nur unter großem Zeitaufwand getrocknet werden, wie aus den empfohlenen Klimadaten insbesondere oberhalb der Grenzfeuchte hervorgeht. Bei einer Beschleunigung gibt es Probleme: Wird die Gleichgewichtsfeuchte beim nassen Holz wesentlich unter 18 % gesenkt, neigt das Holz zum Kollabieren, insbesondere unter Bildung von Innenrissen. Wird im nassen Zustand die Temperatur über 30 °C angehoben, kann es zur unregelmäßig abgegrenzten Dunkelfärbung der Randzonen des Bretts kommen (Bild 5-8). Soll die Kammer nicht über lange Zeit blockiert werden, muss das Holz im Freien getrocknet werden, jedoch unter strikter Vermeidung direkter Bewitterung. Auch Möglichkeiten der Vortrocknung können genutzt werden. Allerdings ist zu beachten, dass hier eine erhöhte Temperatur ebenfalls zur Verfärbung führt. Durch totalen Sauerstoffausschluss kann der Farbfehler verhindert werden. Jedoch wird oft auch bei der Vakuumtrocknung – je nach Qualität der Anlage – mit zu viel Restluft gearbeitet und dann der Zweck der Farbreinheit verfehlt.

Nachfolgend wird ein konventioneller Trocknungsplan dargestellt, der eine schadenfreie Trocknung ermöglicht, allerdings bei hohem Zeitaufwand, obwohl die zu trocknenden Rohfriesen bereits an der

Bild 5-8 *Querschnitt von Eichenkanteln mit dunkler Verfärbung, wo Sauerstoff während der Trocknung ans nasse Holz gelangen konnte. Die Trocknungstemperatur lag bei 45 °C, also zu hoch. Die Verfärbung wird durch nachträgliche Lackierung hervorgehoben (rechts)*

Tabelle 5-4 *Trocknungsplan nach Zeitablauf für Fichte-Rohhobler (Erläuterungen im Text)*

Folgezeit (in h)	Ausgleichsfeuchte u_{gl} (in %)	Trocknungsgefälle *TG*	Temperatur ϑ (in °C)	Feuchttemperatur ϑ_W (in °C)	Bemerkungen
0 ... 3	17	–	auf 50	auf 47	Aufheizen
3 ... 10	13	3,5	60	55	Trocknen
10 ... 20	10	3,5	70	53	
20 ... 30	7	3,5	80	67	
30 ... 40	4	3,6	85	62	
40 ... 45	2,5	4,0	85	58	
45 ... 49	10	1,0	ca. 85	ca. 78	Konditionieren
49 ... 52			auf 45		Abkühlen
ab 52					Ausfahren

Tabelle 5-5 *Trocknungsplan für Eichen-Rohfriesen in Abhängigkeit von der Holzfeuchtemessung (Kernfeuchte)*

Regelungsfeuchte u_r (in %)	Trocknungsgefälle *TG*	Gleichgewichtsfeuchte u_{gl} (in %)	Temperatur ϑ in °C)	Feuchttemperatur ϑ_N (in °C)	Bemerkungen
35	–	18	auf 30	auf 28	Aufheizen
35 ... 27	(1,5)	18	30	28	Trocknungsabschnitt I
27 ... 20	1,5	13	auf 50	auf 45	Trocknungsabschnitt II TG ab 15 % um 50 % erhöht
20 ... 15	1,5	10	auf 70	auf 63	
15 ... 12	2,2	6	70	54	
12 ... 9	2,2	4	70	47	
9	1,0	9	ca. 70	61	Konditionieren
			<40 über außen		Abkühlen, dann Ausfahren

Luft vorgetrocknet sind. Eine Trocknung vom nassen Zustand aus würde bei den notwendigen milden Bedingungen eine Kammer zu lange blockieren.

Man muss sich vergewissern, dass das Holz nicht durch die Vortrocknung bereits geschädigt, vor allem nicht verfärbt ist. Anfangsfeuchte sei 35 %, Endfeuchte 9 ± 2 %.

Die Trocknung oberhalb der Grenzfeuchte von 27 % erfordert ein besonders **mildes Klima**. Jede Verschärfung muss gegen das Risiko von Verfärbungen (erhöhte Temperatur) oder Rissbildung (zu niedrige Gleichgewichtsfeuchte) abgewogen werden. Daher wird häufig konsequent auf dem Holzplatz bis zur Grenzfeuchte getrocknet, um den langwierigen Trocknungsabschnitt I zu vermeiden. Die Temperatur kann vom Beginn an allmählich bis auf 70 °C gesteigert werden. Vielfach wird diese Temperatur für zerstörerisch, weil zu hoch gehalten. Jedoch ist tatsächlich die Temperatur allenfalls für eine Verfärbung bei vorhandenem freiem Wasser verantwortlich. Weitaus gefährlicher ist die Beschleunigung der Trocknung durch Erniedrigung der Gleichgewichtsfeuchte, d. h. durch trocknere Luft am Holz, als im Plan vorgesehen. Doch auch hier kann am trockenen Holz (von 15 % abwärts) kein Schaden mehr entstehen. Die schon vorher eventuell entstandenen Schäden können allerdings auch nicht mehr geheilt werden.

Der Trockenplan wird unterschiedlich gehandhabt. In manchen Betrieben wird die jeweilige Verschärfung des Klimas gemäß Plan aufgeschoben, d. h., der Trocknungsabschnitt II wird erst bei $u_r = 20$ % begonnen, und entsprechend werden die weiteren Schritte später vorgenommen. Die Trockenmeister trauen den abzulesenden Messdaten nicht, sondern haben die Erfahrung gemacht, dass die feuchteste Probe in der Kammer weit feuchter sein kann als die feuchteste angezeigte Messstelle und dass diese feuchteren Stücke in große Gefahr geraten, wenn sie zu scharf getrocknet werden.

Entsprechend differieren auch die Trockenzeiten. Manche Betriebe wenden ca. 200 Stunden auf, jedoch ist auch eine Verkürzung auf 100 Stunden anzutreffen, und zwar bei gleich gutem Trockenergebnis.

Plan und Erläuterungen können auf andere **Problemhölzer** übertragen werden. So ist bekannt, dass **harte Hölzer** mit einer Rohdichte ab 0,9 g/cm^3 aufwärts technisch kaum schadenfrei zu trocknen sind. Vor allem ist mit Radialrissen und Zellkollaps zu rechnen. In jedem Fall muss die Trocknung oberhalb der Grenzfeuchte (anzusetzen bei 20 ... 25 %) auf dem Holzplatz unter Dach oder mit mäßig beschleunigter Freilufttrocknung erfolgen, um die Rissbildung zu minimieren. Unterhalb der Grenzfeuchte kann mit dem Plan gemäß Tab. 5-5 bei

Tabelle 5-6 *Trocknungsplan in Abhängigkeit von der Holzfeuchtemessung für Buchenbretter bei besonderem Anspruch an gleichmäßig helle Farbe*

Regelungs-feuchte u_r (in %)	Trocknungs-gefälle *TG*	Gleichgewichts-feuchte u_{gl} (in %)	Temperatur ϑ (in °C)	Feuchttempe-ratur ϑ_N (in °C)	Bemerkungen
70	–	ca. 16	auf 45	auf 47	Aufheizen ohne Sprühen
70 ... 32	(2,5)	13	45	42	Trocknungsabschnitt I
32 ... 25	2,5	10	auf 65	57	Trocknungsabschnitt II TG ab 15 % um 50 % erhöht
25 ... 20	2,5	8	65	54	
20 ... 15	2,5	6	65	49	
15 ... 12	3,7	3	65	38	
12 ... 10	3,7	2,5	65	35	
10	1,0	10	ca. 65	57	Konditionieren
			<40 über außen		Abkühlen, dann Ausfahren

hohem Zeitaufwand getrocknet werden. Besonders bestimmte tropische, vor allem südamerikanische Hölzer müssen entsprechend zurückhaltend getrocknet werden, um schadenfrei zu bleiben.

Etwas beschleunigt wird der Trocknungsablauf für solche Hölzer im Vakuum – mit dem Nachteil, dass die Trocknung weitgehend unkontrolliert abläuft, weil das Holz nicht durch Betreten der Kammer überprüft werden kann.

Hell verlangte Hölzer, wie Esche, ungedämpfte Buche, Ahorn, Erle, Kirschbaum u. a., bilden bei verzögerter Trocknung im Inneren der Bretter eine dunkle Verfärbung aus. Diese können unter den Stapellatten auch als **Lattenstreifen** an die Oberflächen treten. Ursache sind **Enzyme**, die im nassen Holz fortwirken und Vorläufersubstanzen für die Verfärbung ausbilden können. Diese Enzyme müssen möglichst rasch eliminiert werden, entweder durch hohe Temperatur (ca. 100 °C) oder durch beschleunigte Trocknung zur Grenzfeuchte. Für die Praxis heißt das, dass bereits vom Einschlag im Wald an Eile geboten ist. Das Holz muss umgehend abgefahren, eingeschnitten und gestapelt werden. Dann ist sofort die Trocknung gemäß den Angaben in den Trocknungsplänen scharf anzugehen.

Als Beispiel folgt hier ein **Plan für helle Rotbuche**. Selbst wenn alle vorstehend genannten Regeln beachtet werden, so sollte man sich doch vergewissern, dass das Holz nicht durch eine trotz der bekannten Nachteile erfolgte Vortrocknung bereits geschädigt, vor allem nicht verfärbt ist. Anfangsfeuchte sei 70 %, Endfeuchte 10 ± 2 %.

Die Trocknung oberhalb der Grenzfeuchte erfordert ein scharfes Klima, um die Enzyme als Ursachen der Verfärbung auszuschalten. Eine noch schärfere Trocknung, d. h. niedrigeres u_{gl}, würde bezüglich der **Farbreinheit** nützlich sein, ist allerdings wegen der dann evtl. entstehenden Risse nicht zu empfehlen. Tatsächlich stellt Tabelle 5-6 eine Gratwanderung zwischen Verfärbung und Rissbildung dar, Probieren ist angezeigt.

Mit besserer Wirkung kann eine scharfe Trocknung im Vakuum durchgeführt werden. Gelegentlich wird das nasse Holz mit Erfolg auch in heißem Wasser vorbehandelt (besser: gekocht), wodurch die Enzyme abgetötet und damit Verfärbungen verhindert werden.

Ausblick

Von Lieferanten einer Trocknungsanlage wird manchmal angeboten, die Trocknung selbst zu überwachen und zu regeln. Der erste Schritt dazu ist die Installierung eines **Modems**, um ohne Reiseaufwand beim Kunden Daten abzufragen und auch Trocknungsabläufe zu beeinflussen. Die Modemverbindung kann aber nur dazu dienen, um die Funktionsfähigkeit der Regelung sicher zu stellen. Eine echte Überwachung ist erst gegeben, wenn durch Entsendung eines Fachmanns eine persönliche Überwachung erfolgt und vor allem das Trocknungsergebnis beurteilt wird. Es scheint nicht unmöglich, dass Hersteller diesen Service eines Tages anbieten – und damit naturgemäß für den Erfolg die Verantwortung übernehmen.

5.5 Trockenzeit

Die richtige **Trockenzeit** ist diejenige, die sich nach vielen Trockengängen für ein bestimmtes Sortiment unter identischen Bedingungen im Durchschnitt ergibt.

In jedem Fall weichen die Zeiten allerdings in der Praxis stark voneinander ab. Gründe für diese Abweichungen sind vielfältig und oft nur zu vermuten. Streuungen im Verhältnis 1:3 können gefunden werden. Es ist also müßig, eine exakte Vorausberechnung anstellen zu wollen. Trotzdem wird zu Planungszwecken häufig eine **Prognose** verlangt. Hierfür wird ein Modell vorgestellt.

Die Trockenzeit setzt sich aus den Teilzeiten für die einzelnen **Trockenabschnitte** zusammen, die zusammen die Belegungszeit im Trockner ergeben.

Die **reine Trockenzeit** t_e (Zeit zum Entfeuchten) benötigt den größten Zeitanteil und ist am schwierigsten abzuschätzen.

Nebenzeiten

- Zeit zum Aufheizen t_a und Durchwärmen t_d des Holzes,
- Zeit zum Konditionieren t_k,
- Zeit zum Abkühlen t_{ab}

Mit der Berechnung der Trockenzeiten für die Frischluft-Ablufttrocknung haben sich viele Forscher beschäftigt. Für die zur Entfeuchtung dienende Kernzeit wurden Näherungsformeln entwickelt. Grundlage ist die heute noch verwendete **Formel von Kollmann** (1955, S. 311ff.). Sie ergibt allerdings wesentlich zu kurze Zeiten, weil die Versuche in einer Miniaturkammer mit exakt gesteuertem Klima, d. h. unter idealen Bedingungen, abliefen. Die Verhältnisse in neueren, meist sehr großen Kammern sind damit nicht ausreichend berücksichtigt. Weitergehende Berechnungen für die gesamte Trockenzeit oder für einzelne Einflussgrößen wurden von Bollmann (1977), Simpson, Tschernitz (1980), Zapf (1981) u. a. vorgelegt.

Allgemein wird die Grundfunktion von Kollmann verwendet. Sie sagt aus, das die Holzfeuchte logarithmisch mit der Zeit abnimmt:

$$t_e = \ln \frac{u_a}{u_e} \quad \text{(in h)}$$

Gemäß der Tabelle der Regelungsdaten (Kap. 5.4) müssen in Trockenabschnitt 1 (oberhalb der Grenzfeuchte u_{gr}) und Trockenabschnitt 2 (unterhalb von u_{gr}) Temperatur und Trocknungsgefälle unterschiedlich berücksichtigt werden. Daher muss die Berechnung für die beiden Zeitabschnitte getrennt werden:

$$t_e = t_{e1} + t_{e2} = \ln \frac{u_a}{u_{gr}} + \ln \frac{u_{gr}}{u_e}$$

Zu diesem Ansatz für die Grundzeit sind **Korrekturfaktoren** für die weiteren Einflüsse einzuführen, deren Berücksichtigung sehr unterschiedlich gehandhabt wird. Die folgenden Faktoren sind als

Vorschlag für eine größtmögliche Näherung zu betrachten.

f_d **Faktor für die Dicke des Holzes.** Die Dicke d = 25 mm dient als Basis. Die Dicke des Holzes nimmt allerdings einen überproportionalen Einfluss auf die Trockenzeit. Daher wird ein zusätzlicher **Exponent** eingeführt. Der Faktor heißt dann

$$f_d = \left(\frac{d}{25}\right)^n$$

Einzusetzen ist d in mm. Der Exponent steigt von 1 bis 2. Für eine sichere Berechnung wird vorgeschlagen, den Exponenten zu setzen

$n = 1$ bis zu $d = 25$ mm

$n = 2$ oberhalb $d = 25$ mm

Eine Interpolation für dickeres Holz ist möglich, wird jedoch nicht empfohlen.

f_F **Faktor für die Form des Holzes.** Die Zuschnittform beeinflusst auch über die Dicke hinaus die Trockenzeit wesentlich.

$f_F = 1,0$ gilt für besäumtes Schnittholz.

$f_F = 0,7 \ldots 0,9$ gilt für Zuschnitte je nach Größe. Dicke, auf Länge gesägte Fensterkantel liegen bei 0,9, kleine Rohfriese bei 0,7.

$t_F = 1,1 \ldots 1,3$ gilt für unbesäumtes Holz je nach Anteil der Baumkante.

Hier gibt es ersichtlich einen Ermessensspielraum.

f_H **Faktor für Holzart und zugleich Rohdichte** (in Anlehnung an BOLLMANN 1977). Anstelle von komplizierten Formeln wird hier eine tabellarische Darstellung angeboten. Es gilt

Für Nadelholz	$f_H = 19$ für $\rho_o < 0,50\ g/cm^3$ $f_H = 19$ für $\rho_o \geq 0,50\ g/cm^3$
Für Laubholz	$f_H = 15$ für $\rho_o \leq 0,25\ g/cm^3$ $f_H = 20$ für $\rho_o \leq 0,45\ g/cm^3$ $f_H = 20$ für $\rho_o \leq 0,45\ g/cm^3$ $f_H = 40$ für $\rho_o > 0,65\ g/cm^3$

Diese Tabelle ist ein Notbehelf, weil einzelne Holzarten sich keineswegs gemäß ihrer Rohdichte trocknen lassen, so ist z. B. Eiche trotz gleicher Rohdichte ungleich länger zu trocknen als Rotbuche. Balsa ist problematischer zu trocknen als nach der Rohdichte von ca. 0,2 g/cm³ zu erwarten ist. Für Zwischenstufen ist Inter- oder Extrapolation möglich.

f_ϑ **Faktor für die Temperatur** ϑ wird gemäß Regelungsdaten für die Trockenabschnitte in $f_{\vartheta 1}$ und $f_{\vartheta 2}$ geteilt. Es gilt:

$$f_{\vartheta 1} = \left(\frac{150 - \vartheta_1}{\vartheta_1}\right)^{1,5} \qquad f_{\vartheta 2} = \left(\frac{150 - \vartheta_2}{\vartheta_2}\right)^{1,5}$$

f_{TG} **Faktor für Trocknungsgefälle** TG. Ist nur zu verwenden für die Berechnung der Trockenzeit t_{e2}, also unterhalb der Grenzfeuchte u_{gr}. Damit wird berücksichtigt, dass es oberhalb der Grenzfeuchte kein echtes Trocknungsgefälle gibt.

$$f_{TG} = \frac{3,0}{TG}$$ Nur in die Rechnung einzubeziehen, wenn das Ergebnis <1!

f_{BH} **Faktor für die Betriebszeit der Heizung.** In einer gut gedämmten Kammer ist die Wärme auch noch ausreichend für die Trocknung, wenn die Heizung periodisch, z. B. nachts, außer Betrieb geht. Die dadurch verursachte Verlängerung der Trockenzeit ist gering, muss aber doch bei der Berechnung berücksichtigt werden:

f_{BH}	**Betriebszeit Heizung t_{BH}**
1,00	24 h/d
1,17	16 h/d
1,26	12 h/d
1,35	8 h/d

Bedingung ist, dass Lüfter und Klimakontrolle in Betrieb bleiben. Falls das nicht gewährleistet ist, bleiben die Zeiten ohne Heizung als Trockenzeit außer Ansatz. So sind bei einem Heizbetrieb von 8 h/d nur diese 8 h als Trockenzeit pro Tag anzusetzen.

Die **Luftgeschwindigkeit** in den Stapeln wird als einzige wesentliche Größe hier nicht berücksichtigt. Für eine richtig ausgelegte Kammer mit optimaler Luftströmung kann der Faktor 1 angesetzt werden. Bei einer

Unterschreitung der optimalen Strömung ergeben sich unkalkulierbare Zeitverzögerungen und größere Endfeuchtestreuungen.

Der gesamte Ansatz lautet:

Für die **Trocknung oberhalb der Grenzfeuchte** u_{gr} wird berechnet:

$$t_{e1} = \ln \frac{u_a}{u_{gr}} \cdot \left(\frac{d}{25}\right)^n \cdot f_F \cdot f_H \cdot \left(\frac{150 - \vartheta_1}{\vartheta_1}\right)^{1,5} \cdot f_{BH}$$

(in h)

Nach Erreichen der Grenzfeuchte u_{gr} wird die Trocknung gemäß den **Trockendaten** verschärft. Damit ergibt sich ein neuer Ansatz für die Zeit t_{e2}. Das Ergebnis wird entweder zum Ergebnis für den 1. Trockenabschnitt addiert oder auch für sich berechnet, wenn nämlich die **Trocknung unterhalb der Grenzfeuchte** beginnt.

$$t_{e2} = \ln \frac{u_{gr}}{u_e} \cdot \left(\frac{d}{25}\right)^n \cdot f_F \cdot f_H \cdot \left(\frac{150 - \vartheta_2}{\vartheta_2}\right)^{1,5} \cdot \frac{3,0}{TG} \cdot f_{BH}$$

(in h)

Die **Nebenzeiten** sind viel mehr als die Entfeuchtungszeit vom Kammerführer beeinflussbar.

Die **Aufheizzeit** (Aufheizphase) ist die Zeit vom Beginn der Erwärmung bis zum Erreichen der gewünschten Trockentemperatur in der Kammer.

Da das Holz in dieser Zeit nicht trocknen soll, hängt die Aufheizzeit davon ab, dass die Kammerluft konstant ausreichend feucht ist, d. h. eine wirksame Sprüheinrichtung eingebaut ist. Andernfalls müsste Rücksicht auf das sich im Holz ausbildende **Feuchtegefälle** genommen werden, was die Aufheizzeit entsprechend verlängert (siehe Kap. 5.3.1). Bei frischem Holz kann meist ohne Verzögerung durch Sprühung aufgeheizt werden, die Aufheizzeit ist dann nur von der Wärmeleistung der Heizregister abhängig. In der Praxis wird bei ausreichender Heizleistung und gut gedämmter Kammer im Mittel mit 4 Stunden gerechnet, allerdings mit Abweichungen entsprechend der zu erreichenden Anfangstemperatur.

Die Durchwärmung wird, falls überhaupt erforderlich, mit gleicher Zeitspanne kalkuliert.

Für die abschließende **Konditionierzeit** ist die angestrebte Trockenqualität entscheidend. Sie entfällt bei geringen Ansprüchen und liegt bei bis zu 10 % der reinen Trockenzeit für hohe Ansprüche.

Die Abkühlzeit ist gemäß der Temperaturspanne zwischen Kammer und Außenluft auszulegen. Die Öffnung der Kammer ist wegen der unvermeidlichen Wärmespannungen erst ab einer Spanne von maximal 40 K empfehlenswert. Es hat sich als hinreichend genau erwiesen, für die Berechnung Abkühlzeit gleich Aufheizzeit anzusetzen.

Haupt- und Nebenzeiten addieren sich zur Trockenzeit t_{tr}.

Für die **Belegungszeit der Kammer** t_B sind die Zeiten für das Beschicken und Entleeren, zusammengefasst als Manipulation t_m, zusätzlich zu berücksichtigen. In der folgenden Formel für die Belegungszeit sind die möglicherweise nicht anfallenden Perioden für das Durchwärmen und den Trockenabschnitt 1 (Beginn der Trocknung unterhalb der Grenzfeuchte) in Klammern gesetzt:

$$t_B = t_a + (t_d) + (t_{r1}) + t_{r2} + t_k + t_{ab} + t_m \quad \text{(in h)}$$

Nochmals muss betont werden, dass das Ergebnis mit Vorsicht zu betrachten ist. Echte Trockenzeiten sind nur in der Kammer und nicht am Schreibtisch zu ermitteln. Insbesondere wenn laufend das gleiche Sortiment getrocknet wird, kann die statistische Auswertung der Protokolle gesicherte Trockenzeiten auch für einzelne Abschnitte erbringen. Erst dann wird auch die Erstellung von Trockenplänen nach Zeitablauf ermöglicht.

Trotz aller Einschränkungen soll hier ein Beispiel für die Berechnung folgen.

Zu trocknen ist eine Charge Fichtenbretter als Rohhobler gemäß Tab. 5-2 in Kap. 5.4, 35 mm dick, besäumt, von u_a = 60 % auf u_e = 10 %. In der Kammer kann bis zu 80 °C geheizt werden, die Heizung sei 12 h/d in Betrieb.

$$t_{e1} = \ln \frac{u_a}{u_{gr}} = \ln \frac{60}{45} = 0{,}29 \quad \text{wobei } u_{gr} = 45\ \%$$

$$t_{e2} = \ln \frac{u_{gr}}{u_e} = \ln \frac{45}{10} = 1{,}50$$

$$f_d = \left(\frac{d}{25}\right)^n = \left(\frac{35}{25}\right)^2 = 1{,}96 \quad \text{wobei } n = 2, \text{ da } d > 25\ \text{mm}$$

$f_F = 1{,}0$ für besäumtes Schnittholz

$f_H = 19$ wobei für Fichte $\rho_0 = 0{,}43\ \text{g/cm}^3$

$$f_{\vartheta 1} = \left(\frac{150 - \vartheta_1}{\vartheta_1}\right)^{1,5} = \left(\frac{150 - 50}{50}\right)^{1,5} = 2{,}83$$

$$f_{\vartheta 2} = \left(\frac{150 - \vartheta_2}{\vartheta_2}\right)^{1,5} = \left(\frac{150 - 80}{80}\right)^{1,5} = 0{,}82$$

wobei zu berücksichtigen ist, dass die im Plan vorgesehene Temperatur von 85 °C in der Kammer nicht erreicht wird.

$$f_{TG} = \frac{3{,}0}{TG} = \frac{3{,}0}{3{,}5} < 1 \text{ wird} = 1 \text{ gesetzt}$$

$f_{BH} = 1{,}26$ weil die Heizung nur 12 h/d in Betrieb.

Die Zusammenfassung erfolgt als Summe der Zeiten für die beiden Trocknungsabschnitte sowie aller Nebenzeiten.

t_a = 4,0 h

t_{e1} = 0,29 · 1,96 · 1,0 · 19 · 2,83 · 1,26 = 38,5 h

t_{e2} = 1,50 · 1,96 · 1,0 · 19 · 0,82 · 1,0 · 1,26 = 57,7 h

$t_{e\ ges}$ = 38,5 h + 57,7 h = 96,2 h

t_k = 10 % von 96,2 h = 9,6 h

t_{ab} = t_a = 4,0 h

t_{tr} = 113,8 h

Diese Trockenzeit von nahezu 114 h = 4,7 Tagen (ohne Manipulation) für 35 mm dicke Fichtenbretter mag ziemlich lang erscheinen. Zu berücksichtigen ist aber die Verlängerung der Zeit durch die Unterbrechung der Heizung. Wenn man 24 h/d heizen würde, so wäre die Trockenzeit kürzer gemäß folgender Rechnung:

$$t_{e\ ges\ neu} = \frac{t_{e\ ges\ alt}}{t_{BH}} = \frac{96{,}2}{1{,}26} = 76{,}3\ \text{h}$$

daraus ergibt sich unter Berücksichtigung der Nebenzeiten t_{tr} = 93,9 h

Eine weitere Verkürzung kann durch eine Verschärfung der Daten des Trockenplans versucht werden. Dabei kann sowohl eine Erhöhung der Temperatur als auch des Trocknungsgefälles infrage kommen.

Die beschriebene Rechnung kann selbstverständlich für Planungszwecke in Computerprogramme integriert werden. Auch in Modellierungen des Trocknungsablaufs können die Formeln Eingang finden und auf diese Weise zu einem optimierten Trocknungsablauf beitragen (Militzer 1993).

5.6 Trockenprotokolle

Im Verlauf einer Trocknung ist die **Kontrolle aller Kammerdaten** von Bedeutung. Hierfür können über eine Regelung **Statusbilder** abgerufen werden. Die Bilder sind meist anschaulich einem Kammerquerschnitt angepasst und leicht ablesbar, wenn sich der Bediener mit den Eigenheiten der Abkürzungen vertraut gemacht hat.

Bild 5-9 dient als Beispiel einer solchen Darstellung anhand einer Frischluft-Abluftkammer. Diese ist zentral erkennbar als Nutzraum, in den die gewählten Vorgaben Holzart (Fichte), Holzdicke (41 mm) und gewünschte Endfeuchte (21 %) eingetragen sind. Skizziert ist ein Luftschacht (Klappe geschlossen, ein Ventilator mit Luftrichtungspfeil) und links Symbol des Sprührohrs (nicht in Betrieb). Weiter ist links in der Kammer die Heizung mit der Vorlauftemperatur (81,3 °C) und dem Mischventil (zu 49 % offen) eingezeichnet. Darunter finden sich Angaben zur Sprühung (bisherige Sprühzeit beträgt 1 h 40 min). Links im Bild die thermische und elektrische Energieerfassung mit Angabe der Priorität für Energiemanagement. Unten links im Bild sind die aktuellen Regelungsdaten im Soll-Ist-Vergleich zu sehen, darunter die Ventilatorlaufzeit je Drehrichtung (300 min) und die verbleibende Zeit. Mittig unten der grafische und numerische Vergleich der aktuellen Holzfeuchtewerte und die gewählte Regelungsfeuchte. *TRF* ist die **Regelungsfeuchte**, *EFK* ist die „**Endfeuchtekontrolle**", ein herstellerspezifischer Wert, der bei Bild 5-12 erläutert wird. Rechts kann ein Trocknungsassistent aufgerufen werden, der den Eingriff in den Ablauf ermöglicht. Oben rechts ist die aktuelle Trocknungsphase mit abgelaufener und restlicher Prozesszeit abzulesen. In ähnlicher Weise wird der Kammerzustand von den meisten Herstellern dargestellt.

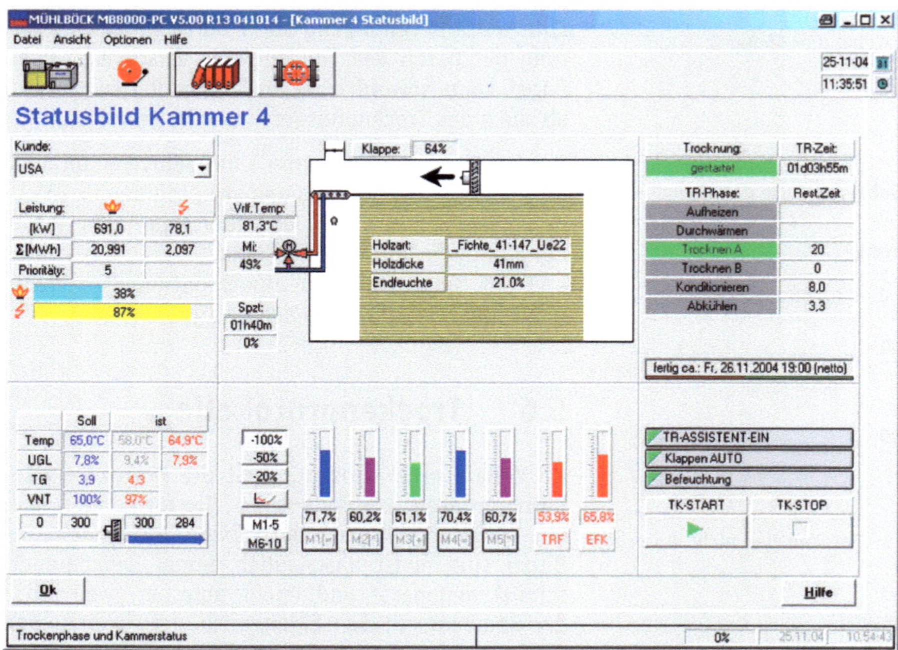

Bild 5-9 *Statusbild der aktuellen Werte der Trocknung in einer Frischluft-Abluftkammer (Bild: MÜHLBÖCK)*

Auf dem Statusbild muss zu erkennen sein, ob der momentane dem geplanten Zustand in einer Kammer entspricht. Bei Abweichungen sind Änderungen durch entsprechende Eingaben möglich.

Dagegen wird das **Protokoll eines gesamten Trockenablaufs** erstellt, um einerseits die Vergangenheit festzuhalten und andererseits Lehren für zukünftige Trocknungen zu ziehen, wie folgend beispielhaft aufgezählt:

- Nachweis des plangemäßen Ablaufs in der betrieblichen Routine im Rahmen der Qualitätskontrolle oder der betrieblichen Materialwirtschaft,
- Erkennen von Störungen im Ablauf,
- Beurteilen der Plausibilität der Messdaten,
- Erkennen von übermäßigen Wärmeverlusten,
- Optimieren der Trockenpläne bei neuen Kammern, neuen Holzarten oder -sortimenten,
- Nachweis bei Lohntrocknungen, Anlage zum Lieferschein, u.a.

Trockenprotokolle stellen den tatsächlichen Verlauf einer Trocknung dar und unterscheiden sich oft von den Vorgaben der Trockenpläne. Daher kann eine Trocknung nur anhand eines Protokolls beurteilt werden. Protokolle werden mit automatischen Schreibgeräten erfasst oder auch von Hand auf besondere Formblätter aufgeschrieben. In modernen Regelungsanlagen werden die Trocknungsabläufe gespeichert. Sie können bei Bedarf ausgedruckt werden.

Am günstigsten ist die Darstellung in Form einer **farbigen Grafik** mit Kurven ausgewählter Daten. Die Trocknung kann auf einen Blick grob beurteilt werden. Die Menge der auszudruckenden Kurven führt allerdings dazu, dass für eine Trocknung mehrere Diagramme geschrieben werden, weil anders die Kurven nicht mehr zu analysieren sind (Bilder 5-10 und 5-11). Über der Fortschrittszeit können aufgetragen werden:

- die Temperatur,
- die Gleichgewichtsfeuchte,

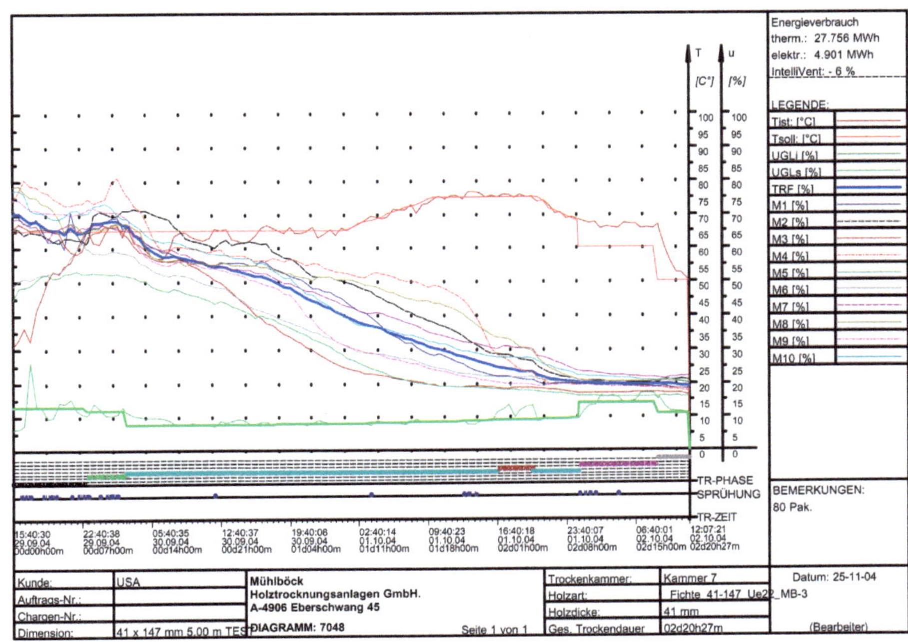

Bild 5-10 *Grafik eines Trocknungsablaufs (entsprechend Bild 5-9) mit der Aufzeichnung des Feuchteverlaufs an allen Messstellen. Die Regelungsfeuchte (TRF) ist auffällig blau markiert. Oben verlaufen die Temperaturkurven (rot Soll, braun Ist), unten die UGL-Kurven (grün Soll, schwarz Ist). Unter der Abszisse sind die Trocknungs- und die Sprühphasen markiert (Bild* MÜHLBÖCK*)*

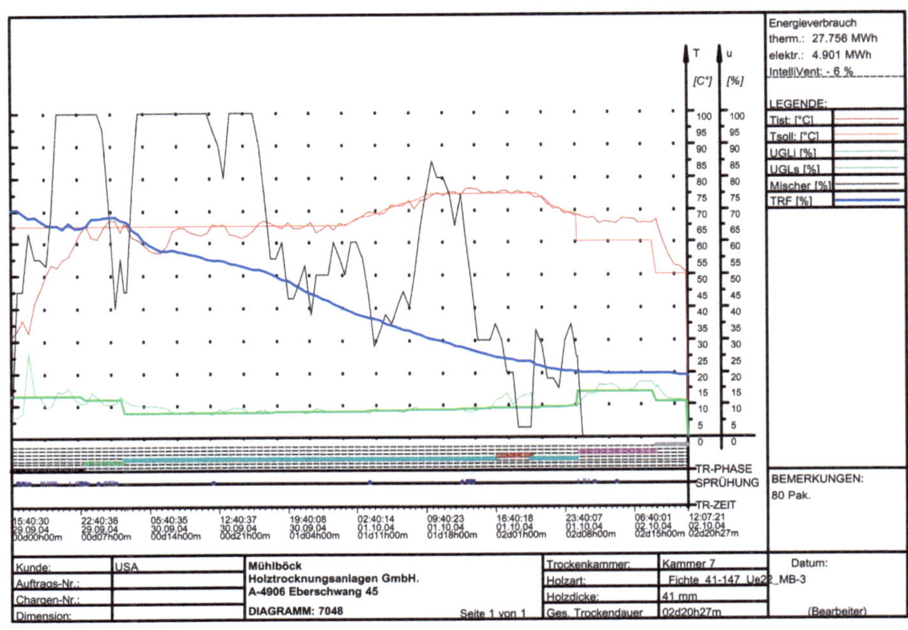

Bild 5-11 *Grafik des Trocknungsablaufs gemäß Bild 5-10. Die fallende Kurve (blau) stellt den Holzfeuchteregelwert (TRF) dar. Die Grafik zeigt, wann und wie weit das Mischventil geöffnet ist. Zu Beginn der Trocknung steht das Ventil über etwa 28 Stunden ganz offen, d. h. bei 100 %. Entsprechend steigt die Temperatur (braun) (Bild:* MÜHLBÖCK*)*

Datum:	Zeit:	Tist: [°C]	Tsoll: [°C]	UGLi [%]	UGLs [%]	TGi:	TGs:	VNTi: [%]	VNTs: [%]	TRF: [%]	EFK: [%]	M1 [%]	M2 [%]	M3 [%]	M4 [%]	M5 [%]	M6 [%]	M7 [%]	M8 [%]	M9 [%]	M10 [%]	SP.	KL. [%]	Ml. [%]	Phase	Trockenzeit
30.09.04	23:45	65.3	65.0	8.0	8.0	3.8	3.8	98	100	42.1	50.8	*46.8	E51.4	26.6	E53.6	30.6	F33.0	F44.8	*51.4	F33.7	F42.6	05h03	44	50	Trocknen A	01d08h05m
01.10.04	00:20	63.9	65.0	8.0	8.0	3.8	3.8	98	100	41.1	50.0	*45.9	*50.5	25.8	E53.0	29.5	F32.4	F44.1	E50.7	F32.4	F41.2	05h03	40	60	Trocknen A	01d08h40m
01.10.04	00:55	65.8	65.0	7.7	8.0	3.9	3.8	98	100	40.3	49.7	*45.1	*50.3	24.9	E52.7	28.5	F31.5	F43.1	E50.6	F31.6	F40.1	05h03	39	55	Trocknen A	01d09h15m
01.10.04	01:30	65.1	65.5	7.9	8.0	3.8	3.8	98	100	39.5	49.1	*43.7	*49.7	24.3	E52.3	27.4	F30.8	F42.7	E50.5	F31.1	F39.2	05h03	38	50	Trocknen A	01d09h50m
01.10.04	02:04	66.1	66.3	7.8	8.1	3.8	3.8	98	100	38.7	48.5	*42.5	*49.3	23.9	E51.8	26.8	F30.0	F42.0	E50.3	F30.3	F37.9	05h03	35	60	Trocknen A	01d10h25m
01.10.04	02:40	67.1	67.2	7.8	8.1	3.8	3.7	98	100	37.8	47.7	*41.3	*48.5	23.5	E51.4	26.0	F29.1	F41.3	E49.7	F29.6	F37.1	05h03	29	60	Trocknen A	01d11h00m
01.10.04	03:15	68.0	67.7	7.9	8.1	3.8	3.7	98	100	37.3	47.1	*40.8	*47.7	22.8	E51.0	25.2	F29.0	F40.5	E49.0	F29.1	F36.9	05h03	27	55	Trocknen A	01d11h35m
01.10.04	03:50	69.4	68.1	7.5	8.2	4.0	3.7	98	100	36.9	47.1	F39.5	*47.1	22.8	E52.1	24.5	F28.7	*40.5	E48.8	F28.9	F36.6	05h03	25	43	Trocknen A	01d12h10m
01.10.04	04:24	69.1	68.5	8.8	8.2	3.4	3.7	98	100	36.5	47.0	F38.2	*45.9	22.6	E52.6	23.9	F28.7	*40.9	E48.5	F28.7	F36.7	05h04	26	28	Trocknen A	01d12h45m
01.10.04	05:00	68.6	69.1	8.5	8.2	3.5	3.7	98	100	35.9	46.4	F36.6	*45.1	22.3	E52.1	23.2	F28.6	*40.5	E47.7	F28.2	F36.3	05h04	30	33	Trocknen A	01d13h20m
01.10.04	05:35	69.2	70.1	8.0	8.3	3.8	3.6	98	100	34.9	45.6	F34.8	*43.9	21.9	E51.8	22.6	F28.1	*39.7	E46.9	F27.4	F35.7	05h04	21	38	Trocknen A	01d13h55m
01.10.04	06:10	71.6	70.6	8.4	8.3	3.6	3.6	98	100	34.4	45.1	F34.0	*43.3	21.5	E51.4	21.8	F27.8	*39.1	E46.7	F27.0	F35.3	05h04	0	35	Trocknen A	01d14h30m
01.10.04	06:44	71.2	71.2	8.1	8.3	3.7	3.6	98	100	33.8	44.4	F33.0	*42.4	21.3	E50.7	21.4	F27.4	*38.6	E45.9	F26.8	F34.8	05h04	22	40	Trocknen A	01d15h05m
01.10.04	07:20	71.2	71.9	7.8	8.3	3.8	3.6	98	100	33.1	43.6	F31.9	*41.3	21.0	E50.1	20.9	F27.2	*37.9	E45.0	F26.2	F34.2	05h04	0	45	Trocknen A	01d15h40m
01.10.04	07:54	72.9	72.2	8.4	8.4	3.6	3.6	98	100	32.8	43.3	F31.7	*40.7	20.6	E50.1	20.3	F26.9	*37.4	E44.8	F25.8	F34.1	05h04	23	40	Trocknen A	01d16h15m
01.10.04	08:30	70.2	72.9	9.3	8.4	3.2	3.6	98	100	32.1	42.6	F30.4	*39.6	20.3	E49.8	20.1	F26.5	*36.7	E44.3	F25.6	F33.7	05h04	39	50	Trocknen A	01d16h50m
01.10.04	09:05	72.8	73.6	8.3	8.4	3.6	3.5	98	100	31.4	42.0	F29.4	*39.1	20.1	E48.9	19.8	F25.8	*35.7	E44.3	F24.9	F33.2	05h04	29	65	Trocknen A	01d17h25m
01.10.04	09:40	73.0	74.3	8.2	8.5	3.7	3.5	98	100	30.7	41.4	F28.7	*38.4	19.7	E48.1	19.7	F25.2	*35.0	E44.1	F24.4	F32.4	05h04	20	75	Trocknen A	01d18h00m
01.10.04	10:15	74.3	74.8	8.7	8.5	3.4	3.5	98	100	30.2	41.2	F28.2	*37.8	19.6	E48.8	19.4	F24.7	*34.5	E43.5	F23.9	F32.0	05h04	22	85	Trocknen A	01d18h35m
01.10.04	10:50	75.3	75.0	8.6	8.5	3.5	3.5	98	100	29.9	40.8	F28.5	*37.2	19.2	E48.4	19.2	F24.3	*34.1	E43.3	F23.6	F31.6	05h04	25	80	Trocknen A	01d19h10m
01.10.04	11:25	74.4	75.0	8.6	8.5	3.4	3.4	98	100	29.5	40.1	F27.8	*36.6	19.0	E47.6	19.0	F24.0	*33.7	E42.6	F23.2	F31.5	05h04	26	80	Trocknen A	01d19h45m
01.10.04	12:00	75.4	75.0	8.2	8.6	3.5	3.3	98	100	28.8	39.3	F27.0	*35.7	19.0	E46.5	19.0	F23.5	*33.0	E42.0	F22.8	F30.7	05h04	8	75	Trocknen A	01d20h20m
01.10.04	12:34	75.4	75.0	8.8	8.6	3.2	3.3	98	100	28.2	38.7	F26.2	*34.9	18.9	E45.9	18.9	F23.1	*32.7	E41.2	F22.3	F29.9	05h04	27	65	Trocknen A	01d20h55m
01.10.04	13:10	74.3	75.0	8.7	8.7	3.2	3.2	98	100	27.7	37.7	F25.6	*34.0	18.9	E44.5	18.9	F22.7	*32.1	E40.3	F22.0	F29.5	05h04	26	75	Trocknen A	01d21h30m
01.10.04	13:45	76.6	75.0	7.6	8.7	3.6	3.1	98	100	27.2	36.6	F24.7	*32.7	19.2	E42.9	18.9	F22.7	*31.9	E38.9	F21.6	F29.4	05h08	12	60	Trocknen A	01d22h05m
01.10.04	14:20	76.4	75.0	7.8	8.7	3.4	3.0	98	100	26.7	35.2	F23.9	*31.5	19.0	E39.9	18.9	F22.4	*31.7	E37.5	F21.5	F28.9	05h26	27	45	Trocknen A	01d22h40m
01.10.04	14:54	76.2	75.0	8.4	8.8	3.1	3.0	98	100	26.2	34.0	F23.2	*30.7	19.0	E37.6	18.6	F22.2	*31.3	E36.3	F21.0	F28.5	05h36	21	30	Trocknen A	01d23h15m
01.10.04	15:30	74.9	75.0	8.8	8.8	2.9	2.9	98	100	25.7	32.2	F22.8	*29.5	18.9	E33.4	18.5	F22.0	*30.8	E35.1	F20.7	F28.2	05h36	20	30	Trocknen A	01d23h50m
01.10.04	16:04	75.4	75.0	8.5	8.9	3.0	2.8	98	100	25.1	30.6	F22.2	*28.7	18.9	*29.8	18.4	F21.9	E30.2	E33.8	F20.3	F27.8	05h36	5	30	Trocknen A	02d00h25m

Kunde: USA
Auftrags-Nr.:
Chargen-Nr.:
Dimension: 41 x 147 mm 5,00 m TES

Mühlböck
Holztrocknungsanlagen GmbH.
A-4906 Eberschwang 45
PROTOKOLL: 7048
Seite3 von 5

Trockenkammer: Kammer 7
Holzart: _Fichte_41-147_Ue22_MB-3
Holzdicke: 41 mm
Ges. Trockendauer 02d20h27m

Datum: 25-11-04
(Bearbeiter)

Bild 5-12 *Ausdruck des Trockenprotokolls für Fichte 41 mm dick gemäß den Grafiken aus Bild 5-9 und 5-10, aus Platzgründen als Auszug dargestellt (Bild: Mühlböck)*

- das Trocknungsgefälle,
- die jeweilige Feuchte an jeder Holzfeuchtemessstelle,
- zweckmäßigerweise auch die jeweiligen Funktionen der Stellglieder, nämlich Heizventil, Sprühventil, Drehrichtung und Umdrehungszahl der Ventilatoren.

Das Protokoll kann auch in Form einer **Zahlentabelle** erstellt werden. Je nach Zeitdauer einer Trocknung werden die Trockendaten minutenweise bis halbtägig ausgedruckt.

Als Beispiel zeigt Bild 5-12 einen Ausschnitt aus der Trocknung nach den Bildern 5-10 und 5-11. Das Druckintervall ist hier auf 35 Minuten eingestellt. Abzulesen sind Datum, Uhrzeit, die Ist- und Sollwerte der Regelungsdaten und der Ventilatordrehzahl *VNT*. Die angezeigten 10 Holzfeuchten können unterschiedlich zur Mittelwertbildung ausgewählt werden. Die Regelungsfeuchte *TRF* wird hier aus dem Mittelwert der mit * und F gekennzeichneten Zahlen sowie dem Endfeuchtekontrollwert *EFK* aus dem Mittelwert der mit * und E markierten Zahlen gebildet. Letzterer ermöglicht ein zielgenaueres Ansteuern der gewünschten Endfeuchte, während die Trocknung sonst über die niedrigere Regelungsfeuchte *TRF* beschleunigt verläuft. UGL_i wird zunächst als Quotient

Trockenprotokoll 1		
Holzart: Fichte	d = 25 mm	Rohhobler
Volumen: 40 m^3	$u_a \approx 80$ %	u_e = 10 %
Heizung: 24 h/d	Sprühung: KW	

Datum	**Uhrzeit**	**Folgezeit in h**	ϑ **in °C**	u_{gl} **in %**	*TG*	u_1 **in %**	u_2 **in %**	u_3 **in %**	**Bemerkungen**
1. 10.	13.00	0	10			81	78	75	Aufheizen
	16.00	3	50	18		82	79	76	
	18.00	5	62	18		80	78	73	
	19.00	6	71	17		78	75	72	Trocknung I Beginn!
	23.00	10	70	13	(3,5)	69	66	63	
2. 10.	3.00	14	72	13	(3,5)	54	52	50	
	7.00	18	72	12	3,7	45	44	42	Trocknung II Beginn!
	11.00	22	79	11	3,7	41	40	38	
	15.00	26	80	10	3,6	36	36	34	
	19.00	30	82	8	3,7	30	31	29	
	23.00	34	83	6	4	23	24	22	
3. 10.	3.00	38	83	4	4,5	17	18	16	
	7.00	42	83	3	3,7	11	10	9	Konditionierung Beginn!
	11.00	46	80	10	1	10	10	9	
	14.00	49	50						Ausfahren

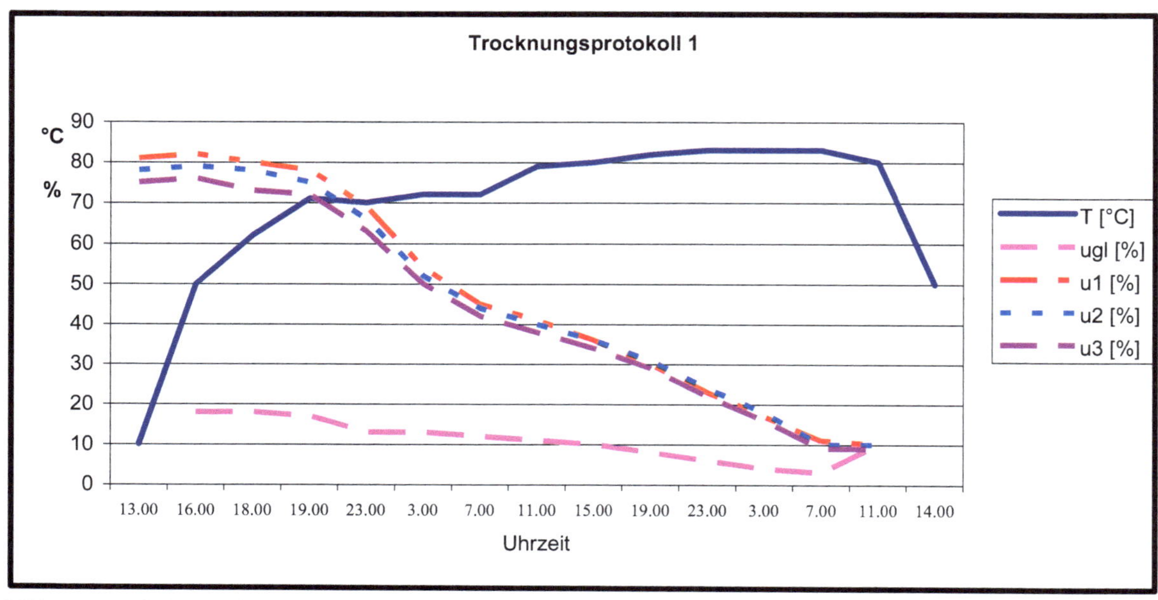

Bild 5-13 *Grafisches Trocknungsprotokoll 1*

Das Protokoll liegt als Zahlentafel und als vereinfachte Grafik vor.

aus Grenzwert (hier auf 30 % gesetzt) und Soll-Trocknungsgefälle (TG_s) berechnet. Unterhalb der Regelungsfeuchte von 30 % wird *UGL*i als Quotient aus *TRF* und *TG*s berechnet, gegen Ende aus *EFK* und TG_s.

In weiteren Spalten werden die Sprühung SP, die Klappenstellung KL und die Öffnung des Mischventils der Heizung MI sowie die Trocknungsphase und die Folgezeit angezeigt. Zu enge Zeitintervalle führen allerdings oft zu viel zu vielen, nicht mehr lesbaren Papierausdrucken.

Analyse von Trockenprotokollen

Die nachfolgenden Protokolle stammen aus tatsächlich durchgeführten Trocknungen und zeigen keine mustergültigen Trocknungsverläufe. Sie werden dargestellt, um das Vorgehen bei der Aufspürung von Unregelmäßigkeiten und Fehlern zu zeigen. Der Beurteilung liegen die Daten der Tabelle 5-1 (Kap. 5.3) zugrunde.

Kommentar zum Protokoll 1:

Zunächst ist kritisch anzumerken, dass nur drei Messstellen notiert wurden – eine zu geringe Anzahl für 40 m³ Holz. Man kann also allenfalls hoffen, dass die mitgeteilten Endfeuchtewerte von 10, 10 und 9 % die Holzfeuchte der gesamten Charge repräsentieren. Insgesamt verläuft die Feuchteabnahme der drei Proben nahezu mustergültig. Das Trocknungsgefälle war im Originalprotokoll nicht enthalten, jedoch konnte es leicht nachgetragen werden über die Formel

$$TG = u_r / u_{gl}$$

Geregelt wurde nach der höchsten gemessenen Holzfeuchte. Das spielt hier allerdings keine große Rolle, weil die Holzfeuchtemessstellen nahe beieinander liegen.

Da oberhalb der Grenzfeuchte u_{gr} = 45 %, also im Trocknungsabschnitt I, kein Gleichgewichtszustand besteht, wurde bis zur 18. Stunde auch kein *TG* ausgewiesen.

Die Daten wurden am Anfang häufig notiert, um den Aufheizprozess zu dokumentieren. Zur Stunde 6 war das Aufhei-

Trockenprotokoll 2		
Holzart: Buche	d = 45 mm	Bretter, besäumt, gedämpft
Volumen: 40 m³	$u_a \approx 25 \dots 45$ %	u_e = 12 %
Heizung: 24 h/d	Sprühung: KW	

Datum	**Uhrzeit**	**Folgezeit in h**	**ϑ in °C**	**u_{gl} in %**	**TG**	**u_1 in %**	**u_2 in %**	**u_3 in %**	**Bemerkungen**
1. 2.	8.00	0				45	25	35	Aufheizen
	12.00	4	30	14					
	16.00	8	60	14	2,5	43	23	34	
2. 2.	8.00	24	60	13	2,5	42	21	32	
	16.00	32	60	12	2,5	42	20	31	
3. 2.	8.00	48	62	10	2,5	42	19	30	Sprühen
	16.00	56	64	13		43	19	31	
4. 2.	8.00	72	64	10	3,0	41	18	29	
	16.00	80	65	9	3,0	40	17	27	
5. 2.	8.00	96	65	8	3,0	39	16	25	
	16.00	104	65	8	3,0	39	16	24	

nach weiteren 6 Tagen

Datum	**Uhrzeit**	**Folgezeit in h**	**ϑ in °C**	**u_{gl} in %**	**TG**	**u_1 in %**	**u_2 in %**	**u_3 in %**	**Bemerkungen**
11. 2.	8.00	240	70	4	3,5	29	10	15	Konditionierung Beginn
	16.00	248	68	11		29	10	14	
12. 2.	8.00	264	70	11		27	11	13	Abkühlung Beginn
	16.00	272	65	9		26	11	13	
13. 2.	8.00	288	45	9		25	11	12	Ausfahren

zen beendet, das Ausdruckintervall wurde auf 4 Stunden eingestellt. Aufgeheizt wurde im übrigen ordnungsgemäß bei u_{gl} = 18 %.

Während des Trocknungsabschnitts I wurde durchweg mit etwa 70 °C getrocknet. Diese Temperatur ist sehr hoch. In der Tafel der Regelungsdaten in Kap. 5.3 werden 50 °C vorgeschlagen. Man wird also am getrockneten Holz prüfen müssen, ob diese Abweichung vom Sollwert die Qualität beeinträchtigt hat. Die Gleichgewichtsfeuchte verläuft mit u_{gl} = 13 % regulär gemäß Vorgabe.

Zum Trocknungsabschnitt II wird die Temperatur auf ca. 80 °C gesteigert. Das Trocknungsgefälle liegt etwas über dem zulässigen Wert von 3,5. Es wird dann sogar bei u_r = 30 % schon auf 4 und 4,5 gesteigert, fällt aber bis zur 42. Stunde auf 3,7 ab, was zu einer Erhöhung von u_{gl} führt. Vermutlich soll das Konditionierklima u_{gl} = 10 % rascher erreicht werden.

Die Kurven der Grafik verlaufen ohne Auffälligkeiten – es gab keine Abweichungen in den vom Ausdruck nicht erfassten Zeitspannen.

Man erkennt, dass es sich um eine ziemlich scharfe Trocknung handelt. Darauf lässt auch die kurze Trockenzeit von 49 Stunden schließen. Es empfiehlt sich, diese scharf getrocknete Charge genau auf Trockenfehler zu prüfen. Insbesondere ist wegen der sehr hohen Anfangstemperatur auf Verschalung zu achten.

Kommentar zu Protokoll 2:

a) Steuerung beim Aufheizen

- Aufheizen ist nach spätestens 8 Std. beendet (in der Zeitspanne zwischen 4 und 8 Std.). Für Laubholz von 45 mm Dicke angemessen – sollte etwa 7 bis 8 Std. dauern.
- u_{gl} = 14 % ist zu niedrig, soll 16 ... 18 % betragen. Weil das Holz schon vorgetrocknet ist, wie die niedrigen Anfangsfeuchten zeigen, ist mit Verschalung von Anfang an zu rechnen. Sie müsste durch hohe u_{gl} aufgelöst werden.
- Die erreichte Temperatur ist mit 60 °C zu hoch. Wenn die Regelung nach der maximalen Holzfeuchte erfolgt, wie notwendig, müssten 45 °C eingestellt werden.

b) Trocknungsgefälle *TG* und Gleichgewichtsfeuchte u_{gl} während der Trocknung

- u_{gl} wird nach der Regelungsfeuchte eingestellt. Diese ist hier offensichtlich falsch gewählt, weil sofort nach dem Aufheizen mit *TG* gerechnet wurde, obwohl die maximale Feuchte mit 43 % noch weit oberhalb der Grenzfeuchte (34 %) liegt. Hier hätte mit u_{gl} = 16 % konstant gefahren werden müssen, und zwar bis die maximale Feuchte (u_1) die Grenzfeuchte erreicht. Dieses Klima hätte bis über die 104. Stunde hinaus gehalten werden müssen, weil eine Messstelle mit 39 % immer noch oberhalb der Grenzfeuchte lag. Ein *TG* hätte in dieser Zeit nicht eingetragen werden müssen.
- Tatsächlich ist von Beginn der reinen Trocknung an nach dem Mittelwert der Messstellen geregelt worden, wie durch Nachrechnen leicht herauszufinden ist. Die Mittelwertbildung ist in der 72. Stunde aufgegeben worden. Von da ab wurde nach u_3 geregelt. Die Folge ist ein viel zu niedriges u_{gl}, das besonders den Chargenanteil, der durch u_1 repräsentiert wird, negativ beeinflusst hat. Es handelt sich statistisch immerhin um 1/3 der Charge, also ca. 13 m^3.
- In der 48. Stunde wurde ein Sprühvorgang begonnen. Er war offensichtlich veranlasst durch die Erkenntnis, dass die Messstelle u_1 hängen geblieben und der Trocknungsfortschrift von u_2 wie u_3 unzureichend war. Der Grund hierfür lag darin, dass in der Aufheizperiode durch mangelhaftes Sprühen die Verschalung aus der Vortrocknung im Schuppen nicht aufgelöst wurde. Nun wurde also versucht, den Fehler zu reparieren, was sich bei u_2 und u_3 als erfolgreich erwies, wie an der Feuchteabnahme in der Folge zu erkennen ist. Kein Nutzen ergab sich bei u_1, offenbar weil die Sprühung nicht ausreichte.

c) Temperaturverlauf während der Trocknung

- Die Temperatur ist bis über die 104. Std. hinaus mit 65 °C zu hoch, wenn nach u_1 geregelt wird. u_1 liegt mit 43 % über der Grenzfeuchte.

- Wenn u_1 ausgeschlossen wird oder $u_r = u_m$ gesetzt wird, dann könnte man $\vartheta = 80$ °C setzen, als die richtige Temperatur für das trocknere Holz. Das wäre aber deswegen falsch, weil die Bretter entsprechend Messstelle u_1 dann auf jeden Fall wegen zu scharfer Trocknung Schaden leiden.
- Erst ab $u_1 = 34$ % kann $\vartheta = 80$ °C gesetzt werden. Dieser Zustand liegt in der nicht dargestellten Zeit zwischen der 104. und der 264. Stunde. Ab dieser Zeit ist $\vartheta = 70$ °C zu niedrig, Kapazität wird verschenkt.

d) Steuerung beim Konditionieren und Abkühlen

- Die Konditionierung in der 264. Stunde ist viel zu früh angesetzt, allerdings dann erklärlich, wenn u_1 außer acht bleibt.
- u_{gl} ist mit 11 % unter der geforderten $u_e = 12$ % angesetzt. Man versucht damit offensichtlich, die Messstelle u_3 von 14 % noch weiter herunter zu trocknen und zugleich alles Holz auf einen Mittelwert von 12 % zu bringen. Das ist letztlich für die beiden verbliebenen Messstellen gelungen.
- Durch die abschließende Abkühlung ergibt sich eine Absenkung der u_{gl}, was aber üblicherweise nicht beachtet wird.

e) Trocknungsergebnis unbefriedigend. Abzuschätzen ist, welche Mängel entstanden sein können.

- Große Streuung von u_e: 33 % des Holzes (entsprechend u_1) sind völlig unzureichend getrocknet.
- Holz ist verschalt trotz Zwischensprühung, Anteil mindestens 33 % entsprechend u_1.
- Beide Fehler hätten von Grund auf vermieden werden können, hätte man das Holz direkt nach der Dämpfung getrocknet. Die dadurch verursachte Verlängerung der Trocknung kann als gering betrachtet werden gegenüber dem Aufwand, der durch die nun notwendige Nachtrocknung bei der beurteilten Charge auf jeden Fall anfällt.

Trockenprotokoll 3		
Holzart: Framiré	$d = 50$ mm	Bretter, unbesäumt
Volumen: 30 m^3	$u_a \approx 40 \dots 45$ %	$u_e = 10$ %
Heizung: 24 h/d	Sprühung: KW	

Datum	Uhrzeit	Folgezeit in h	ϑ in °C	u_{gl} in %	*TG*	u_{1f} in %	u_{1k} in %	u_{2f} in %	u_{2k} in %	u_{3f} in %	u_{3k} in %
1. 3.	8.00	0				20	45	22	38	18	40
	16.00	8	45	13	2,1	17	45	19	39	16	39
2. 3.	8.00	24	48	13	2,1	13	44	17	38	14	38
	16.00	32	48	12	2,1	12	44	15	37	12	38
3. 3.	8.00	48	49	12	2,1	10	44	12	36	10	38

Kommentar zu Trockenprotokoll 3

Diese Trocknung läuft unter Verwendung von 6 Messstellen ab. Es gibt 3 Messstellen in der Mitte der Bohlen, 25 mm tief, mit dem Index *k*, und drei benachbart eingebrachte, oberflächennahe Messstellen (kurze Elektroden) mit dem Index *f*. Das Feuchtegefälle ist bereits zu Beginn der Trocknung beträchtlich, an der Oberfläche liegt die Feuchte im Mittel bei etwa 20 %, im Kern bei etwa 40 %.

Framiré ist ein eichenähnliches Holz aus Afrika, aber etwas leichter als Eiche. Entsprechend wird das Holz gelegentlich als leichter zu trocknen eingeschätzt.

So wurde also hier ziemlich sorglos gestartet, wie u_{gl} = 13 % zeigt. Am 3. Tag greift der Trockenmeister ein, weil er Unheil wittert. Er stellt nämlich fest, dass die Feuchte im Kern nicht abnimmt. Im Gegensatz dazu ist an der Oberfläche die Feuchte stark gesunken, die Feuchtedifferenz zwischen innen und außen ist erheblich größer geworden.

Framire ist der Gruppe 6 der Regelungsdaten in Tabelle 5-1 zugeordnet. Im vorliegenden Fall hat jedoch die Zuordnung noch nicht gegriffen, weil bereits das Aufheizen den Einstieg in die Trocknung verhindert hat. In der Aufheizzeit ist 8 Std. lang der Klimaverlauf nicht notiert worden, jedoch ist offensichtlich nicht befeuchtet worden, was zur Schalenbildung an der Oberfläche geführt hat. Die Feuchte an der Oberfläche konnte zwar abtrocknen, jedoch war der Feuchte im Holzinneren in der Folge der Weg nach außen versperrt. Beim Aufheizen wäre eine u_{gl} = 18 %, im weiteren Ablauf zunächst eine u_{gl} = 16 % einzustellen gewesen. Dass hier ein Trocknungsgefälle eingetragen ist, deutet darauf hin, dass man der Meinung war, die Grenzfeuchte u_{gr} = 34 % bereits unterschritten zu haben. Man hat offensichtlich den Mittelwert aus den sechs Messstellen gebildet, womit von Anfang an eine Holzfeuchte unter 30 % gemessen wird. Kernmessungen und Oberflächenmessungen dürfen aber auf keinen Fall addiert werden. Geregelt werden muss ausschließlich nach den Kernmessungen. Das Feuchtegefälle $u_k - u_f$ gibt allerdings den Hinweis auf Probleme, ein Hinweis, der in diesem Fall schließlich nicht übersehen werden konnte.

Eine Fortsetzung der Trocknung würde auch nach weiteren Tagen nicht zur Abnahme der Feuchte in den Kernschichten führen. Die Trocknung musste abgebrochen werden. Das Holz könnte nur gerettet werden, wenn die Feuchtedifferenzen egalisiert werden, d. h., das Holz ist intensiv zu befeuchten. Hierfür ist mit Hochdruck zu sprühen oder auch zu dämpfen. Die normale Sprühanlage in einer Kammer reicht normalerweise nicht aus. Die Behandlung muss darüber hinaus umgehend erfolgen, um zu verhindern, dass sich die Innenspannungen stabilisieren. Dann nämlich kann das Holz nur noch als Ausschussware eingestuft werden.

Die hier beobachtete **Verschalung** kommt bei manchen (vor allem tropischen) Hölzern vor. Man wird gut daran tun, die Vorschläge aus Kap. 5.2 bezüglich eines nassen Klimas beim Aufheizen ernst zu nehmen.

5.7 Arbeitsplan für die Kammertrocknung

Beschrieben wird die zeitliche Folge der Arbeitsgänge, Vorgänge und Regeln, die bei einer Holztrocknung anfallen bzw. zu beachten sind, und für die man zweckmäßigerweise eine auf die örtlichen Verhältnisse abgestimmte Checkliste anfertigt. Im Folgenden wird der Arbeitsablauf für eine **Frischluft-Abluftkammer mit Computerregelung** dargestellt (aus HDH 1985). Ergänzung aus der Bedienungsanleitung der Trocken- und Regelanlage ist zweckmäßig, insbesondere hinsichtlich der Wartung! Reihenfolge nicht ohne Not ändern! Dem Trocknungsbeauftragten vorgeben, z. B. durch Aushang

1. Zusammenstellen einer ordnungsgemäß gestapelten Charge aus Hölzern gleicher Holzart, Qualität, Dicke, Anfangsfeuchte und gewünschter Endfeuchte. Möglicherweise sind Kompromisse zu schließen. Prüfung auf Trocknungsschäden aus Lagerung im Freien oder Vortrocknung sowie auf Anfangsfeuchte
2. Setzen von Elektroden für die Messung der Holzfeuchte auf der Oberseite der Hölzer, keinesfalls nachträglich auf Seitenflächen. Evtl. Herstellung und Einbau von Folgeproben
3. Anbringen der Stapelsicherungen (wahlweise) zur Vermeidung von Verformungen
4. Warten der Geräte für Messung der Gleichgewichtsfeuchte, d. h. Erneuern des Sensors (Plättchen, Folie) für Gleichgewichtsfeuchte oder des Feuchtstrumpfs am Psychrometer
5. Prüfen der Gängigkeit der Sprührohre und -ventile und je nach Betriebsanleitung weiterer

Installationen, z. B. der Wasserenthärtung für die Sprühung

6. Einfahren der Stapel
7. Anschließen der Elektroden
8. Verblenden frei gebliebener Strömungsquerschnitte
9. Schließen der Kammer
10. Auswählen eines Trocknungsplans, Eingeben notwendiger Daten an der Regelungsanlage, Prüfen der Anzeigen auf Plausibilität
11. Starten der Anlage, dabei Beobachtung von Anlaufen der Ventilatoren, Schließen aller Lüftungsklappen, Öffnen der Heizungsventile und des Sprühventils
12. Trocknen nach Plan, laufende Kontrolle des Trocknungsablaufs
13. Ventilatoren und Automatik eingeschaltet lassen bei längerer, auch geplanter Unterbrechung der Heizung (nachts, Wochenende) zur Vermeidung von Kondensatbildung
14. Beginn der Konditionierung nach Beendigung der reinen Trocknung
15. Kontrolliert abkühlen lassen zur Vermeidung von Wärmespannungen im Holz
16. Abschalten und Öffnen der Kammer, Elektroden abklemmen
17. Ausfahren der Stapel, dann abdecken oder in geschlossenem Raum ausklimatisieren lassen
18. Abnehmen von Stapelsicherungen, falls vorhanden, (auf jeden Fall erst nach 17).
19. Durchführen der Qualitätskontrolle nach Vordruck
20. Lagern des Holzes unter Dach, mindestens unter Folie, zwecks Abkühlung über den Querschnitt und Anpassung des Holzes an das Außenklima
21. Verarbeiten des Holzes erst nach Ausklimatisierung, dabei nochmalige Qualitätskontrolle zweckmäßig
22. Auswerten des Trocknungsberichts, ggf. Korrekturen für spätere Trocknungen ausarbeiten bzw. programmieren

6 Vakuumtrocknung

6.1 Grundlagen

In der Praxis der Vakuumtrocknung kommen für Holz Unterdrücke zwischen 500 und 80 mbar (= „technisches Vakuum“) zur Anwendung. Das absolute Vakuum ($p \approx 0$ mbar) ist nur mit hohen Kosten erreichbar und für die Trocknung von Holz auch nicht notwendig.

Der **Unterdruck** wird vom Nullpunkt aus, d. h. als absoluter Druck, benannt. **Manometer** sind manchmal im Unterdruckbereich umgekehrt geeicht, d. h., die Anzeige nimmt den Normaldruck von 1 bar als Basis. Unterdruck bei Holztrocknung hat folgende Effekte:

Erniedrigung der Verdampfungstemperatur

Wasser siedet (= verdampft) bekanntlich im Normaldruck bei 100 °C. Wird der Druck erniedrigt, siedet das Wasser bei einer niedrigeren Temperatur. In Bild 6-1 ist diese Abhängigkeit dargestellt, z. B. liegt der Siedepunkt bei 42 °C, wenn ein Unterdruck von 80 mbar eingestellt wird. Bei einer Temperatur oberhalb der Kurve der Siedegrenze (der Sättigungstemperatur) verdampft das Wasser. Je größer die Differenz zwischen Dampftemperatur und Siedetemperatur, desto mehr überhitzt der Dampf und desto schärfer ist die Trocknung. Es handelt sich also in diesem Fall um eine **Verdampfungstrocknung.** Sie läuft jedoch schonender ab als bei Normaldruck (siehe Kap. 7.3. Hochtemperaturtrocknung), weil Temperatur und absoluter Druck niedriger liegen.

Das Wasser bewegt sich vom höheren Druck (Restluft im Holz) zum niedrigeren Druck im Trockenraum. Dabei kommt es zu einer Strömung des Wassers im Holz– im Gegensatz zur Diffusion des Wassers durch das Holz bei Normaldruck.

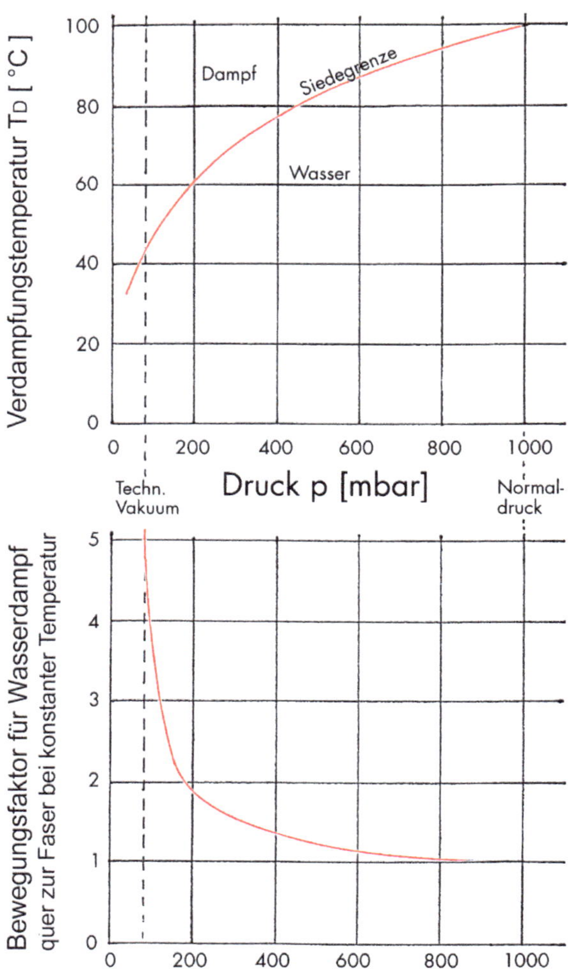

Bild 6-1 *Abhängigkeit zwischen Unterdruck, Verdampfungstemperatur und Bewegungsfaktor für Wasserdampf (Bild: KNOEVENAGEL)*

Vergrößerung der Durchlässigkeit für Wasserdampf im Holz

Wasser bewegt sich im Holz umso rascher, je niedriger der Druck eingestellt ist. Bei Trocknung in konstantem Unterdruck z. B. von 200 mbar stellt sich gemäß Bild 6-1 ein Siedepunkt von 60 °C ein, die Wasserdampfbewegung verläuft doppelt so rasch wie normal. Bei 80 mbar erfolgt die Wasserdampfbewegung etwa fünfmal so schnell wie bei Normaldruck. Die Kurve zeigt den Bewegungsfaktor bei konstanter Temperatur an, d. h., hier wird vorausgesetzt, dass die Atmosphäre zuerst auf die geplante Trockentemperatur aufgeheizt und dann erst Vakuum gezogen wird.

Eine **Temperaturerhöhung** bei konstantem Unterdruck führt mit abnehmender Holzfeuchte zwar zu einer Beschleunigung, aber auch zu einer wesentlichen Verschärfung der Trocknung. Dagegen führt eine Senkung des Unterdrucks im Verlauf des Prozesses zur Beschleunigung der Trocknung bei weniger Stress für das Holz, auch wenn die Anfangstemperatur konstant gehalten wird.

Die Beschleunigungsmöglichkeiten sind mit Vorsicht zu nutzen. Oberhalb der Fasersättigung ist insbesondere bei Harthölzern ein Überschreiten des Siedepunkts zu vermeiden, weil in diesem Fall das Wasser nicht nur an der Holzoberfläche, sondern auch im Holzinneren verdampfen würde. Dort würde der Dampf Innenrisse verursachen.

Als Vorteil gilt, dass bei tiefem Unterdruck kaum noch Sauerstoff im Trockenraum anwesend ist. Damit ist theoretisch bei entsprechend veranlagten Holzarten eine Verfärbung durch Oxidation ausgeschlossen. Die Praxis zeigt allerdings, dass viele Anlagen wegen Leckagen diesem Anspruch nicht genügen.

6.2 Anlagentechnik

Anlagen müssen vakuumgeeignet sein. Anzutreffen sind Kessel und Kammern aus Edelstahl, sowie Kästen mit elastischen Folienabdeckungen. Auch mittels Aluminium konstruierte Vakuumkammern sind auf dem Markt.

Die Anlagen können je nach System bis über 400 m^3 Holz fassen. Kleinere Anlagen mit 1 … 50 m^3 Fassungsvermögen werden kompakt angeliefert und bedürfen keiner aufwändigen Montagearbeiten vor Ort. Größere Anlagen werden vor Ort zusammengeschweißt.

Geheizt wird meist mithilfe von Warm- oder Heißwasser über Wärmetauscher oder doppelwandige Außenhaut, auch mittels Wärmepumpe. Elektrische Heizung ist wirtschaftlich nur bei Kleinanlagen vertretbar, bei Wärmepumpen wird sie zum Start aber immer benötigt. Die Heizung mit hochfrequentem Wechselfeld hat Vorteile, nicht gelöst ist aber das Problem der hohen Investitionskosten und des erhöhten Energieverbrauchs. Gute Wärmedämmung ist in allen Fällen unerlässlich. Wärmerückgewinnung sollte integriert sein.

Der Stromverbrauch liegt bei Vakuumtrocknung relativ zur Frischluft-Abluft-Trocknung etwas höher. **Stromverbraucher** sind je nach System:

- Vakuumpumpe
- Heißwasserpumpe
- Kaltwasserpumpe
- Kompressor
- Ventilatoren

Das Kernstück der Anlage ist die **Vakuumpumpe**. Sie muss zwei Aufgaben erfüllen:

- Herstellung des Arbeitsdrucks. In der Praxis ergeben sich Zeiten von 10 … 120 min, abhängig vom Raumvolumen und der einzustellenden Druckhöhe. Je höher die Pumpenleistung, umso kürzer ist diese Periode.
- Laufende Entfernung von Dampf aus dem Holz sowie von Luft, die durch Undichtigkeiten an Türen, Stopfbuchsen u. a. eindringt. Hierfür reicht eine kleine Pumpenleistung.

Meist im Einsatz ist eine mehrstufige Pumpe je Trockner.

Die dem Holz entzogene **Feuchte** kann entfernt werden durch:

- **Kondensation** in der Anlage an kalten Außenwänden oder einem internen Kondensator. In diesem Fall ist mindestens im Sammelbereich des Kondensats besondere Korrosionsbeständigkeit notwendig.
- **Kondensation** in einem oder mehreren hintereinander angeordneten externen Kondensatoren, die der Vakuumpumpe vorgeschaltet sind.
- eine **Flüssigkeitsringpumpe**, die hochwertige Variante einer Vakuumpumpe. Sie ist in der Lage,

auch feuchte Luft anzusaugen. Zur rascheren Einstellung des Unterdrucks wird dieser Pumpe auch manchmal noch ein Kondensator vorgelegt.

Wenn das Kondensat kontrolliert aufgefangen wird, kann die dem Holz entzogene Wassermenge erfasst werden. Dieses Kondensat kann bei Bedarf erneut eingesprüht werden, z. B. bei der Anlage von HILDEBRAND-BRUNNER.

Der **Kühlwasserbedarf** ist mit 0,2 … 5,0 m^3/h und je m^3 Holz teilweise erheblich und hat schon manchen Betreiber unangenehm überrascht. KRÖLL (1978) gibt bei 15 °C folgenden Kühlwasserbedarf je kg verdampfendes Wasser an:

- bei 160 mbar 18 kg
- bei 80 mbar 33 kg
- bei 40 mbar 100 kg

Eine **Sprühanlage** ist bei abgelagertem Holz erforderlich, um die Trocknung in Gang zu bringen, jedoch auch zum Auffeuchten der Atmosphäre, z. B. für die Konditionierung. Nur als Notbehelf wird Wasser gelegentlich auch mit einem Wasserschlauch eingespritzt.

Die Trocknung wird nach Holzfeuchte, evtl. Holztemperatur oder ersatzweise auch nach Zeitplan gesteuert. Automatisierung ist nach Wunsch möglich. Regelungsgrößen sind die Temperatur und der Druck, indirekt auch die Gleichgewichtsfeuchte.

6.3 Verfahren

Die nachfolgend beschriebenen Verfahren unterscheiden sich insbesondere durch die Art der Erwärmung des Holzes. Luft kann bei Unterbrechung des Vakuums oder aber bei einer ausreichenden Menge Restluft als Wärmeträger verwendet werden. Häufiger anzutreffen sind Systeme, die mit Dampf arbeiten. Es handelt sich also um konvektive Trocknungsverfahren. Es werden jedoch auch die Möglichkeiten der Kontakterwärmung oder der Erwärmung im Hochfrequenzfeld genutzt.

6.3.1 Diskontinuierliches Vakuum

In Italien wurde besonders bei Maspell das System des **intermittierenden Vakuums** entwickelt. Der Vakuumkessel ist mit Heizung und Ventilatoren ausgestattet. Das auf Latten gestapelte Holz wird mit einem Gleiswagen eingefahren. Nach dem Aufheizen in Normaldruck folgen periodisch wechselnde Vakuum- und Normaldruckphasen. Im Vakuum wird getrocknet, im Normaldruck aufgeheizt. Geregelt wird meist nach der Holztemperatur. Während des Vakuums kühlt das Holz bis zu einer unteren, wählbaren Grenztemperatur ab. Dann wird belüftet und bis zu einer oberen, wählbaren Grenztemperatur aufgeheizt. Sie liegt über der Verdampfungstemperatur; die Differenz ist umso größer, je trockener das Holz ist. Der während der Vakuumphase anfallende Wasserdampf wird im Wesentlichen an einem Kühler im Kessel kondensiert, das Kondensat bei Normaldruck abgelassen. Die Phasen sind etwa 30 … 200 min lang. Die korrosive Beanspruchung des unteren Teils des Trockners ist erheblich Zur besseren Ausnutzung der kostspieligen Versorgungseinrichtung, insbesondere der Pumpen, bietet sich der Betrieb von zwei Kesseln als Tandemanlage an (Bild 6-2). Dabei wird eine Wärmerückgewinnung über 50 % angegeben.

Bild 6-2 *Zwei Vakuumkammern mit Gleisbeschickung, Heißdampf wird mittels Ventilatoren umgewälzt., die sich in den Toren befinden. Zwischen Wand und äußerer Stapelkante wird längs im Kessel eine Blende vor und zurück geschoben, durch welche der Dampf zeitlich gleichmäßig verteilt wird. Die beiden Trockner werden von einer Versorgungseinheit, insbesondere von nur einer Vakuumpumpe, versorgt (Bild: MASPELL)*

6.3.2 Andauernder Unterdruck mit Restluft

Eine konvektive Wärmeübertragung nach System Kronseder u. a. ist möglich, wenn der Unterdruck nur auf ca. 100 mbar gesenkt wird und damit ausreichend Restluft im Kessel verbleibt. Dieser ist dann mit Heizung, Ventilatoren und Kühlrohren ausgestattet (Bild 6-3). Es handelt sich um kleinere Anlagen mit Längsbelüftung des Stapels. Daher müssen entsprechend durchlässige Spezialleisten aus Metall verwendet werden. Nach dem Aufheizen bei Normaldruck wird bei diesem Verfahren Unterdruck eingestellt und die erwärmte Restluft durch den Stapel geführt. Diese wird beim Rücklauf geteilt. Ein Teilstrom wird durch einen Kühler geführt und dort abgekühlt und damit entfeuchtet. Der andere Luftstrom wird an einem Heizregister erneut aufgeheizt. Das Kondensat wird im unteren Teil des Kessels gesammelt. Dort muss ein verstärkter Schutz gegen Korrosion eingebracht werden. Die Entwässerung des Kessels erfolgt nach Bedarf über einen Kondenswasserbehälter, der als Schleuse dient, um nicht den gesamten Unterdruck zu verlieren. Geregelt wird die Lufttemperatur in Abhängigkeit von der Holzfeuchte. Möglich ist auch die Regelung der

Bild 6-3 *Vakuumkessel für Kleinmengen von Kronseder. Ventilatoren im Hintergrund für Längsbelüftung, unten das Kühlregister, oben den Wagen umschließend der Heizmantel*

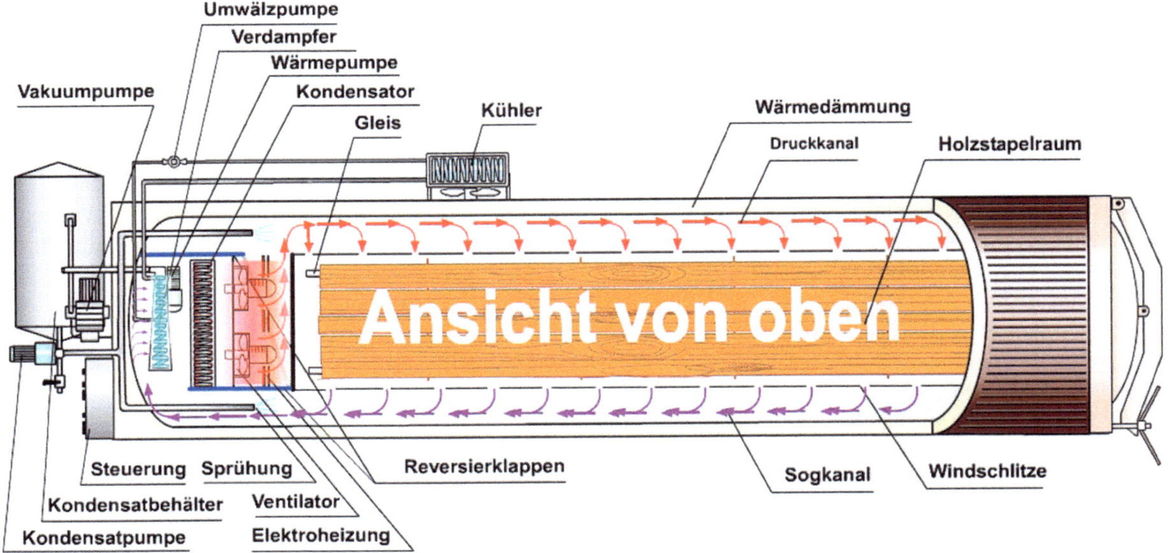

Bild 6-4 *Querschnitt durch einen Vakuumtrockner. Die Luft wird nach dem Aufheizen und Evakuieren auf ca. 120 mbar in den Druckkanal geführt und tritt durch Windschlitze in den Stapel ein, und wird auf der anderen Stapelseite abgesaugt. Durch eine Umstellung von zwei Klappen kann die Restluft auch in der entgegengesetzten Richtung durch den Stapel strömen. Die Luft wird in einer Wärmepumpe (links) im Verdampfer entfeuchtet und im Kondensator erneut aufgeheizt (Bild: Eberl)*

Gleichgewichtsfeuchte über die Temperatur des erwärmten Kühlwassers.

Beim System EBERL wird ebenfalls die Restluft entfeuchtet. Das Prinzip der Trocknung ist in Bild 6-4 zu erkennen. „Das Holz wird auf normalen Latten gestapelt und mit Gleiswagen beschickt. Die Ventilatoren drücken die Luft über eine Elektroheizung in den Druckkanal. Die erwärmte Luft strömt mit 10 m/s durch Windschlitze quer durch den Holzstapel und wird über den Sogkanal wieder zurückgeführt. Nach dem Aufheizen des Holzes wird die Anlage unter Vakuum gesetzt, die Heizung abgeschaltet, und der Trocknungsprozess kann klimageregelt beginnen." (Prospekt EBERL). Die Luft wird dann in einer Wärmepumpe zuerst abgekühlt und damit entfeuchtet. Die Aufheizung erfolgt anschließend im Kondensator (siehe Kap. 7.2). Insgesamt soll der Energieverbrauch mit 0,5 ... 2,0 kWh/h und m^3 Holz besonders günstig sein. Von KRONSEDER stammt ein ähnliches System, bei dem ein externer Pufferspeicher zum Einsatz kommt.

6.3.3 Andauerndes Vakuum in einer Dampfatmosphäre

In größeren Vakuumanlagen (Systeme BRUNNER-HILDEBRAND, Mühlböck, OPEL/WEBER, WTT) wird meist mit überhitztem Dampf konvektiv getrocknet. Holz wird auf Latten gestapelt eingefahren. Im Trockenraum sind Ventilatoren, Rippenrohre, Sprühdüsen sowie Dampfleitbleche in unterschiedlicher Anordnung anzutreffen (Bild 6-5). Nach dem Einfahren wird sofort „Vakuum" (eigentlich ein programmbedingt einzustellender Unterdruck) gezogen und anschließend auf den dadurch definierten Siedepunkt erwärmt. Die Ventilatoren werden erst nach Erreichen des Vakuums in Betrieb genommen. Sie sind für den Betrieb im Normaldruck meist ungeeignet, weil sie hierfür zu schwach ausgelegt sind. Die für die Konvektion notwendige gesättigte Wasserdampfatmosphäre bildet sich durch Wasserdampf aus dem Holz oder durch Sprühung aus Sprühdüsen. Bei Erwärmung über den Siedepunkt hinaus bildet sich überhitzter Dampf. Die Überhitzung kann bei empfindlichen Hölzern im Bereich oberhalb der Grenzfeuchte Schäden anrichten. Daher wird in solchen Fällen der Unterdruck nicht unter 200 mbar gesenkt (entsprechend einer Sättigungstemperatur bzw. Siedegrenze von 60 °C). Die Dampftemperatur darf diese Grenze nicht überschreiten.

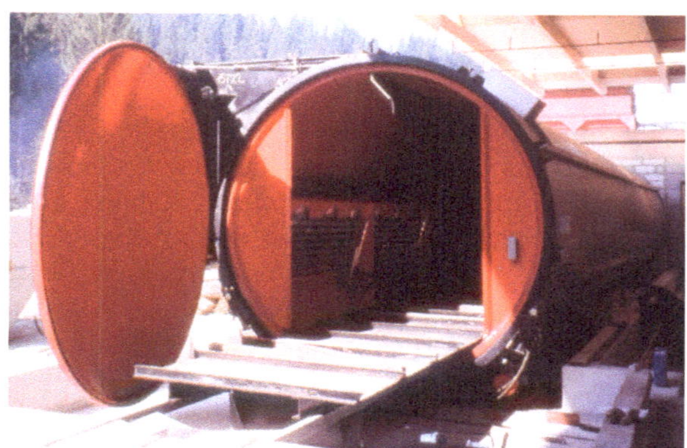

Bild 6-5 *Vakuumkessel aus Stahl von WTT, Heißdampfbetrieb, für ca. 70 m³ Holz, Gleiswagenbeschickung*

Da manche Holzarten, wie Eiche, sich bei erhöhten Temperaturen verfärben, wird eine Erwärmung auf nur 30 °C empfohlen. Um trotzdem die Trocknung nicht zu sehr zu verlangsamen, wird vorgeschlagen, ein Vakuum von bis zu 40 mbar zu ziehen (BRUNNER 2001). Dieser Vorgang kann als **Vortrocknung** bezeichnet werden. Die hierfür notwendige Vakuumpumpe ist wegen des niedrigen Drucks allerdings sehr teuer, und überdies muss der Trockner für diesen Unterdruck ausgelegt sein.

Unterhalb der **Grenzfeuchte** (siehe Kap. 5.3) wird die Temperatur bei allen Sortimenten über die Siedegrenze hinaus gefahren. Die Trocknungsgeschwindigkeit hängt dann nur noch von der Differenz zwischen Kammertemperatur und Siedetemperatur ab. Die Trocknungspläne sehen Dampftemperaturen von 50 ... 90 °C vor. Diese Temperaturen setzen eine ausreichende Energieversorgung voraus, andernfalls wird die Kapazität eingeschränkt.

Der überhitzte Dampf muss mit hoher Geschwindigkeit von 10 ... 20 m/s gleichmäßig umgewälzt werden. Die dem Holz entzogene Feuchte wird durch die Vakuumpumpe abgezogen und gegebenenfalls an einem Kühler kondensiert, der entweder im Trockenraum oder vor der Vakuumpumpe installiert ist.

Zur Überwachung des Prozesses können Holzfeuchte, Gleichgewichtsfeuchte, Temperatur, Druck und entzogene Kondensatmenge gemessen werden. Geregelt werden die Temperatur und der Druck. Eine Verbesserung der Trocknungsqualität bringt die Längsaufteilung von großen Trocknern in **Trocknerzonen**, die in Abhängigkeit von Holzfeuchtemessstellen einzeln über Heizregister und Ventilatoren ausgeregelt werden. Eine Kammer mit einem Fassungsvermögen von 350 m³ bei zwei Stapelreihen mit je 3 Stapeln zeigt Bild 6-6. Zu dieser Kammer gehört das Statusbild 6-7, das eine Fülle von Mess- und Regelungsdaten zeigt. Da es sich um eine besonders fortgeschrittene Trocknungstechnologie handelt, wird dieses System etwas genauer dargestellt.

Im linken oberen Teil ist die Vakuumkammer gezeigt, mit zwei Stapelreihen nebeneinander und drei Stapeln übereinander. Nachstehend werden die Anzeigen erläutert, wobei zum besseren Auffinden die Anzeigeziffern in Klammern beigefügt werden. Sie sind aber nur als Beispiel zu werten:

Holzfeuchte mit verschlüsselten, individuell eingegebenen Positionsanzeigen (Platzierungen) in den Stapelumrissen:

- O 1,3,5 Elektroden 5 mm lang (Oberfläche),
- M 2,4,6 Elektroden in 1/3 Holzdicke,
- K 1,2,3,4,5,6 Elektroden in 1/2 Holzdicke.
- Anzeigen über dem mittleren bzw. unteren Stapel:
- HFr Holzfeuchteregelwert u_r (19,6 %),
- FGr Feuchtegefälle-Regelwert (5,0 %), bedeutet 6 × Kernfeuchte – 3 × mittlere Feuchte,
- HFk Mittelwert der Kernfeuchtemesswerte (19,6 %),
- KFe Geforderte Endfeuchte der Kernmessstellen (7 ... 8 %),
- Holzinnentemperaturen (59,7 und 60,2 °C),

Mittlerer Datenblock oben:

- Kammertemperatur (63 °C),
- Psychrometrische Differenz (15,7 K),
- Gleichgewichtsfeuchte (6,3 %),
- Trocknungsgefälle TG (2,8),
- Gesamtdruck (108 mbar).

Darunter Ventilator mit Drehzahlregelung (86 %) und Richtung (A, Pfeile). Rechts unten Kühlventilator mit Drehzahlregelung (11 %).

Weitere Temperaturanzeigen:

- links oben Außentemperatur (12 °C)
- darunter Schaltschranktemperatur (27 °C)

Bild 6-6 *Große Vakuumtrockenanlage von Brunner-Holztechnik mit mehreren Kammern nebeneinander. Die Beschickwagen besitzen Rungen zur Sicherung der Stapel vor dem Verziehen oder gar Umstürzen (Bild: Brunner-Hildebrand)*

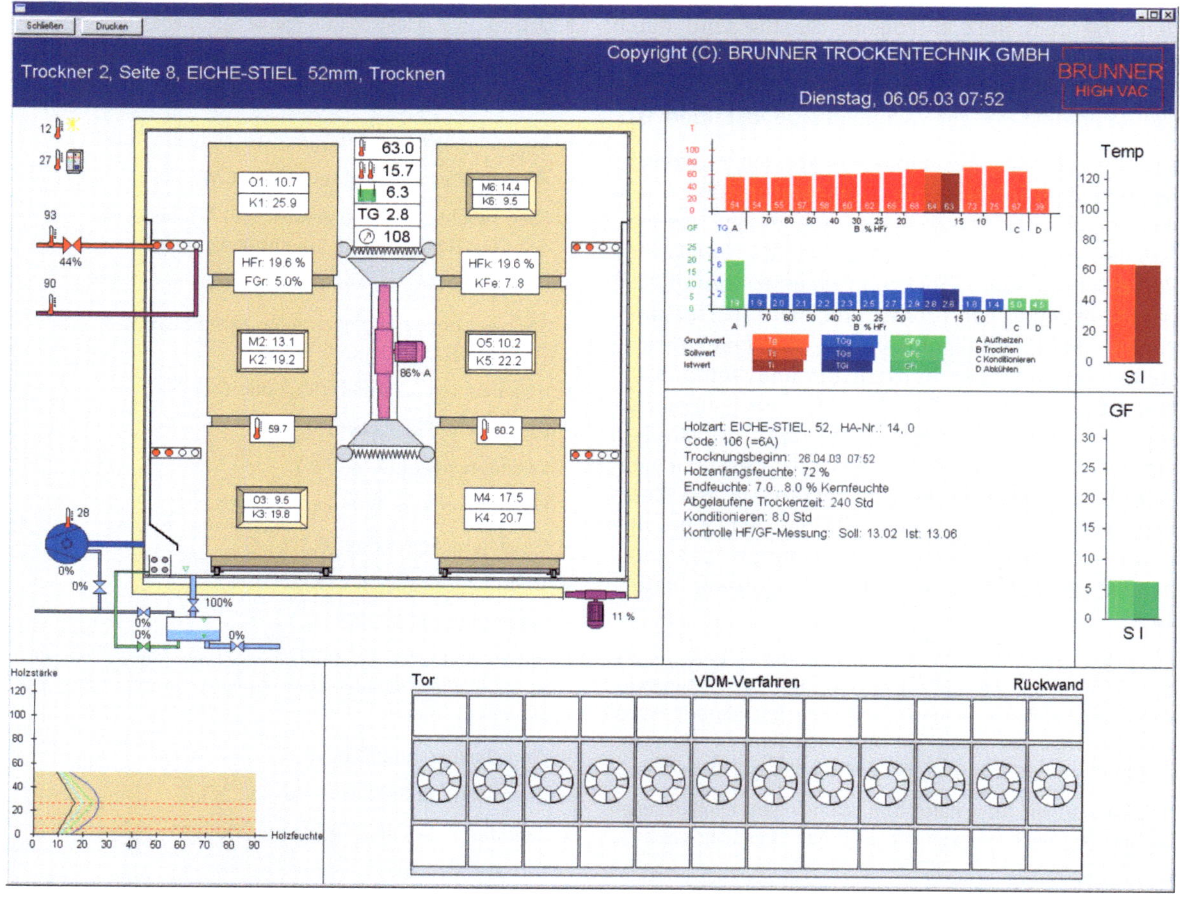

Bild 6-7 *Statusbild einer großen Vakuumtrockenanlage der Firma Brunner-Hildebrand gemäß Bild 6-6 mit einer Fülle von Anzeigen. Aus dem eingebetteten Textfeld ist abzulesen, was getrocknet wird und wie die Trocknung steht. Nähere Erläuterungen im Text (Bild:* BRUNNER-HILDEBRAND*)*

- darunter Vorlauftemperatur (93 °C) mit 44 % geöffnetem Heizungsventil
- darunter Rücklauftemperatur (90 °C), in Verbindung mit einem Heizregister. Insgesamt werden vier Heizregister mit Öffnungsgrad angezeigt.

Anzeigen an Vakuumpumpe (zweistufige Wasserringpumpe oder luftgekühlte Vakuumpumpe, Symbol links unten):

- Temperatur der Vakuumpumpe (28 °C),
- Einschaltdauer der Vakuumpumpe (0 %), Laufzeit der Pumpe in der vergangenen Stunde, z. B. 10 % bedeutet 6 min in den vergangenen 60 min,
- Ventilöffnung für Kühlung bzw. Spülung der Vakuumpumpe (0 %).

Anzeigen an Kondensatbehälter mit Wassermesseinheit (Symbol halblinks ganz unten):

- Zufluss aus dem Trockner offen (100 %),
- Abfluss nach rechts gesperrt (0 %),
- Ausgleich zwischen Kondensatbehälter und Verdampfer (dieser unten links in der Kammer) gesperrt (0 %),
- Abfluss von Vakuumpumpe gesperrt (0 %).

Unten links im Bild wird die Feuchteverteilung über den Querschnitt zu verschiedenen Zeitpunkten der Trocknung gezeigt, jeweils ermittelt aus den drei Messtiefen der Elektroden.

Oben rechts im Bild ist der **Trocknungsplan** grafisch dargestellt. Die beiden Säulendiagramme sind über Stufen der Holzfeuchte aufgebaut. Dabei bedeuten die Trocknungsabschnitte: A Aufheizen, B Trocknen, C Konditionieren, D Abkühlen/Ausfahren. Das obere Diagramm stellt die Temperatur dar. Im unteren Diagramm ist für A, C und D die erforderliche Gleichgewichtsfeuchte angesetzt. Für die eigentliche Trocknung B wird das Trocknungsgefälle angesetzt. Der Stand der aktuellen Trocknung ist markiert, sie befindet sich zwischen 20 % und 15 %, entsprechend dem Mittelwert u_k = 19,6 % aus den sechs Messstellen. Die Markierung dort blendet den Soll- und den Istwert der Klimadaten ein.

Rechts außen ist der Vergleich der Soll- (S) und Istwerte (I) für Temperatur und Gleichgewichtsfeuchte nochmals größer dargestellt.

Unten rechts sind die 12 vorhandenen Ventilatoren dargestellt. Angezeigt wird, welche Ventilatoren gerade laufen. Damit werden über die Länge der Kammer die unterschiedlichen Klimazonenbedingungen gehalten. Jede Zone hat hierfür eine eigene Temperaturmessung (nicht angezeigt).

Auf eine Sprühung wird zugunsten eines Dampferzeugers (Bild 6-8) verzichtet. Die Ventilatoren (Bild 6-9) sind zwischen den Stapeln angeordnet, sie sind reversierbar und drehzahlgeregelt. Über die Länge sind den Ventilatoren Klimazonen mit eigener Temperaturmessung zugeordnet. Voraussetzung ist eine aufwändige Mess- und Regeltechnik (BRUNNER 1997).

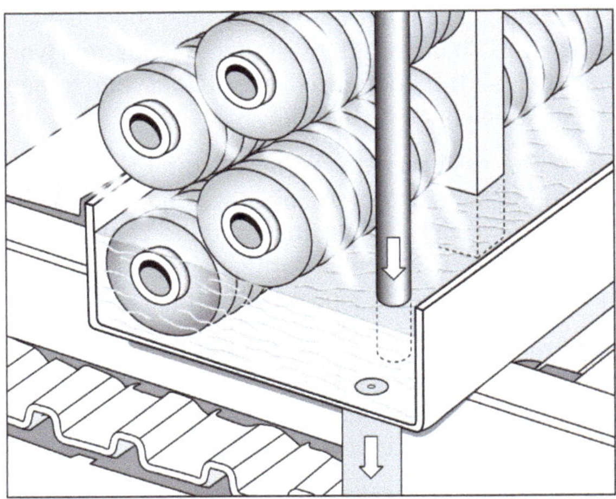

Bild 6-8 *Dampferzeuger für eine Vakuumtrocknung im Heißdampf (Bild: BRUNNER-HILDEBRAND)*

Bild 6-9 *Spezialventilatoren mit 100 cm Durchmesser in einer Vakuumtrocknung im Heißdampf. Sie sind zwischen den Stapelreihen angeordnet (Bild: BRUNNER)*

Grundsätzlich können in **Vakuumtrocknern** alle Holzarten getrocknet werden, wenn auch häufig erst nach einer Optimierungsphase. Bei Hölzern, die durch Oxidationsverfärbung gefährdet sind, muss der Sauerstoff ausgeschlossen werden. Daher muss möglichst hohes Vakuum gefahren werden. Der Sauerstoffgehalt in der Trocknungsatmosphäre sollte gemessen werden. Hierfür steht ein **Sensor** zur Verfügung, der im Rahmen einer Forschungsarbeit am Institut für Verfahrenstechnik und Umwelttechnik der TU Dresden entwickelt wurde. Als dicht kann ein Trockner angesehen werden, der einen Leckageverlust von nicht mehr als 3 mbar/h verzeichnet.

Auf dem Markt genannte **Trockenzeiten** sind dann realistisch, wenn man sich die Zeit für eine Optimierungsphase des Trocknungsablaufs nimmt. Das Personal des Betreibers sollte hierfür vom Hersteller der Anlage intensiv geschult werden.

Oft werden die Zeiten von **Vakuum-** und **Frischluft-Ablufttrocknung** verglichen (Bild 6-10). Der Vorteil der Vakuumtrocknung kommt dabei umso mehr zum tragen, je schwieriger sich in der Frischluft-Abluft-Kammer die Trocknung gestaltet.

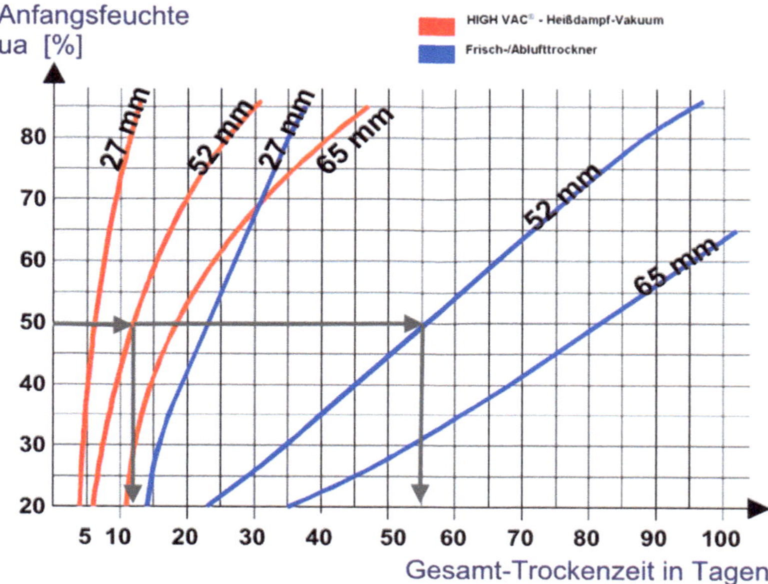

Bild 6-10 *Trockenzeitvergleich zwischen Vakuum- und Frischluft-Ablufttrocknung für Eiche, 52 mm, Endfeuchte 8 %. Beispiel: Bohlen 52 mm dick trocknen im Vakuum 12 Tage, mit Frischluft-Abluft 55 Tage (Bild: Brunner-Hildebrand)*

Bei richtiger Trocknungsführung kann im Unterdruck eine Egalisierung des Feuchtegefälles in dickem Holz nur erreicht werden, wenn abschließend konditioniert wird. In der Werbung finden Angaben über die erzielte **Trocknungsqualität** – insbesondere über die Gleichmäßigkeit der Endfeuchte – erst zögernd Eingang.

Das **Protokoll einer Vakuumtrocknung** kann in gleicher Weise aufgezeichnet werden wie bei der Frischluft-Abluft-Trocknung. In Bild 6-11 ist der Verlauf der wesentlichen Trocknungsdaten für die Trocknung von 50 mm gedämpfter Buche dargestellt.

Die notwendige Weiterentwicklung der **Vakuumtrocknung mit überhitztem Dampf** wird noch wesentliche Verbesserungen bringen. So ist die Simulation der Strömungsverhältnisse im Trockner gelungen, die einer direkten Messung nicht zugänglich sind (Militzer 1999). Damit ist die Optimierung der Dampfströmung möglich. Sie wird dem Nutzer auf dem Bildschirm neue Informationen geben. Gefordert wird zur besseren Strömungsverteilung in längeren Trocknern die Platzierung der Ventilatoren über und nicht neben den Stapeln (Källander 2000). Bei breiten Kammern kann auch die Anordnung zwischen zwei Stapelreihen zweckmäßig sein. Ventilatoren sollten reversierbar sein. Nebenwege müssen abgeblendet werden. Bei kleineren Trocknern werden auch Ventilatoren an einer oder beiden Stirnseiten so montiert, dass der Dampfstrom von dort horizontal und auch reversierbar durch den Stapel strömen kann (Bild 6-4).

Die Größe des Unterdrucks muss korrekt gemessen und in die Regelung einbezogen werden. Die Konditionierung nach der Trocknung und die kontrollierte Abkühlung, z. B. durch Einspritzung von Kaltwasser, müssen routinemäßig eingeplant werden.

Eine weitere Entwicklung ist die Beheizung des Holzes mithilfe eines hochfrequenten Wechselfeldes, sie kommt aus Kostengründen bisher aber in Europa kaum zum Einsatz (Kap. 7.7).

Die Kammern oder Kessel benötigen zunehmend keine zusätzlichen baulichen Anlagen mehr, abgesehen von Fundament und Leitungen, weil der

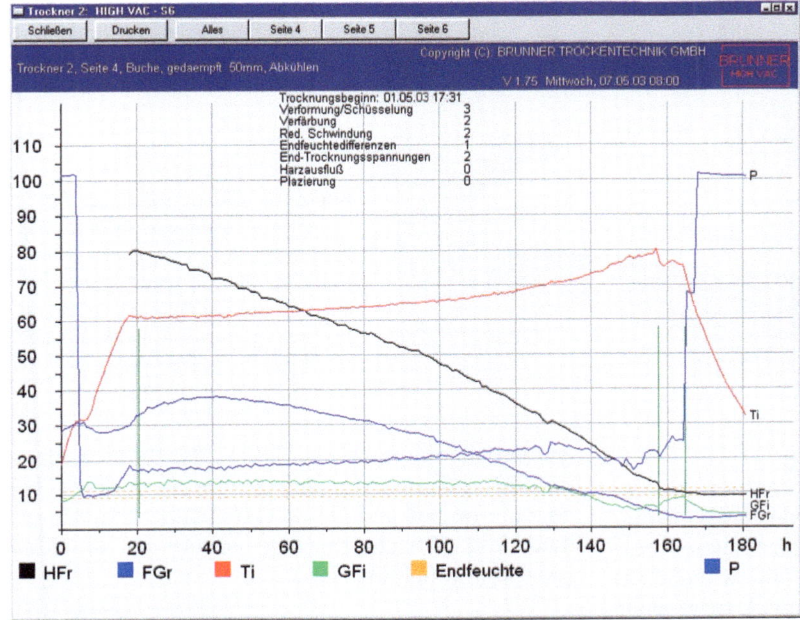

Bild 6-11 *Protokoll einer Vakuumtrocknung in Heißdampf von 50 mm gedämpfter Buche. Dabei bedeuten*

HFr Holzfeuchte-Regelwert
FGr Feuchtegefälle-Regelwert (Erläuterung bei Bild 7-8)
Ti Temperatur-Ist
GFi Gleichgewichtsfeuchte
P Druck (Ordinatenmaßstab 10 mbar)

Die erreichte Trocknungsqualität ist eingetragen. Die einzelnen Merkmale sind gemäß Brunner-Hildebrand in Anlehnung an die Qualitätsstufen der EDG-Richtlinie beurteilt (Kap. 8.2): 1 Standard, 2 Qualität, 3 Exklusiv. Platzierung = 0 bedeutet, dass die Unterschiede der Holzfeuchten an den verschiedenen Messstellen nicht im Regelablauf berücksichtigt worden sind (Bild: Brunner-Hildebrand)

Kontrollraum/Geräteraum in ein Ende der Anlage integriert werden kann. Allerdings ist dann ein Durchfahrbetrieb nicht mehr möglich, mit dem bei größeren Anlagen eine wesentliche Einsparung bei der Manipulation erzielt werden kann.

6.3.4 Andauerndes Vakuum mit Kontakterwärmung

Zur Wärmeübertragung wird bei den Systemen von I.S.V.E., Maspell, Opel/Weber das Holz zwischen **Heizplatten** gestapelt. Es handelt sich um Kontakterwärmung (siehe Kap. 7.9). Bei Weber (2004) kann zusätzlich oben ein Luftsack aufgeblasen werden – dieses Trocknungsprinzip wird **Vakuumpresstrocknung** genannt. Durch die Plastizität des Holzes bei höheren Temperaturen wird das Holz durch den Pressdruck gerade gerichtet und geglättet. Das Holz muss in einer Lage exakt gleich dick sein, daher funktioniere diese Trocknung bei **Lamellen** am besten. Die Charge wird mithilfe eines Gleiswagens in den Vakuumkessel eingefahren und an das Heizsystem über Schläuche angeschlossen. Aufgeheizt werden kann in Normaldruck oder im Vakuum. Durch den Unterdruck tritt aus dem Holz Wasserdampf aus, der im Wesentlichen an Kühlflächen kondensiert. Kondensat wird nach Bedarf über eine Schleuse oder bei Zwischenbelüftung abgeführt. Geregelt wird die Plattentemperatur, die bei gleichmäßiger Wärmezufuhr mit sinkender Holzfeuchte ansteigt, sowie der Unterdruck, der von ca. 250 mbar bis zur Leistungsgrenze der Pumpe (80 ... 120 mbar) heruntergeregelt wird. Die Regelung erfolgt über die Messung der Holzfeuchte, über Gewichtsabnahme des ganzen Trockners (Weber) oder auch nach Zeitplan. Die **Trocknung mit Kontakterwärmung** gilt als besonders schnell, wenn direkt auf die gewünschte Endfeuchte getrocknet wird. Anzutreffen ist aber als etwas langwierigere Prozedur auch die **Trocknung auf den Darrzustand** mit folgender Konditionierung auf die Zielfeuchte.

Die Anlage wird als Kessel, Quader oder für Kleinmengen auch nach Art einer Gummisackpresse ausgeführt. Diese „Trockenkisten" (Bild 6-12) sind gegenüber einem normalen Vakuumtrockner besonders kostengünstig.

Bild 6-12 *Vakuumtrockner als Trockenkiste, in die abwechselnd je eine Lage Holz und eine Heizplatte eingelegt wird. Geschlossen wird die Kiste mit einer starken Folie, die in den im Bild nach hinten geklappten Rahmen eingespannt ist (Bild: MASPELL)*

6.4 Wirtschaftlichkeit

Die **Investitionskosten** von größeren Vakuumanlagen sind höher als jene der konventionellen Trocknungsanlagen. Das bedeutet, dass mit höheren Kapitalkosten (Abschreibung, Verzinsung) zu rechnen ist. Daher ist eine hohe Auslastung anzustreben. Ein wirtschaftlicher Betrieb kann erreicht werden, wenn der systembedingte Vorteil der Vakuumtrocknung ausgeschöpft wird, nämlich die Beschleunigung des Prozesses um über 50 % gegenüber anderen Verfahren. Das ist möglich bei:

- schweren Laubhölzern, die in konventionellen Kammern lange Belegungszeiten aufweisen,
- Nadelholz über etwa 8 cm Dicke, vor allem Bauholz, das konventionelle Kammern bei einigermaßen gleichmäßiger Endfeuchte lange belegt.

Werden allerdings zwecks Füllung der Vakuumanlage auch in größerem Umfang Bretter getrocknet, bei denen eine nur geringe Zeitverkürzung möglich ist, gerät die Wirtschaftlichkeit wegen der erhöhten Fixkosten in Gefahr.

Die in den meisten Fällen niedrigere Temperatur hat einen günstigen **Wärmeenergieverbrauch** zur Folge. Auch die Wärmeverluste sind deswegen und auch wegen der kürzeren Trocknungszeit geringer. Der Stromverbrauch in kWh/m^3 Holz ist vergleichbar mit jenem der Frischluft-Abluft-Trocknung.

Zusammenfassend kann festgestellt werden, dass sich bei den möglichen kurzen Trockenzeiten in der Wirtschaftlichkeitsrechnung oft Trockenkosten ergeben, die durchaus mit jenen anderer Verfahren vergleichbar und häufig sogar günstiger sind.

7 Andere Trocknungstechniken

Diese Techniken sind Verfahren der **technischen Trocknung** von Vollholz mit geringerer Marktbedeutung in Mitteleuropa. Meist handelt es sich um Konvektionstrockenverfahren im Dampf-Luft-Gemisch, Dampf oder in Flüssigkeiten, die aber in anderer Weise funktionieren als die Frischluft-Ablufttrocknung oder die Vakuumtrocknung.

Manche Verfahren sind in anderen Gegenden der Erde keineswegs unbedeutend, wo z. B. Energie durch preiswerten Strom oder lange Sonneneinstrahlung den wirtschaftlichen Betrieb alternativer Anlagen ermöglicht.

7.1 Solartrocknung

Solartrocknung ist die **Konvektionstrocknung** von Holz unter Verwendung von Wärme aus Sonnenkollektoren (Sonnenenergiesammlern).

Zwei **Typen** von Solarkammern haben sich herausgebildet:

- **Kammern vom Gewächshaustyp** bestehen aus einer Rahmenkonstruktion. Wände und Decke sind beplankt mit Glasflächen mit integrierten Kollektoren. Durch Sonnenenergie aufgeheizte Luft wird direkt in den Trockenraum geleitet, meist unter Verwendung von Ventilatoren. Diese Kammern sind einfach und preiswert. Die Speicherung von Wärme, z. B. nachts oder bei ungünstigen Wetterlagen, ist nicht möglich, abgesehen allerdings von der Wärme, die vom Trockengut und evtl. einem Fundament gespeichert wird.
- **Kammern mit wärmegedämmten Kammerwänden** und einer gesondert angeordneten Kollektorenkonstruktion sind mit dem Trockenraum durch isolierte Rohre verbunden. Vielfach wird ein **Wasserumlaufsystem** verwendet, das die Wärme von den Kollektoren zum Trockenraum transportiert. Dieser kann wie eine konventionelle Trockenkammer mit Ventilatoren und Luftschächten ausgestattet sein. Diese Kammern sind gegenüber dem Gewächshaustyp aufwändiger; vorteilhaft ist aber, dass Wärme gespeichert werden kann. Besondere Wärmespeicher oder sogar externe Wärmezufuhr werden angetroffen. In Bild 7-1 ist das Schema einer preisgünstigen amerikanischen Kammer zu sehen, in der waldfrisches Roteichenholz (10 cm × 10 cm) auf 9 % Endfeuchte getrocknet wird. Die Trocknungsdauer beträgt im

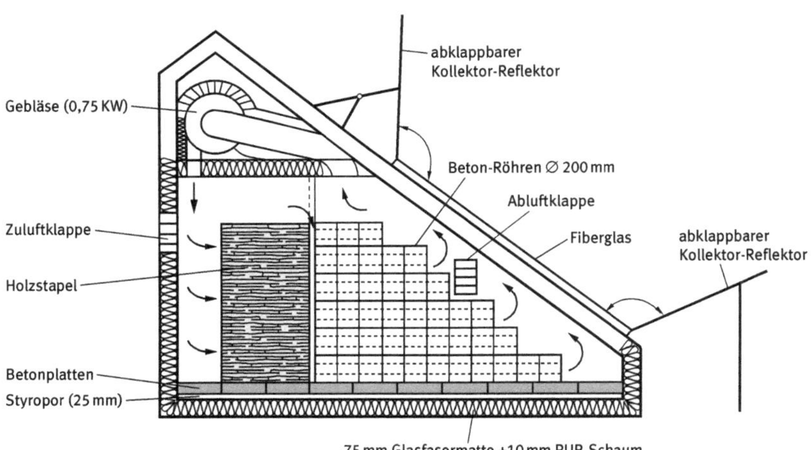

Bild 7-1 *Solarkammer mit gegen die Sonne geneigten Glaskollektoren, darunter schwarz gestrichene, grobporige Betonröhren als Wärmespeicher. Ein Ventilator führt die warme Luft durch den Stapel. Reflektoren vergrößern im abgeklappten Zustand (wie abgebildet) die Kollektorfläche (Bild: Richter, EMPA)*

Sommer 60 Tage, im Winter 91 Tage, eine respektable Leistung selbst unter subtropischen Bedingungen.

Zur Erhöhung der Effizienz werden anstelle von Luftschächten auch **Kondensatorplatten** zur Entfernung des Wassers aus der Umluft empfohlen. Der Einsatz von Wärmepumpen wird diskutiert.

Entscheidend für die **Effektivität** der Solartrocknung ist das Verhältnis der Kollektorfläche zum Fassungsvermögen in der Kammer. Ein zu geringes Verhältnis führt zu einer verlängerten Trockenzeit, im umgekehrten Fall werden jedoch die Investitionskosten zu hoch. Die Optimierung des Verhältnisses hängt von Klima, Lage, Kammerkonstruktion und Wärmedämmung ab. Die bisher gebauten Kammern weisen Verhältniszahlen von 1,0 ... 14,4 m^2 Kollektorfläche je 1 m^3 Holz auf (SATTAR u. a. 1993). Beim Gewächshaustyp ist die Solarfläche durch die Kammergeometrie eingeschränkt. Ein großes Verhältnis Kollektorfläche zu Nutzvolumen kann nur mit externen Kollektoren erzielt werden. Bei zeitweise unterbrochener Sonneneinstrahlung muss verhindert werden, dass vom warmen Holz Wärme zu den abgekühlten Kollektoren abgezogen wird. Ein als Wärmetauscher zwischengeschaltetes Wärmerohr, ein **„Wärmerohr-Kollektor“**, kann das Abfließen der Wärme über den Solarkollektor nach außen selbsttätig unterbinden (siehe Kap. 9.3.1.8). In Kammern mit geringem Wärmespeichervermögen gilt andererseits die nächtliche Abkühlung als günstig für eine spannungsfreie Trocknung.

Die Trocknung verläuft nach vorliegenden Berichten den Erwartungen gemäß zufrieden stellend. Die Kammertemperatur ist immer höher als die Außentemperatur, z. B. in der Kammer 50 ... 62 °C, außen 25 ... 30 °C. Durch die Temperaturerhöhung wird die relative Luftfeuchte gesenkt und damit eine 1,5- bis 3fach raschere Trocknung gegenüber der Freilufttrocknung erreicht. Die erreichbaren Endfeuchten liegen mit 10 ... 12 %, im Extrem 6 % weitaus tiefer als auf dem Holzplatz. Die **Trocknungsqualität** wird als gut beschrieben, auch wenn bei größeren Wärmeleistungen die in der Konvektionstrocknung üblichen Klimaregelungen eingesetzt werden müssen, um Trocknungsfehler zu vermeiden. Die **Kosten** der Solartrocknung sind abhängig von den gleichen Faktoren wie in Kap. 11 dargestellt. Da Solarkammern langsamer trocknen als konventionelle Kammern, kann eine Wirtschaftlichkeit nur bei entsprechend niedrigeren Kosten erreicht werden. Daraus zu schließen ist, dass vielfach eine kostengünstige Konstruktion, z. B. vom Gewächshaustyp, eine höhere Wirtschaftlichkeit erzielt als eine teurere und etwas schnellere Solarkammer mit besserer Ausstattung. Entscheidend ist naturgemäß das **Klima**. Je höher die Globalstrahlung (sichtbare und unsichtbare Sonnenstrahlen), umso besser die Trocknungsleistung. Für Deutschland ergaben Versuche, dass gegenüber der Freiluftrocknung eine Beschleunigung und eine niedrigere Endfeuchte nur in der günstigen Jahreszeit zu erzielen sind. Im Winter war nahezu kein Trocknungsfortschritt zu verzeichnen, weshalb bei einem Versuch schließlich eine Zusatzheizung mit Warmwasser eingesetzt wurde (SCHNEIDER u. a. 1979/1980).

Solarkammern wurden lange Zeit als Bastelkammern geringer Größe betrachtet. Inzwischen sind aber kommerzielle Ausführungen mit guter technischer Ausstattung verfügbar. Beschrieben werden Serienkammern des Gewächshaustyps mit 500 ... 1600 m^3 Holzvolumen, die in Brasilien zur kostengünstigen Trocknung von Eucalyptusholz eingesetzt werden, allerdings unter Einsatz einer Zusatzheizung (BUX 1999). Auf der LIGNA 2005 wurden automatisch geregelte Serienkammern mit 60, 120 und 240 m^3 Fassungsvermögen angeboten (Thermo-System). Auch für die Trocknung von Scheitholz wird eine speziell ausgestattete Solarkammer eingesetzt.

Die Solartrocknung ist mit Sicherheit eine gute Lösung für klimatisch begünstigte Regionen und kann den dort häufigen Energienotstand umgehen.

7.2 Kondensationstrocknung

Kondensationstrocknung erfolgt in Trockenkammern, Vakuumanlagen oder einfachen Hallen, deren Luft in einer Wärmepumpe entfeuchtet und erwärmt wird.

Solche Anlagen sind durch ein geschlossenes Umluftsystem ohne Verbindung mit der Außenluft charakterisiert. Das Kernstück einer Kondensationstrockenanlage ist die **Wärmepumpe**. Sie besteht aus Kompressor (Verdichter), Verdampfer und Kondensator. Dieses System wird von einer Kühlflüssigkeit durchflossen. Luft aus der Trockenkammer wird zunächst durch den Verdampfer als Wärmetauscher geführt. Durch die Wärme der Luft verdampft das Kühlmittel, die Luft kühlt ab und wird durch Abscheidung von Kondensat entfeuchtet. Das Kühlmittel hat nun die Wärme der Luft übernommen. Es wird im Verdichter komprimiert und tritt in den Kondensator ein, einen weiteren Wärmetauscher, wo die entfeuchtete Luft ihre Wärme zurück bekommt. Sie strömt trocken und aufgewärmt wieder durch die Stapel., um dann erneut zum Verdampfer zu gelangen. Eine zusätzliche Wärmequelle für die aufbereitete Luft ergibt sich durch die Abwärme des Verdichters. Das anfallende Kondensat ist die dem Holz entzogene Feuchte.

Der **Entfeuchtungsprozess** beginnt erst, wenn die Umluft aufgeheizt ist. Daher muss anfangs eine zusätzliche Heizung in Betrieb genommen werden. Aus diesem Grund ist auch auf eine korrekte Wärmedämmung des Trockenraums zu achten. Verschalung muss in gleicher Weise aufgelöst werden wie bei der Frischluft-Ablufttrocknung.

Die Kapazität der Wärmepumpe hängt vom verwendeten **Kühlmittel** ab. Das früher verwendete Kühlmittel R 12 ist als FCKW (Fluor-Chlor-Kohlenwasserstoff) wegen Ozonschädigung für Neuanlagen nicht mehr zugelassen und war überdies auf eine Maximaltemperatur von ca. 45 °C beschränkt. Neuere Kühlmittel, wie Propan oder Butan, sind weniger umweltschädlich und erlauben Temperaturen bis etwa 60 °C. Mit dem von der Fa. EBERL verwendeten Kühlmittel R134a werden sogar 70 °C und mehr erreicht. Darüber hinaus ist eine zusätzliche Heizung erforderlich.

Kondensations-Trockenkammern werden in üblicher Weise konstruiert. Sie müssen mit Ventilatoren, Heizung, Sprüheinrichtung u. a. ausgestattet sein. Die Wärmepumpen werden wegen der Korrosionsgefahr in einem separaten Maschinenraum neben der Kammer installiert (Bild 7-2). Die Verbindung zum Trockenraum erfolgt durch Luftsammel- und Luftverteilungsschächte. Alle Luftleiteinrichtungen, auch Verdampfer und Kühler der Wärmepumpe, sollten in Alu oder Edelstahl ausgeführt sein.

Bild 7-2 *Wärmepumpenaggregat eines großen Kondensationstrockners in gesondertem Raum. Oben der blechummantelte Schacht für die Zuführung der Zuluft in den links hinter der Wand gelegenen Trockenraum*

Im Trockenraum wird ständig ein Primärluftstrom unterhalten. In einem Sekundärkreislauf fördert ein Zusatzventilator Kammerluft durch die Wärmepumpe. In nicht zu großen Kammern kann auch die gesamte Luft im Primärkreislauf durch die Wärmepumpe gefördert werden, jedoch bei erhöhten Anforderungen an die Leistung der Wärmepumpe und des Ventilators. Das Kondensat aus der Wärmepumpe muss kontrolliert entsorgt werden (siehe Kap. 15). Die Menge des anfallenden Kondensats kann gemessen werden und zeigt den Trocknungserfolg.

Gelegentlich wird die Kondensationstrocknung mit der **konventionellen Umlufttrocknung** kombiniert, indem in kontrollierbarer Weise Verbindungen zwischen der Kammerumluft, dem Kühler und Erhitzer der Wärmepumpe und der Außenluft hergestellt werden. Moderne Anlagen bestehen aus vollautomatisch geregelten Einheiten mit häufig integriertem zweitem Energieträger (Warm- oder Heißwasserregister) für Holzmengen von 150 m^3 und mehr.

Einen Sonderweg geht man beim System EBERL. Die Restluft eines Vakuumtrockners wird über eine Wärmepumpe geleitet und dabei entfeuchtet (siehe Kap. 5.3.2).

Die Leistung der Wärmepumpe wird durch den maximalen Wasserentzug aus Luft bestimmter Feuchte in Liter pro Stunde definiert. Eine befriedigende Trocknung ist bei $W_{max} = 100 \ldots 130$ l/h bei $\varphi = 90$ % möglich. Die elektrisch installierte Leistung für den Kompressor bei Maximaltemperatur von ca. 80 °C beträgt bei:

- Weichholz 0,17 … 0,22 kW/m^3,
- Hartholz 0,33 … 0,44 kW/m^3.

Außerdem sind für die Zusatzheizung bei Nadelhölzern 0,3 … 0,5 kW/m^3 zu veranschlagen, bei Laubholz auch weniger.

Unsachgemäße Bedienung der Anlage kann ebenso zu **Trocknungsschäden** führen wie bei der Frischluft-Ablufttrocknung. Deshalb sind auch hier die allgemeinen Regeln einer **soliden Trocknungsführung** zu beachten. Der Grund für die bisher nur geringe Verbreitung der Kondensationstrocknung als Endtrockenanlage liegt in den Energiekosten, der Betrieb erfolgt mit Strom zu hohem Preis. In Holzwerken sind aber vielfach Holzreste als kostengünstige Energiequelle für thermische Versorgung von Kammern vorhanden. Der Kostenvergleich mit anderen Verfahren wird gelegentlich in Energieeinheiten geführt. Dabei ist zu berücksichtigen, dass 1 kWh Strom das Mehrfache kostet wie 1 kWh Wärme aus Holzresten, dass also nur in Kosteneinheiten zutreffend verglichen werden kann.

Die Leistung der Lüfter im Primärkreislauf muss in gleicher Weise bemessen werden wie in einer Frischluft-Abluftkammer (siehe Kap. 9.3.3).

Für den **Sekundärluftstrom**, der durch Wärmepumpen oder Rohrbündelwärmetauscher strömt, wird eine Ventilatorleistung von 0,4 … 3,0 kW benötigt. Bei einer in den Primärkreislauf integrierten Wärmepumpe wird meist das Axialgebläse durch einen Radialventilator mit einer installierten Leistung von 0,15 … 0,20 kW/m^3 Holz ersetzt. Er bewirkt in der Wärmepumpe eine hohe Luftgeschwindigkeit, in den Stapeln wegen der erheblichen Querschnittserweiterung (z. B. Luftschacht in Wärmepumpe unter 1 m^2, Kammerquerschnitt über 20 m^2) jedoch nur eine Geschwindigkeit von $v \approx 0{,}6$ m/s. Man rechnet mit mindestens 15 Luftwechseln pro Stunde in einer Kammer.

In einer Lagerhalle kann die Luft durch eine Wärmepumpe entfeuchtet werden. Der Raum sollte gut abgedichtet und wärmegedämmt sein. Zum Start der Trocknung muss durch ein Heizaggregat Luft und Holz angewärmt werden, weil ohne diese Startwärme die Wärmepumpe nicht arbeiten kann. Jedoch kann auch im ständigen Umschlag gearbeitet werden. Diese Anlagen dienen der **Vortrocknung**.

Wärmepumpen gibt es als kleine Standgeräte für Handwerksbetriebe mit einfacher thermo- und hygrostatischer Regelung und Anleitungen für den Selbstbau von Kammern mit etwa 1,5 … 7 m^3 Holzinhalt.

7.3 Hochtemperaturtrocknung

Holz kann unter bestimmten Bedingungen bei Temperaturen über 100 °C getrocknet werden, und zwar entweder im reinen Heißdampf ohne Luftbeimischung oder in Dampf-Luft-Gemischen. Es handelt sich um **Verdampfungstrocknung**. Trocknungen bei Temperaturen unter 100 °C werden im Gegensatz dazu als **Verdunstungstrocknung** bezeichnet.

Oberhalb der Fasersättigung wird die Feuchte verdunstet, um Schäden zu vermeiden, d. h. meist bei einem Klima wie bei Frischluft-Ablufttrocknung, also bei einer Temperatur unter 100 °C. Würde der Siedepunkt vorzeitig erreicht, würde das freie Wasser in den Kapillaren verdampfen. Dampf aber benötigt mehr Volumen als Wasser, was in der Folge zum Aufreißen des Holzes führen würde. Ohne Risiko ist die Dampfbildung für das Holz erst bei geringer Wassermenge, wie sie beim Verdampfen gebundenen Wassers (unterhalb der Fasersättigung) anfällt. Allerdings gibt es trotzdem Schwierigkeiten bei empfindlichen Hölzern, z. B. bei Eiche, bei der die Verthyllung der Poren den Abtransport des Wasserdampfs hemmt und bei der überdies die breiten Holzstrahlen eine erhebliche Rissgefahr in radialer Richtung darstellen.

Im Dampf-Luft-Gemisch wird die Temperatur bei trocknerem Holz über Rippenrohre bzw. über die Einführung von Dampf bis 130 °C gesteigert. Frischluft- und Abluftklappen werden nun geöffnet. Die Feuchttemperatur sinkt weit unter 100 °C, woraus sich eine zunehmend sehr **scharfe Trocknung** ergibt. Die Gleichgewichtsholzfeuchte ist in Abhängigkeit von der Trocken- und Feuchttemperatur für den Bereich der Hochtemperaturtrocknung (etwa 1 bar) auszugsweise in Tabelle 7-1 angegeben.

Die durch die niedrigen Gleichgewichtsfeuchtewerte bedingte, sehr rasche Trocknung erfordert die Bewegung einer großen Luft- bzw. Dampfmenge an der Holzoberfläche, um die austretende Feuchte abzuführen. Daher liegt die zweckmäßige **Luft-** bzw. **Dampfgeschwindigkeit** weit höher als bei der Verdunstungstrocknung, nämlich im Bereich 6 ... 10 m/s. Die Ventilatoren weisen eine höhere elektrische Leistung auf. SECEA gibt beispielsweise an, dass Ventilatoren mit einer Leistung von 22 kW mit Motoren im Trockenraum installiert werden. Sie bewirkten eine Dampfgeschwindigkeit von 6 ... 7 m/s bei 4 Stapeln Tiefe, 25 mm dicken Brettern und 20 mm Latten.

Tabelle 7-1 *Abhängigkeit der Gleichgewichtsholzfeuchte von der Lufttemperatur und der Feuchttemperatur*

Temperatur in °C	Feuchttemperatur in °C	Holzgleichgewichtsfeuchte in %
110	100	8,0
110	80	3,0
110	60	1,5
130	100	3,0
130	80	1,2
130	60	0,5

Der **Stromverbrauch** liegt unter diesen Umständen wegen der kürzeren Betriebszeit im Vergleich zu üblichen Kammern niedriger. Wegen der hohen Strömungsgeschwindigkeit muss das Holz besonders sorgfältig gestapelt werden, um Verformungen der Bretter zu verhindern.

Für dieses Verfahren müssen die Aluminium- oder Edelstahlkammern besonders gut gedämmt sein. Die Bleche innen müssen wegen des rabiaten Klimas verschweißt werden, die üblichen Fugenmassen reichen nicht. Auch der Betonboden muss gegen Korrosion geschützt werden.

Die **Trockenzeit** kann auf bis zu 25 % der konventionellen Trockenzeit verkürzt werden. Wegen der raschen Trocknung ist die Endfeuchte in einer Charge meist sehr uneinheitlich. Durch die unerlässlich notwendige Konditionierung wird die Feuchte ausgeglichen und werden die bei dieser rapiden Trocknung entstehenden Innenspannungen abgebaut. Die Gefahr von Innenrissen wird minimiert. Diese können nämlich andernfalls auch noch nach Beendigung der Trocknung entstehen.

Am Ende einer Hochtemperaturtrocknung (noch vor dem Öffnen der Kammer) soll das Holz bei geschlossenen Klappen auf mindestens 80 °C abkühlen.

Die **Holzqualität** wird bei Trocknung über 100 °C beeinträchtigt, je höher, desto mehr. Probleme können je nach Holzart Dunkelfärbung, Verharzung, Astaustritt, Kollaps oder Rissbildung sein. Andererseits wird der Harzaustritt z. B. bei Kiefern teilweise als Vorteil angesehen, weil ein Nachharzen nach der Verarbeitung praktisch ausgeschlossen ist. Für

Handelsware ist die Optik allerdings wenig vorteilhaft. Verzug der Bretter kann durch Belastung mit Beton- oder Eisenplatten mit einer Masse bis zu 1 t/m² weitgehend verhindert werden. Diese Belastung ist effektiv, weil bei den herrschenden hohen Temperaturen eine Plastifizierung des Holzes eintritt. Gemäß Hillis und Rozsa (1985) gibt es z. B. bei Radiata Kiefer zwei Maxima der Erweichung: bei ca. 80 °C für die Zellwandsubstanz Hemizellulose und bei 100 °C für Lignin.

Die **Trocknung** über 100 °C wird bevorzugt bei Plantagenholz (Radiata Kiefer, Pitch Pine u. a.) in Chile und Neuseeland eingesetzt. In Europa wird gelegentlich Holz für Mittellagen auf diese Weise getrocknet. Günstige Perspektiven ergeben sich bei Einsatz der Hochtemperaturtrocknung für Bauholz stärkerer Dimensionen. Eine gewisse Verschalung kann bei kerngetrenntem Holz toleriert werden. Der Rissgefahr kann durch Nuten bis in die Markzone vorgebeugt werden.

Der **Wärmebedarf** der Hochtemperaturtrocknung ist gegenüber der Verdunstungstrocknung als günstig zu beurteilen. Aus der starken Verkürzung der Trockenzeit folgt eine Verringerung der (zeitabhängigen) Wärmeverluste. Trotzdem ist die Energieversorgung von Hochtemperaturkammern kein einfach zu lösendes Problem. Die meisten Holzwerke besitzen keine Wärmeerzeugung, die Vorlauftemperaturen von über 130 °C ermöglicht. Wo eine Energieanlage darauf eingerichtet ist, handelt es sich i. d. R. um **Kraft-Wärme-Kopplung**, die vorrangig zur Stromerzeugung dient. Dann steht wieder nur die Abwärme für die Trockenkammern zur Verfügung, die aber kaum Kammertemperaturen über 80 °C ermöglicht. Trotz positiver Möglichkeiten ist die Energieversorgung der Grund dafür, dass es in Europa kaum Hochtemperaturtrocknung gibt.

Auch in überhitztem Wasserdampf ohne Luftbeimischung kann getrocknet werden (siehe Kap. 2.2). Diese **Heißdampftrocknung** (HD-Trocknung) stellt besondere Anforderungen an die Trocknungsanlagen. Trockenkammern bestehen wegen der Korrosionsgefahr aus Edelstahl. **Überdruckventile** sind zum Abbau möglicher Überdrücke notwendig. Alternativ können druckfeste Kessel zu Einsatz kommen. Die Feuchttemperatur bleibt konstant bei 98 ... 100 °C, die Atmosphäre besteht aus reinem Heißdampf (ohne Luftbeimischung). Die Trockentemperatur wird gesteigert, wobei die Temperatur über 100 °C für eine Senkung der Gleichgewichtsfeuchte und damit die Verschärfung der Trocknung in Zehntelgrad zu messen und zu regeln ist. An die Regelung werden daher hohe Ansprüche gestellt, ersichtlich aus der Kommastelle (Tabelle 7-2).

Tabelle 7-2 *Abhängigkeit der Holzgleichgewichtsfeuchte von der Dampftemperatur*

Temperatur	Feuchttemperatur	Holzgleichgewichtsfeuchte
100,2 °C	100 °C	20 %
105,8 °C	100 °C	10 %
129,3 °C	100 °C	3 %

Die HD-Trocknung wird in der Praxis wegen der aufgezeigten Schwierigkeiten kaum eingesetzt.

Die Hochtemperaturtrocknung wird trotzdem voraussichtlich an Bedeutung gewinnen, wenn sich die thermische Holzvergütung (Kap. 13) ausbreitet und dann die Auslastung dieser Kammern durch Trocknung gewährleistet ist.

7.4 Trocknung in Kälte

Die Trocknung bei tiefen Temperaturen wird auch **Gefriertrocknung** oder **Sublimationstrocknung** genannt, sie kann nur im Vakuum funktionieren. Das im Holz gefrorene Wasser wird unter Umgehung des flüssigen Aggregatzustands verdunstet. Die Voraussetzung für die Sublimation (fest – gasförmig) ist ein Druck unterhalb von 6,11 mbar, dem Sättigungsdruck des Wassers bei 0 °C. Es handelt sich um eine scharfe Trocknung, da die Gleichgewichtsholzfeuchte bei tiefen Temperaturen stark absinkt, z. B. bei −10 °C auf ca. 3 %. Wenn ein Stoff getrocknet werden soll, muss er daher zunächst eingefroren werden. Wegen der hohen Kosten für die notwendige elektrische Energie ist diese Trockentechnik bei Holz über das Versuchsstadium nicht hinausgekommen.

Nicht verwechselt werden darf die Sublimationstrocknung mit der normalen Trocknung gefrorenen Holzes, wie im Winter häufig vorliegend. In diesem Fall muss das Wasser im Holz während des Aufheizens aufgetaut werden, wobei allenfalls mit einer Verlängerung des Aufheizprozesses gerechnet werden muss.

7.5 Trocknung in Lösemitteln und organischen Dämpfen

Feuchtes Holz kann selbst bei Temperaturen unter dem Siedepunkt mit Lösemitteln extrahiert werden, die mit Wasser mischbar sind (z. B. Ethylalkohol oder Aceton). Das **Lösemittel** bewirkt die Entfernung nicht nur der Feuchte, sondern auch von Extraktstoffen. Letztlich kann bei Kiefer und ähnlichen Holzarten sowohl trockenes Holz als auch Harz gewonnen werden. Vorsicht ist geboten wegen der leichten Brennbarkeit der Chemikalien.

Nach einem anderen Verfahren kann man Holz in einem Autoklaven in heißen organischen **Dämpfen** trocknen. Das Holz wird auf 150 °C erhitzt. Dämpfe von nicht mit Wasser mischbaren Lösemitteln, z. B. Xylol oder Perchlorethylen, ziehen Wasser aus dem Holz. Die organische Flüssigkeit wird am Ende der Trocknung durch Unterdruck entfernt und in einem Kondensator zurückgewonnen. Es handelt sich um eine **scharfe Trocknung** mit großem Aufwand.

Sämtliche hier beschriebenen Verfahren werden kaum eingesetzt, außer in Labors oder auch manchmal in der Kesseldruckbranche für die Holzschutzbehandlung.

Nicht zur Trocknung, sondern zur wissenschaftlich genauen **Feuchtebestimmung** wird eine Extraktion von Holzspänen mit Lösemitteln durchgeführt, die mit Wasser nicht mischbar sind, z. B. Toluol oder Xylol. Die notwendige Gerätschaft ist teuer, das Verfahren zeitaufwändig und insgesamt nur bei hohen Anforderungen an die Rohdichtebestimmung harzreicher oder auch getränkter Hölzer gerechtfertigt.

7.6 Trocknung mit Chemikalien

Holz erleidet durch Jahrhunderte dauernde Wasserlagerung einen Abbau der Zellulose, es ist ausgelaugt und weich. Wenn solches Holz an die Luft gehoben wird, dann besitzt es zunächst noch die ursprüngliche Form, jedoch brechen die Zellen mit der Austrocknung zusammen, das Holz wird zerstört. Um diesem Vorgang entgegenzuwirken, wird Polyethylenglykol (PEG) verwendet (Schneider 1970). Die Substanz ist hygroskopischer als Holz, verdrängt das Wasser aus dem Holzgerüst und setzt sich an die Stelle der Wassermoleküle. Auf diese Weise wird **Schwindung** verhindert. Bei großen Feuchtholzfunden dauert der Trocknungsprozess Jahre. Bekannt ist die Konservierung des schwedischen Flaggschiffs **Vasa**, gesunken 1628, das getrocknet und konserviert im Vasamuseum in Stockholm zu besichtigen ist (Ankner 1969). Die neuerdings auftretende Schwefelsäure hängt mit der Trocknung derart zusammen, dass mit der Feuchte nicht auch der angesammelte Schwefel des Brackwassers entzogen wurde, der nun zur Gefahr für das Schiff wird.

Weitere Substanzen für die Entfeuchtung sind Kochsalz-(NaCl-)Lösung und Harnstoff. Auch hiermit wird bei richtiger Anwendung Schwindung vermieden. Vorsicht ist bezüglich des Auftretens von Holzpilzen während der zeitaufwendigen Behandlung angezeigt. Der Zusatz eines Holzschutzmittels zur Tränklösung ist zu empfehlen.

Polyethylenglykol wird auch für die Verbesserung des Trocknungsergebnisses an Schnittholz diskutiert (siehe Kap. 12.1).

7.7 Hochfrequenztrocknung, Mikrowellentrocknung

Systeme mit Beheizung durch elektrischen Strom sind wenig verbreitet, weil die hohen Kosten einen wirtschaftlichen Betrieb meist nicht zulassen. Neben der Widerstandsheizung in Konvektionstrocknern hat lediglich die **Trocknung im hochfrequenten Wechselfeld** eine weitergehende Entwicklung erfahren.

Je nach Frequenzbereich spricht man von **Hochfrequenztrocknung** (HF-Trocknung, 4 ... 40 MHz) oder **Mikrowellentrocknung** (MW-Trocknung, 300 bis 3000 MHz). Mit steigender Frequenz wächst die Energiedichte und sinkt die Eindringtiefe.

Für Holz wurde bisher vorrangig die HF-Trocknung entwickelt. Infolge ihrer elektrischen Unsymmetrie richten sich bewegliche Moleküle oder drehbare Molekülgruppen im Holz bei Anlegen eines elektrischen Feldes als Dipole in einer Richtung aus. Bei Umpolung des Feldes nehmen sie die entgegen gesetzte Lage ein. Wird in sehr schneller Folge umgepolt, so geraten die Moleküle in hochfrequente Schwingungen, und es entsteht infolge innerer Reibung durch gegenseitige Behinderung der Moleküle insbesondere im Wasser Wärme, die den Trocknungsvorgang einleitet. Im Gegensatz zur **Konvektionstrocknung** steigt bei der HF-Trocknung die Temperatur im Innern des Holzes rascher an als in den Randzonen. Das Holz trocknet von innen her, die Randzonen geraten unter Druckspannungen. Bei zu rascher Erwärmung kann es zur Bildung von **Innenrissen** kommen. Die HF-Trocknung eignet sich für stationäre Anlagen ebenso wie für Durchlaufverfahren. Automatische Trocknungsverfahren arbeiten mit besonderer Anordnung und Verstellbarkeit der Elektroden und mit mehreren Feldern mit unterschiedlichen, aufeinander abgestimmten Intensitäten, die das Gut nacheinander durchläuft. Sie ermöglichen die Trocknung größerer Holzgegenstände jeden Feuchtegehalts. Der HF-Energieverbrauch liegt etwa bei 1,0 ... 1,5 kWh (Generatorleistung) bzw. 2,0 ... 2,5 kWh (ab Netz) je kg Wasserentzug, wobei die Energiedifferenz (Generatorabwärme) nicht verlorengeht, sondern über einen durch **Ventilatoren** erzeugten Kühlluftstrom im Durchlauftrockner zur Dampfabführung und Warmhaltung des Trockners dient, weil andernfalls Kondensation an Kammerwänden und kalten Elektroden mit Gefahr elektrischer Überschläge auftritt. Die anwendbaren Leistungsdichten betragen je nach zu trocknender Holzart, deren Verthyllungs- und Verkernungsgrad, Dimensionen, Verfahren und Trocknungsstadium etwa 0,005 ... 2,0 W je cm^3 Trocknungsgut. Man unterscheidet das **Siedepunktverfahren** und das **Temperaturgradientverfahren**. Bei ersterem wird die HF-Energiezufuhr so hoch eingestellt, dass im Holzinnern die Siedetemperatur des Wassers (100 °C) leicht überschritten wird. Die Feuchte entweicht dann aufgrund von Gesamtdruckunterschieden (Kap. 2.2) aus dem Holz. Dieses Verfahren ist nur für gut dampfdurchlässige Hölzer oder kleine Holzgegenstände geeignet. Beim schonenderen **Temperaturgradientverfahren** wird bei verminderter HF-Energiezufuhr lediglich ein nach außen gerichtetes Temperaturgefälle im Holz erzeugt, das seinerseits ein ebenfalls nach außen gerichtetes Wasserdampfdruckgefälle hervorruft. An der Holzoberfläche findet daraufhin **Verdunstung** statt.

Die Hochfrequenztrocknung wird als Sonderverfahren vorwiegend für dickere, vorgeformte Holzteile (Schuhleisten, Kanteln, Gewehrkolben, Stuhlbeine usw.) gelegentlich angewendet. Versuche, die HF-Trocknung. mit Verfahren der Konvektionstrocknung oder Vakuumtrocknung zu kombinieren, verliefen aussichtsreich.

Das Betreiben einer Hochfrequenzanlage ist genehmigungspflichtig. Zugelassen sind die Frequenzen 13,56 und 27,12 MHz, sie müssen sehr genau eingehalten werden (1 Hertz = 1 Schwingung pro Sekunde). Abschirmung gegen Störstrahlung ist unerlässlich. Im Hochfrequenzfeld verkocht biologisches Gewebe in kurzer Zeit, womit zusätzlich eine wirksame Sterilisation des Holzes bezüglich Schädlingen erreicht wird. Trotz aller Vorteile gilt die HF-Trocknung wegen des Stromverbrauchs als zu aufwändig. HF-Energie wird andererseits in größerem Umfang für **Verleimungen** genutzt.

Die Verwendung von **Mikrowellen** mit der amtlich zugelassenen Frequenz 2450 MHz ist offenbar für Holz problematischer. Bisher wird sie für die Trocknung einzelner nicht zu dicker Stücke von hoher Permeabilität als geeignet angesehen. In Versuchen wurde im Vakuum von 40 mbar eine Entfeuchtungsgeschwindigkeit bis 6,5 % Holzfeuchte je Minute erreicht. Das Wasser wird überwiegend längs zur Faser transportiert, Probenlängen von über 2 m scheinen weniger geeignet (LEIKER 2005). Auch Furniere können rasch getrocknet werden.

7.8 Elektrische Widerstandstrocknung

Bei der **elektrischen Widerstandstrocknung** wird mit Wechselstrom (Frequenz 50 Hz) oder Gleichstrom getrocknet, wobei das feuchte Holz als elektrischer (OHM'scher) Widerstand wirkt.

Die bei Stromdurchgang im Holz entstehende Wärme (JOULE'sche Erwärmung) bringt die Feuchtigkeit zum Verdampfen. Da sich aber der Widerstand des Holzes bei Unterschreiten der Fasersättigungsfeuchte sehr stark erhöht, kommt im hygroskopischen Feuchtebereich der Stromdurchgang und damit die Trocknung allmählich zum Stillstand. In der Trocknungspraxis hat das Verfahren wegen der Stromkosten keine Bedeutung erlangt.

7.9 Presstrocknung

Bei dieser speziellen Art einer Kontakttrocknung wird das Holz zwischen beheizten Platten gelagert, wobei die Wärme durch unmittelbare, dauernd, manchmal auch periodisch wirkende Berührung von Heizplatte und Holzoberfläche an das Holz gebracht wird.

Diese Art der Erwärmung durch Wärmeleitung heißt **konduktive Erwärmung.** Gegenüber der Konvektionstrocknung ist die **Presstrocknung** bei Normaldruck nur bei sehr hohen Heizplattentemperaturen (über 110 °C) wirtschaftlich.

Nach einem Verfahren der Firma JUNKERS in Dänemark werden in einer 20-Etagen-Heizpresse Buchenfriese getrocknet. Zusätzlich sind eine Dämpfkammer und eine Klimatisierkammer erforderlich. Buchenfriese werden nach dem Einschnitt frisch gedämpft. Anschließend werden sie mit der Dämpftemperatur von 100 °C auf Alu-Bleche ausgelegt, in die Presse beschickt und gepresst. In der Presse werden ein Druck von 12 bar und eine Temperatur von 165 °C aufgebracht. Die Trockenzeit von 80 % auf 1 ... 3 % Holzfeuchte (also praktisch Darrzustand) beträgt ca. 2 Stunden. Anschließend wird auf die gewünschte Endfeuchte konditioniert. Eine Trocknung auf die gewünschte Parkettfeuchte von 9 % direkt ist nicht möglich. Wenn der Pressdruck aufgehoben würde, solange noch Feuchte im Holz ist, würde das Holz durch den Dampfdruck zerstört. Durch den Pressdruck wird die Schwindung der Friese in der Breite nahezu verhindert. Der bei Buche übliche beträchtliche Maßverlust quer zur Faser tritt daher nicht ein. Starke Schwindung gibt es in der Dicke, also in Richtung des Pressdrucks. Die Dicke nimmt von 30,5 mm auf 24 mm ab. Durch intensive Befeuchtung kann die eingetretene Schwindungsvergütung rückgängig gemacht werden. Pressgetrocknetes Holz hat daher eine höhere Dickenquellung als auf konventionelle Weise getrocknetes Holz. Die Farbe wird stark verändert, die Rohdichte erhöht. Das Verfahren ist nur erprobt bei Hölzern mit zerstreuten, offenen Poren.

Das beschriebene Verfahren dient als Beispiel. Berichtet wird über vielerlei Versuche, deren großtechnische Anwendung aber bisher offenbar aussteht. Auch im Vakuum kann das Holz mittels Heizplatten konduktiv erwärmt werden (Bild 7-3).

Bild 7-3 *Abstapeln nach der Trocknung in einem Vakuumtrockner. Die Ahornzuschnitte mit 130 mm Dicke wurden über Heizplatten erwärmt*

7.10 I/D-Trocknung

Bei der I/D-Troknung wird in einem Autoklaven während der Inkubationsphase ein Druck von 20 bis 40 bar auf das Holz aufgebracht. Anschließend wird in einer Dekompressionsphase Normaldruck eingestellt. Der Zyklus liegt im Minutenbereich. Das Wasser wird bis zur Fasersättigung rasch ausgetrieben (STAHL 2000). Vorstellbar ist daher die Verwendung als **Vortrockner**. Versuche zur Verbesserung der Qualität von aus Schwachholz gesägten Buchenbrettern haben nach entsprechender Wechseldruck-Vortrocknung nicht zu eindeutigen Resultaten geführt. (SEEGMÜLLER 2004).

7.11 Sonstige Verfahren

Keine Bedeutung mehr hat die mechanische Trocknung, z. B. auf Schaukeln oder Drehplatten. Neuerdings erlebt die **Trocknungszentrifuge** (ein Karussell) eine Wiederentdeckung beim Trocknen von Scheitholz in Gitterboxen (KRÄMER 2004).

8 Trocknungsqualität

Die Verbesserung der **Trocknungsqualität** bietet eine Chance für ein besseres Betriebsergebnis. Allerdings ist die Kenntnis darüber, wie man zu einer besseren Qualität kommen kann, vielfach begrenzt. Daher hatte die **European Drying Group** (EDG) eine Richtlinie verfasst, die von qualitätsbewussten Unternehmen auf freiwilliger Basis angewendet wurde, um auf die Europäischen Normen vorzubereiten. Diese wurden im Zeitraum 2001 bis 2004 durch das **Europäische Komitee für Normung** (CEN) publiziert und in der Folge in das nationale Normenwerk übernommen. Allerdings sind innerhalb Deutschlands die Meinungen über die Anwendbarkeit dieser Normen geteilt. Erst recht gibt es innerhalb Europas divergierende Interessen. Daher ist erklärlich, dass die Normen vielfach einen Kompromiss auf kleinstem gemeinsamem Nenner darstellen und weit hinter der o. g. EDG-Richtlinie zurückbleiben.

8.1 Qualitätsbegriffe

Die Qualität von Schnittholz ist zu einem Teil davon abhängig, wie getrocknet worden ist. In der Praxis ist deshalb eine Abgrenzung der trocknungsbedingten Qualitätsmerkmale von den naturbedingten Qualitätsmerkmalen des Holzes notwendig.

Holzspezifische Merkmale:

- Festigkeit, Rohdichte, Schwindung,
- Äste, Faserabweichungen, Drehwuchs, Wechseldrehwuchs,
- Reaktionsholz, Jugendholz, bestimmte Verfärbungen,
- Wachstumsspannungen, Ringschäligkeit, Frostrisse, Harzgallen.

Diese Merkmale sind in EN 844-9 mehrsprachig definiert.

Trocknungsbedingte Merkmale:

- Holzfeuchte,
- Trocknungsspannungen, Verschalung,
- Zellkollaps, Zellschwund,
- Risse verschiedener Ausprägung,
- Verfärbungen,
- Verformungen.

Diese Merkmale werden hier ausführlich erläutert, weil sie die Trocknungsqualität beeinflussen. Definitionen finden sich im „Mehrsprachigen EDG-Glossar Trocknungsqualität von Schnittholz" (WELLING 1991).

Grundsätzlich gilt **EN 14298** – Schnittholz – Ermittlung der Trocknungsqualität. Diese Norm ist allerdings auf Holzfeuchte und Verschalung beschränkt. Andere Merkmale mit Bezug zur Trocknung werden dort nicht genannt, sie sind nach Ansicht des Normenausschusses in Normen für visuelle Sortierung von Schnittholz und Produktspezifikationen festgelegt.

Diesbezüglich lehnt sich die nachstehende Darstellung daher teilweise an die ausführliche Beschreibung in der EDG-Richtlinie an (WELLING 1994).

8.1.1 Holzfeuchte als Qualitätsmerkmal

In einer Vielzahl von Produktnormen sind Anforderungen an die Trocknungsqualität festgelegt. Allerdings sind sie in den meisten Normen unzureichend beschrieben. So ist die **Holzfeuchte** meist in einer Zahl festgelegt, jedoch nicht Art und Ort der Messung. Auch die Angabe der **Streuung zur Holzfeuchte** ist nicht eindeutig. Es kann sich dabei um $u \pm \Delta u$ handeln, d. h., die Abweichung ist in % Holzfeuchte gegeben, oder man kann $u \pm x$ annehmen, d. h., die Abweichung ist in % vom Wert der Holzfeuchte anzunehmen.

Beispiel: Der Mittelwert sei 10 %, die zulässige Abweichung ±2 %. Dann kann es sich um die Feuchtespanne 10 ± 2 % oder um die Feuchtespanne ±2 % von 10 % handeln, d. h. um 10 % ± 0,2 %. Auf die Angabe, welcher prozentuale Anteil eines Loses die geforderten Bedingungen erfüllen muss, wird meist verzichtet.

Das Ziel der Messung muss festgelegt werden. Die **Holzfeuchte** kann beschrieben sein

- über den Brettquerschnitt (Feuchtegradient),
- über die Brettlänge,
- über ein ganzes Los.

Wenn die Feuchtespanne $\pm\Delta u$ zu definieren ist, so kann es sich handeln

- um die Abweichung des gemessenen Mittelwerts vom Sollwert,
- um die Streuung über den Querschnitt,
- um die Streuung zwischen einzelnen Stücken eines Loses.

Offensichtlich muss zwingend vereinbart werden, auf welche Weise, an welcher Stelle und mit welchem Ziel die Holzfeuchte in der Praxis gemessen werden soll.

Die Feuchte ist in einem Brett oder einer Bohle normalerweise geschichtet verteilt. In der Regel weist nach einer Trocknung die Mittelschicht die höchste, die Randzone die geringste Feuchte auf. Entsprechend kann ein Messverfahren gewählt werden, das die **schichtweise Feuchtemessung** ermöglicht. Hierfür kommt in Frage

- die **Schichtprobe**, bei der das Holz in Schichten aufgetrennt wird. Die Feuchte der einzelnen Schichten wird mittels Darrprobe festgestellt.
- die **elektrische Feuchtemessung** nach dem Widerstandsprinzip. Die Einschlagtiefe der am Schaft isolierten Elektroden bestimmt den Messwert.

Die Messpunkte können gemäß Tabelle 8-1 definiert werden.

Tabelle 8-1 *Definition von Messpunkten*

Messtiefe	Bezeichnung	Abkürzung
1/6 Brettdicke	Oberflächenfeuchte	$u_{1/6}$
1/3 Brettdicke	Mittlere Holzfeuchte (Schätzwert!)	$u_{1/3}$
1/2 Brettdicke	Kernfeuchte	$u_{1/2}$

Meist wird die Feuchte bei einem Drittel der Dicke als durchschnittlicher Wert akzeptiert. Bei guter Trocknungsdurchführung kann dieser Wert als Endfeuchte zielgenau erreicht werden.

In ENV 12169 wird das Prüfsystem für ein **Los Schnittholz** definiert. Ein Los kann sein

- ein Paket oder ein Stapel Schnittholz,
- eine Trockenkammerladung oder -charge,
- eine Lastwagen-, Waggon- oder Schiffsladung.

Der Zweck der Überprüfung nach dieser Norm ist die Feststellung, ob ein Los mit hoher Wahrscheinlichkeit (>90 %) die im Vertrag fixierten Eigenschaften aufweist, ob es „konform“ ist. Die Entscheidung über die **Konformität** erfolgt anhand der Anzahl nicht-konformer Stücke im Vergleich zur gesamten Anzahl von Stücken innerhalb einer Stichprobe. Die Prüfung muss unmittelbar zum Veranlassungszeitpunkt erfolgen, d. h. nach der Trocknung oder als Eingangskontrolle. Nach längerer Lagerung kann die durch Trocknung erzielte Feuchte nicht mehr sicher erkannt werden.

Die **Stichprobennahme** nach ENV 12169 beruht auf dem Konzept der Qualitätsgrenzlage (Acceptable Quality Level, AQL) gemäß DIN ISO 2859-1.

AQL ist definiert als der maximale prozentuale Anteil an nicht konformen Stücken Schnittholz, der als hinreichende mittlere Fertigungsgüte angesehen werden kann.

Die Stichprobe wird nach Zufallskriterien gezogen, siehe Tabelle 8-2.

Tabelle 8-2 *Anzahl der zu öffnenden Pakete (aus ENV 12169)*

Anzahl der Pakete im Los	Anzahl der zu öffnenden Pakete
1	1
2 ... 5	2
6 ... 11	3
≥12	4

Die geringe Anzahl von zu prüfenden Paketen bei einem großen Los (z.B. 4 Pakete aus einer Schiffsladung) ist auf Kritik gestoßen. Gleichwohl ist bei normaler Übernahme durch diese Stichprobe die Holzfeuchte statistisch ausreichend genau zu ermitteln. Zu bedenken ist überdies, dass es sich um die geforderte **Mindestanzahl** von Paketen handelt. Die Anzahl kann erhöht werden, wenn aus irgendwelchen Gründen die Anzahl der Pakete laut Tabelle 8-2 als zu gering angesehen wird, z. B. wenn schon vor dem Öffnen der Pakete erkennbar ist, dass eine größere Anzahl mangelhaft ist. Auch ist es möglich, eine **zweifache Probenahme** vorzunehmen. Dabei wird innerhalb der ersten Probenahme ein geringer Stichprobenumfang geprüft. Wenn das Ergebnis unbestimmt ist, wird eine zweite Stichprobe durchgeführt. Für die Überprüfung sind also keineswegs die engen Grenzen zwingend, die in Tabelle 8-2 dargestellt sind.

Ergänzend ist darauf hinzuweisen, dass DIN- oder EN-Normen keine Rechtsnormen, sondern private technische Regelungen mit Empfehlungscharakter darstellen, die einer „Regel der Technik" entsprechen oder dahinter zurückbleiben können (z. B. BGH-Urteil vom 14. 5. 98 in IBR 1998, S. 377). Damit steht es einem Sachverständigen frei, auf andere Weise, als in den Normen beschrieben, zu einem gesicherten Ergebnis zu kommen. Die weitere Prozedur der Stichprobennahme erfolgt nach Tabelle 8-3.

Gemäß EN 14298 entspricht die Trocknungsqualität eines Loses den Anforderungen an die Trocknungs-

Tabelle 8-3 *Einfache Stichprobenahme gemäß AQL 6,5 (Auszug aus ENV 12169)*

Anzahl der Stücke im Los	Stichprobenumfang	Max. Anzahl nicht-konformer Stücke
100 ... 150	20	3
151 ... 280	32	5
281 ... 500	50	7
501 ... 1200	80	10
1201 ... 3200	125	14
≥3200	200	21

qualität, wenn die Istfeuchte (mittlere Holzfeuchte) eines Loses innerhalb der zulässigen Bandbreite um die Sollfeuchte (gewünschte Holzfeuchte) liegt sowie die Einzelwerte der Holzfeuchte eines festgelegten Anteils der Stichprobe innerhalb der Grenzwerte liegen.

Das **Los** ist definiert als die Menge von Schnittholzstücken die nach den gleichen Anforderungen getrocknet wurde.

Im Falle von Laubholz beschränkt sich die Eingrenzung der Abmessung auf die Forderung nach gleicher Dicke aller Stücke innerhalb eines Loses, d. h., eine variable Breite ist erlaubt.

Im Falle des normalerweise wesentlich schneller trocknenden Nadelholzes ist im Hinblick auf die Ermittlung der Trocknungsqualität das **Los** definiert als Menge von Stücken gleicher Dicke und gleicher Breite.

Homogene Verteilung der Eigenschaften, wie in EN 14298 vorausgesetzt, bedeutet, dass die natürliche Variation der Eigenschaften in allen Paketen mit gleicher Wahrscheinlichkeit auftritt. Dies ist zum Beispiel nicht mehr der Fall, wenn einer Ladung kammergetrockneten Schnittholzes einige Pakete vorgetrockneten Materials hinzugefügt werden, um die vereinbarte Liefermenge zu erreichen. Diese Einschränkungen dürfen nicht überlesen werden. Für Prüfungen außerhalb der Norm, also immer dann, wenn die Grundvoraussetzungen für die An-

Tabelle 8-4 *Übliche Trocknung – zulässige Bandbreite der Istfeuchte eines Loses um die Sollfeuchte (gem. Tab. 1 aus EN 14298)*

Sollfeuchte in %	Grenzabweichungen der Istfeuchte, bezogen auf die Sollfeuchte in %
7 … 9	−1,0/+1,0
10 … 12	−1,5/+1,5
13 … 15	−2,0/+2,0
16 … 18	−2,5/+2,5

wendung der Norm nicht gegeben sind, muss der Prüfer nach seinem Sachverstand eine andere Prüfmethode wählen. Um für die Praxis der Feuchteprüfung eine größere Akzeptanz zu erreichen, wird in einer neuen Arbeitsgruppe eine verständlichere Fassung der Qualitätsnormen beraten (Stand 5/2005).

In EN 14298 ist eine übliche Trocknung definiert mit einer **Sollfeuchte** im Bereich von 7 … 18 %. Hierfür ist die zulässige Bandbreite der **Istfeuchte** (Grenzabweichungen) eines Loses angegeben. Bei dem hier vorgesehenen AQL 6,5 müssen 93,5 % der Stücke eine Holzfeuchte zwischen dem oberen und dem unteren Grenzwert aufweisen. Die Grenzwerte ergeben sich aus $1{,}3 \times \omega_{tar}$ und $0{,}7 \times \omega_{tar}$. Die zulässige Bandbreite der Istfeuchte, also des Mittelwertes des Loses, ist aus Tabelle 8-4 zu ersehen.

Für spezielle Verwendungen können hiervon abweichende **Qualitätseigenschaften** erforderlich sein. Angegeben sein müssen:

- die Sollfeuchte,
- die erlaubte Bandbreite der Istfeuchte um die Sollfeuchte ω_{tar}, d. h. die Grenzabweichungen,
- die zulässige Ober- und Untergrenze der Holzfeuchte einzelner Stücke,
- anwendbares AQL (siehe ENV 12169).

Wenn die erwartete Spezifikation nicht erreicht wird, muss die betreffende Lieferung oder Charge entweder erneut überprüft oder nachgetrocknet werden.

Häufig wird diskutiert, ob eine **stückweise Messung** und ein **Aussortieren** nicht konformer Stücke im Rahmen der Abnahme einer gesamten Partie oder Teilen davon zumutbar bzw. zulässig sind. Den Arbeitsaufwand wird bei einer kleinen Anzahl fehlerhafter Stücke der Käufer zu übernehmen haben. Bei größeren Partien mit vielen Fehlerstücken wird zu Lasten des Lieferanten auszusortieren sein, wenn zuvor klar festgestellt wurde, dass die Lieferung hinsichtlich der Qualität nicht konform ist. Diese Feststellung wird anhand einer Stichprobe erfolgen, es sei denn, dass offensichtlich nicht konforme Pakete hinzugefügt worden sind. Möglich ist die Feststellung z. B. bei Feuchtemessung im Durchlauf, wie sie in Fertigungsstraßen zu finden ist Hier wird jedes fehlerhafte Stück automatisch ausgeworfen. In diesem Fall wird die als fehlerhaft erkannte Ware

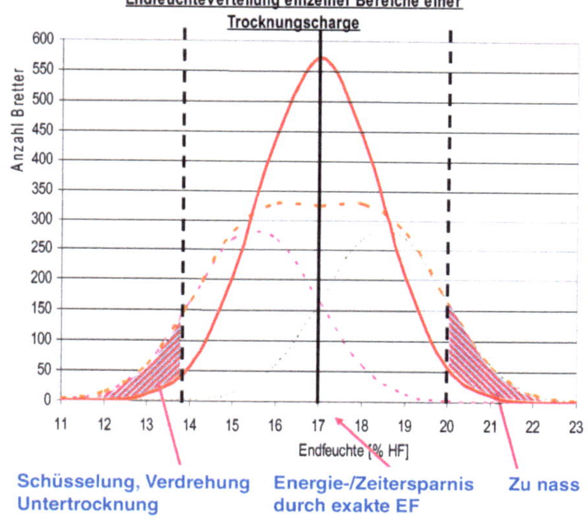

Bild 8-1 *Endfeuchteverteilung einzelner Bereiche einer Trocknungscharge nach konventioneller Trocknung. Die Endfeuchten sind jeweils als Glockenkurven aufgetragen. Dabei wurde die Charge in zwei Zonen aufgeteilt, deren Mittelwerte bei ca. 15 % und 19 % liegen. Als Gesamtmittelwert ergibt sich 17 %. Werden die beiden Zonen so geregelt, dass der feuchtere Bereich forciert, der andere aber verzögert getrocknet wird, ergibt sich bei gleichem Mittelwert eine wesentlich geringere Standardabweichung und damit weniger Ausschuss (Mühlböck 2003)*

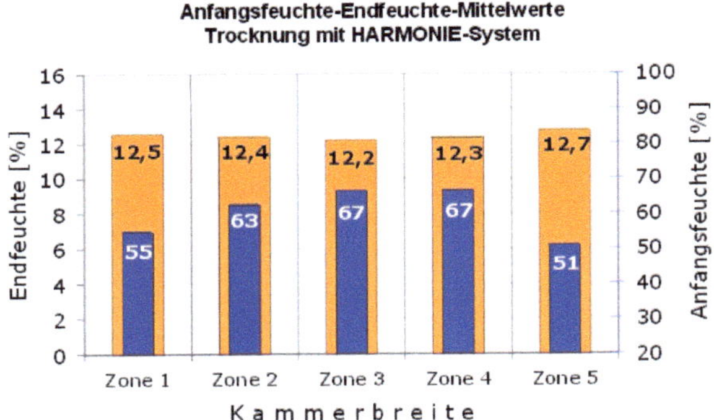

Bild 8-2 *Mittelwerte von Endfeuchte und Anfangsfeuchte in fünf Zonen einer Kammer, Trocknung von Fichtenbrettern nach dem Harmoniesystem von* MÜHLBÖCK

zurückgeschickt oder, häufig kostengünstiger, beim Abnehmer nachgetrocknet. Die Aufwendungen müssen dem Lieferanten belastet werden.

Abschließend soll die Verbesserung des Ergebnisses durch eine mögliche **Variation der Trocknungsführung** dargestellt werden. In Bild 8-1 sind die Endfeuchten jeweils als Glockenkurven aufgetragen. Dabei wurde die Charge in zwei Zonen aufgeteilt, deren Mittelwerte ca. bei 15 % und 19 % liegen. Als Gesamtmittelwert ergibt sich 17 %. Werden die beiden Zonen so geregelt, dass der feuchtere Bereich forciert, der andere aber verzögert getrocknet wird, so ergibt sich bei gleichem Mittelwert eine wesentlich geringere **Standardabweichung** und damit weniger Ausschuss (MÜHLBÖCK 2003).

Die Ergebnisse des Harmoniesystems von MÜHLBÖCK (2003) können bei Fichtenbrettern zu noch besseren Ergebnissen führen. Bei Aufteilung in 5 Zonen und Anfangsfeuchten von 51 ... 67 % sind gemäß Bild 8-2 Endfeuchten von 12,2 ... 12,7 % erzielt worden.

8.1.2 Trocknungsspannungen, Verschalung

Verschalung ist der Überbegriff für alle Merkmale, die durch steile Feuchtegradienten verursacht werden. Der Begriff entstand dadurch, dass die äußeren Zonen des Holzes bei Unterschreitung der Fasersättigungsfeuchte schwinden bzw. sich zusammenziehen, während die inneren Bereiche durch die noch hohe Holzfeuchte ihre Form behalten. Dies erzeugt eine Spannung, die dazu führt, dass sich die Bestandteile der Zellwände in der äußeren Zone eng aneinanderlagern und so gleichsam eine **Schale** bilden. Diese „Schale" erschwert den Durchtritt von Wassermolekülen aus dem Holzinneren und kann Verformungen am getrockneten Holz zur Folge haben, siehe Abschnitt 8.

Folgen sind insbesondere:

- Verlangsamung oder Stillstand der Trocknung durch Verminderung der Wasserdampfdurchlässigkeit (Permeabilität) übertrockneter Oberflächenschichten.
- Ausbildung von starken Trocknungsspannungen, die auch nach Beendigung der Trocknung im Holz verbleiben (Bild 8-3).

Spannungen treten über den Holzquerschnitt während der Trocknung unvermeidlich auf:

- *Zu Beginn der Trocknung*
  Schwindzugspannungen in den oberflächennahen Schichten und Druckspannungen im Inneren. Dieser Zustand wird als äußere Verschalung bezeichnet. Es kann zu starken, äußerlich nicht erkennbaren, plastischen Deformationen kommen. Werden sie zu groß, reißt das Holz; es entstehen Oberflächenrisse.

Bild 8-3 *Verschaltes Eichenbrett, mittig aufgetrennt, mit übermäßiger Verformung, die sich nach etwa 24 Stunden ausgebildet hat*

- *Während der Trocknung*
  Spannungsumkehr über den Holzquerschnitt, wenn auch die inneren Schichten trocknen und zu schwinden beginnen. Dabei ergibt sich ein Spannungsgleichgewicht. Es ist meist nur vorübergehend, wenn nämlich die Außenzonen bereits plastisch überdehnt sind.
- *Am Ende der Trocknung*
  Zugspannungen im Brettinneren, bedingt durch die Überdehnung der Außenzonen. Es handelt sich nun um „innere Verschalung", oder einfach „Verschalung". Beim Auftrennen verzieht sich das Holz, auch können Innenrisse entlang den Holzstrahlen auftreten.

Ursachen der Verschalung:

- Ungleichmäßige Trocknung über den Querschnitt durch zu scharfe Trocknung, insbesondere durch zu trockenes Aufheizen und zu rasche Trocknung in der Anfangsphase.
- Schwindung der Holzschichten, die unterhalb Fasersättigung gelangt sind. Da diese Schwindung aber durch die noch nicht schwindende Mittelschicht behindert wird, folgt eine Dehnung der Außenschichten. Daraus ergibt sich, dass Verschalung zwar im ersten Abschnitt der Trocknung ausgebildet wird, sich aber im Holzfeuchtebereich unterhalb der Fasersättigung auswirkt, da hier erst die Schwindung einsetzt.

Abhilfe:

- Bei Beginn der Trocknung Feuchte über den Querschnitt angleichen, d. h. bei vorgetrocknetem Holz Oberfläche befeuchten. Beim Aufheizen darf nicht getrocknet werden.

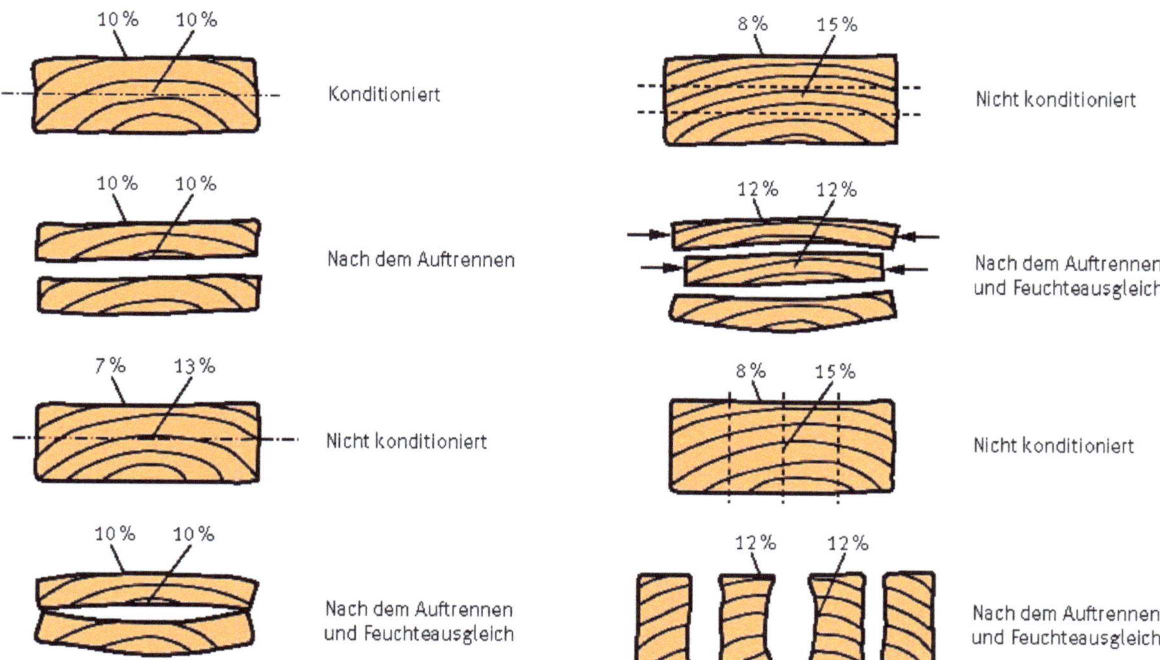

Bild 8-4 *Nach der Trocknung können Spannungen im Holz verbleiben. Konditioniertes und nicht konditioniertes Schnittholz verhalten sich nach oberflächenparallelem Auftrennen unterschiedlich. Die Skizzen zeigen paarweise, inwiefern sich das Holz nach dem Auftrennen verzieht (ESPING und ESPING 1991)*

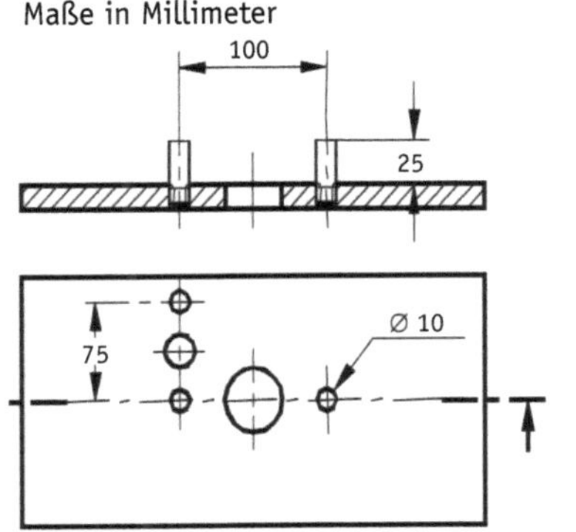

a) Probenhalter zur Ermittlung der Verschalung

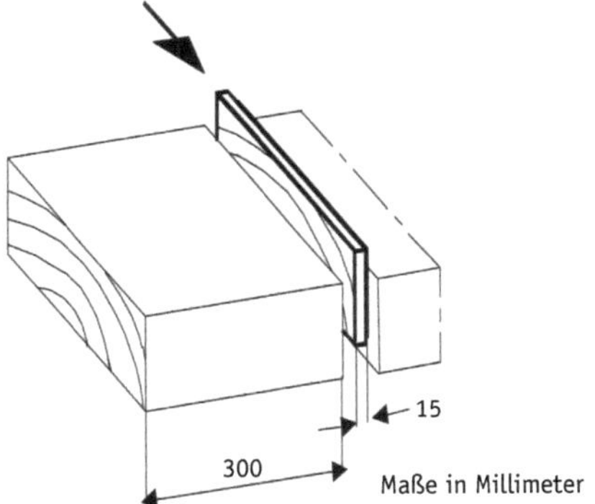

b) Entnahme eines Querriegels

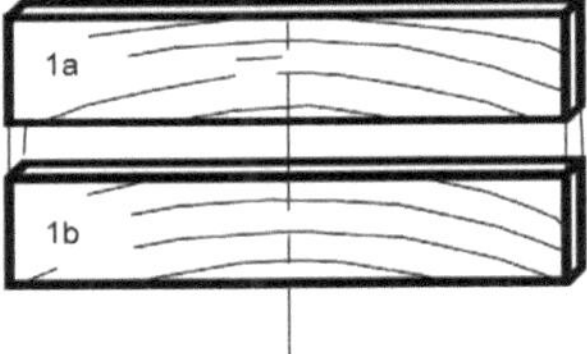

c) Auftrennen und Markieren des Querriegels

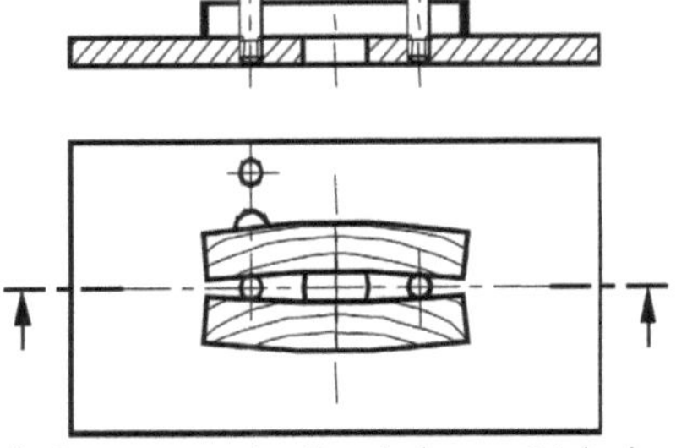

d) Auswertung der Verschalung mittels des Probenhalters

- Während der Trocknung keinen zu großen Feuchtegradienten zulassen.
- Bei Ende der Trocknung konditionieren, d. h. Gleichgewichtsfeuchte auf angestrebte Endfeuchte erhöhen, um vorhandene Trocknungsspannungen abzubauen. Die Wirkung des Konditionierens wird auf Bild 8-4 dargestellt.

Nachweis:

Ein direkter Nachweis ist nur durch eine **zerstörende Prüfung**, d. h. einen Probeschnitt, möglich. Auf jeden Fall ist eine Band- oder Kreissäge und ein Längemessgerät vorzuhalten. Es gibt verschiedene Möglichkeiten.

- **Mittenschnitt-Test** nach ENV 14464. Durchführung siehe Bild 8-5. Das Ergebnis geht, wenn gefordert, in die Ermittlung der Trocknungsqualität gemäß EN 14298 ein. Die Verschalung wird an jedem zweiten Stück der Stichprobe in mm Spaltöffnung bestimmt. Das Los entspricht den Anforderungen bezüglich der Verschalung, wenn der Verschalungsgrad bei 80 % der geprüften Stücke unterhalb des zulässigen Grenzwerts liegt.
- durch **Gabelprobe** gemäß Bild 8-6 oder **Zinkenprobe**, beispielhaft dargestellt in Bild 8-7 auf einem Messblatt der TRADA (Britisches Holzforschungsinstitut). Eine Zinkenprobe wird gesägt und nach dem Ausgleich auf das Messblatt aufgelegt. Der Verschalungsgrad wird direkt abgelesen.

Bild 8-5 *Mittenschnittmethode zur Ermittlung der Verschalung gemäß ENV 14464. Zur Prüfung ist ein spezieller Probenhalter gemäß Bild 8-5a notwendig. Die Herstellung der Probe ist aus Bild b und c ersichtlich. Die beiden Proben müssen so markiert werden, dass sie später wieder richtig zusammengelegt werden können (Bild c). Nach dem Ausgleichen in einer Plastiktüte – 24 Stunden bei Nadelholz, 48 Stunden bei Laubholz – werden die Teile bei über 100 mm Breite an den 100-mm-Probenhalter angelegt, und es wird der maximale Spalt in der Mitte gemessen. Wenn die Breite der Proben zwischen 100 und 75 mm liegt, werden die Teile zwischen den 75-mm-Auflagepunkten vermessen. Die maximale Größe des Spalts (Bild d) dient zur Qualitätsbeurteilung (Bild nach ENV 14464)*

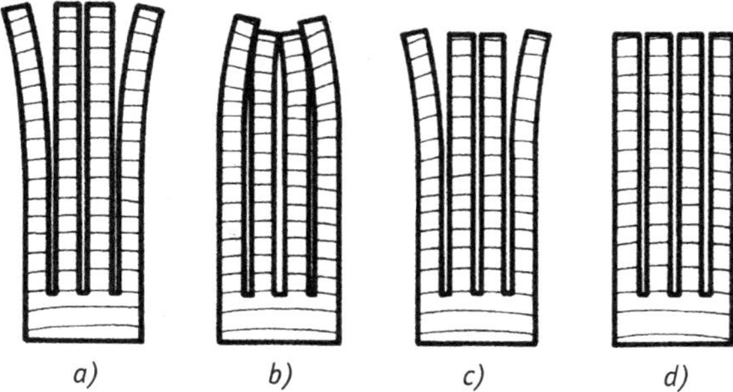

Bild 8-6 *Gabelprobe zur Feststellung der Verschalung. a) Querspannungen an der Brettoberfläche zu Beginn der Trocknung wegen Übertrocknung der Oberfläche, meist auf dem Schnittholzplatz, äußere Verschalung. b) Querspannungen in Brettmitte und Druckspannungen an der Oberfläche bei weiterer scharfer Trocknung, (innere) Verschalung. c) Verschalung durch kräftiges Sprühen (Konditionieren) beseitigt. d) Spannungsfreies, getrocknetes Holz (Bild: Brunner-Hildebrand 1987)*

Laufende zerstörungsfreie Messung der Spannungen im Holz während der Trocknung erfolgt derzeit nur indirekt durch elektrische Messung der Holzfeuchte in verschiedenen Tiefen des Bretts, im einfachsten Fall oberflächennah (sehr kurze Elektroden) und im Zentrum (Elektrodenlänge angepasst). Das ermittelte Feuchtegefälle erlaubt Schlüsse auf die Spannungen und sollte zu Regelungszwecken verwendet werden. Besser wäre die direkte Messung der auftretenden Spannungen während der Trocknung (siehe Kap. 5.3.2.)

Verschalung ist ein wesentlicher Fehler, wenn das Holz längs getrennt oder einseitig bearbeitet wird, weil es sich dann verzieht. Problematisch ist Verschalung auch, wenn das Holz bei Verwendung auf Dauer quer zur Faser belastet wird, z. B. im Holzbau. Dann addiert sich zur Gebrauchsbelastung nämlich die Spannung, die durch Verschalung bereits im Holz steckt. In diesem Fall kann entgegen allen Erwartungen eine Überbelastung auftreten.

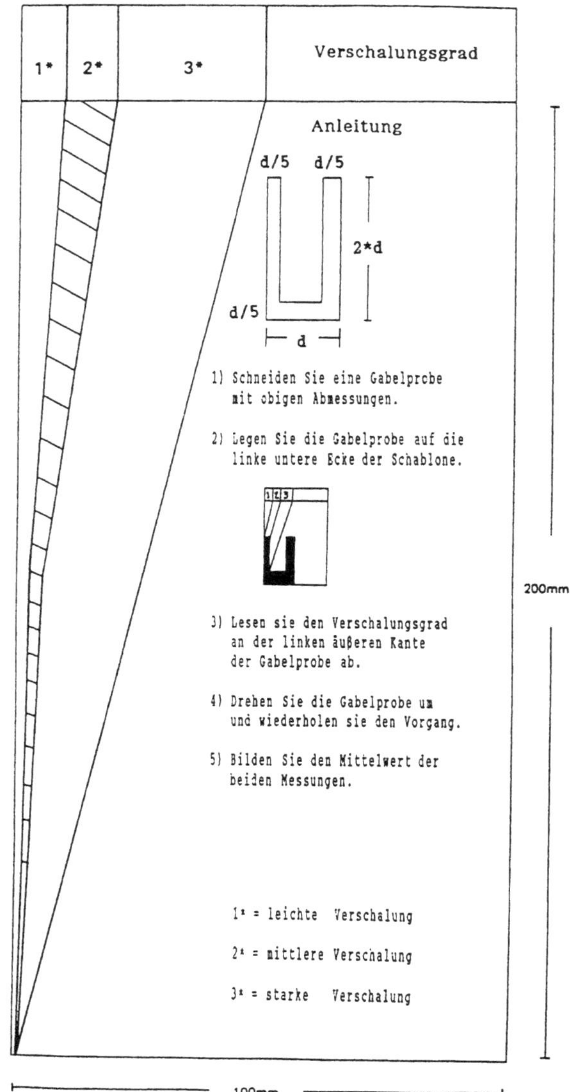

Bild 8-7 *Anweisung und Messblatt zur Bewertung des Verschalungszustands. Eine Zinkenprobe wird gesägt und nach dem Ausgleichen auf das Messblatt aufgelegt. Der Verschalungsgrad wird direkt abgelesen (nach TRADA)*

8.1.3 Zellkollaps, Zellschwund

Zellkollaps ist erkennbar an unregelmäßig eingefallener Oberfläche getrockneten Schnittholzes (Bild 8-8). Zusätzlich oder alternativ können Innenrisse entstehen. Diese verlaufen immer in Richtung der Holzstrahlen (Bild 8-9).

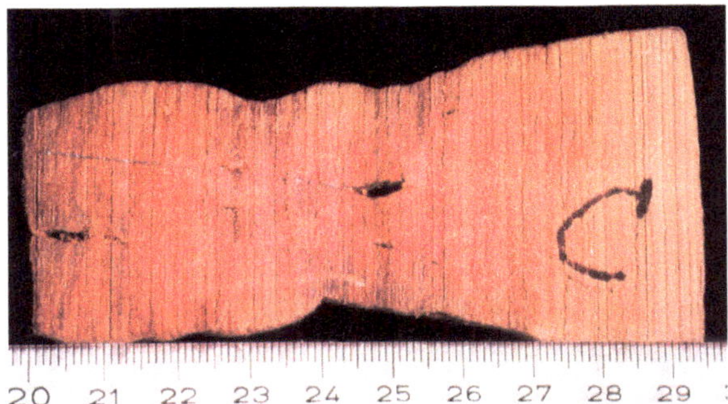

Bild 8-8 *Zellkollaps in einer Mahagoniprobe. Das Kernholz ist unregelmäßig zusammengefallen. Der Splint rechts hat sich nicht verformt, er besitzt ein durchlässigeres Gewebe. Am Übergang vom Splint zum Kern sind oft die Spannungen am größten, dort bilden sich Innenrisse. Eine umgehende Rekonditionierung ist meist möglich, jedoch bei Innenrissen nicht mehr sinnvoll*

Bild 8-9 *Zellkollaps in Form von Radialrissen in Lenga-Brettern, entstanden durch zu niedrige Luftfeuchte im nassen Zustand*

Bild 8-10 *Durch Zellkollaps völlig zerstörtes Holz, Holzart Lenga. Ursache ist zu scharfe Trocknung im nassen Zustand*

Durch Zellkollaps können nicht nur Einzelbretter, sondern auch ganze Stapel zerstört werden (Bild 8-10). Dieser Fehler tritt meist nur an bestimmten, dazu disponierten Holzarten auf. Dazu gehören u. a. die Eichen, die Eukalypten und die Scheinbuchen (*Nothofagus spp.*).

Anlass für Zellkollaps ist eine scharfe Trocknung (zu niedrige Gleichgewichtsfeuchte) im nassen Bereich, also oberhalb der Grenzfeuchte. Ursache sind hohe kapillare Zugspannungen bei Holzfeuchten über Fasersättigung, wenn also freies Wasser vorhanden ist. Zunächst ziehen sich die Zellen zusammen (Zellschwund), später fallen sie gänzlich zusammen, die Innenwände verkleben teilweise.

Durch umgehendes Zwischenkonditionieren (Wiederbefeuchten des Holzes) während der Trocknung kann Zellkollaps teils rückgängig gemacht werden. Dies ist Standard bei einigen **Eukalyptustrocknern**.

Auch nach Beendigung der Trocknung ist eine Rekonditionierung oft erfolgreich, wenn sie umgehend erfolgt und das Holz innen nicht gerissen ist.

Bewertet wird Kollaps je nach Schwächung des Querschnitts. Innenrisse können nur nach Probeschnitt beurteilt werden.

8.1.4 Oberflächenrisse

Ursache für Oberflächenrisse sind Außenspannungen durch äußere Verschalung. Die Risse sind meist gleichmäßig über die ganze Oberfläche verteilt und verlaufen entlang der Holzstrahlen. Sie reichen nie bis auf die andere Brettseite. Nach dem Konditionieren können sie durch Quellung geschlossen sein. Ein Nachweis ist dann nur durch Probeschnitt oder auch durch Anhobeln und Einfärben der fraglichen Fläche möglich. Risse dürfen nicht nach Mittelwert beurteilt werden, der größte Riss ist maßgeblich.

Diese verborgenen Risse führen in der Praxis immer wieder zu dem Irrtum, dass der Schaden erst nach gewisser Lagerdauer entsteht. Tatsächlich werden aber in der Regel die Risse nur nicht rechtzeitig entdeckt.

8.1.5 Innenrisse

Innenrisse können durch innere Verschalung oder durch Kollaps entstehen und sind nur nach Probeschnitt erkennbar. Bewertet wird die Häufigkeit, weniger die Größe dieser Risse.

Innenrisse werden oft als **versteckter Mangel** bezeichnet, mit der Folge, dass der Käufer auf dem Schaden sitzen bleibt. Ihm ist aber nur Fahrlässigkeit vorzuwerfen, weil er das Holz nicht ausreichend durch einen Probe-Querschnitt geprüft hat, wenn Verdacht auf Innenrisse besteht. Dieser Verdacht gilt insbesondere bei Hölzern, die als kollapsgefährdet bekannt sind.

8.1.6 Hirnrisse

Hirnrisse verlaufen an der Stirnseite von Hölzern einige Zentimeter entlang der Faserrichtung. Verursacht werden sie durch die rasche Austrocknung über Hirn, die durch bessere Wasserleitung in Faserrichtung und durch stärkere Luftströmung in Kammern an den Brettenden bedingt ist. Verringerung der Rissbildung ist möglich durch

- Schutzanstrich,
- aufgenagelte Schutzleisten (Bild 8-11) oder
- vor der Hirnfläche überstehende Stapelleisten.

Bild 8-11 *Blockstapel mit aufgenagelten Schutzleisten über Hirn, diese sollen übermäßige Austrocknung und nachfolgende Rissbildung verhindern*

8.1.7 Verfärbungen

Häufig treten folgende, aus Freiluft- oder Kammertrocknung entstandene Verfärbungen auf:

- **Bläue bei Splintholz (Kiefer!) und hellen, stärkehaltigen Hölzern**

Wird verursacht durch Bläuepilze. Diese wachsen bei Holzfeuchte über Fasersättigung. Ursache für flächige Ausbreitung auf der Oberfläche des Holzes ist zu langsame Trocknung bei hoher Luftfeuchte. Bei nassem Holz entsteht dann Innenbläue, wenn nur die Oberfläche rasch abtrocknet, im Inneren aber die günstigen (feuchten) Bedingungen für Bläuewachstum länger anhalten (Bild 8-12). **Innenbläue** kann sowohl auf dem Holzplatz als auch in der Kammer entstehen. „**Kammerbläue**" kann wachsen, wenn zu lange Zeit nass aufgeheizt wird oder wenn die Trocknung des noch nassen Holzes bei zu feuchtem Klima erfolgt. Besonders gefährlich ist eine längere Unterbrechung von Heizung und Regelung, weil durch die Abkühlung der Taupunkt erreicht werden kann und damit die Bläuesporen an der Holzoberfläche günstige Keimbedingungen erhalten.

Bild 8-12 *Innenbläue bei einer Bohle aus Koto. Zusätzliche Verfärbung durch Gerbstoff am Auflager der Stapellatte, diese bestand aus Eiche*

Hohe Wertminderung ist oft die Folge. Die Festigkeit wird aber nicht gemindert, es handelt sich also um einen ästhetischen, nicht um einen technologischen Schaden.

- **Schimmelbefall**

Wird verursacht durch zu feuchtes Klima bei günstiger Temperatur. Schimmelpilze wachsen auf Holzflächen rasch und bilden einen regulären Pilzrasen. Die meist graue Verfärbung bildet sich nur an der Oberfläche aus und verschwindet bei der Bearbeitung des Holzes. Pilzsporen gelten als allergieauslösend und daher im Bau als ernsthafter und kostenträchtiger Schaden. Nach dem Abtrocknen des Holzes sterben Schimmelpilze ab. Ein technologischer Schaden ist mit Schimmelpilzen nicht verbunden.

- **Blaue, grüne oder schwarze Flecken, die tief ins Holz reichen können**

Werden verursacht durch Eisen auf gerbstoffhaltigen Hölzern. Sie entstehen nur bei hoher Holzfeuchte. Vermeidung nur durch Ausschluss von Eisenbestandteilen schon auf dem Schnittholzplatz, aber auch in der Kammer. Fehlerhaft ist z. B. die Verwendung von Stahlbändern (Bild 8-13). Gelegentlich können Metallspänchen auf dem Holzplatz angeweht werden, dann zunächst unbemerkt in die Trockenkammern geraten und dort kleine Flecken verursachen. In diesem Zusammenhang sollte die **Absaugung** der eigenen Werkzeugschleiferei überprüft werden, bevor man auf die Suche nach der Ursache in der Nachbarschaft geht.

Bild 8-13 *Frische Eichen-Rohfriesen gebündelt mit Stahlbändern, Ursache für Eisen-Gerbstoff-Verfärbung*

- **Kondensatflecken auf der Brettoberfläche**

Dunkle Verfärbungen. Diese werden nicht als Schaden gewertet, zeigen aber ungünstige Klimaregelung zu Beginn der Kammertrocknung an. Sie werden auch **Lohflecken** genannt und sind besonders auffällig bei Eiche.

- **Dunkelfärbung der Randzonen bei gerbstoffhaltigen Hölzern, vor allem Eiche**

Sind verursacht durch oxidative Reaktion von Gerbstoffbestandteilen (Bild 8-14). Wird bei einer Holzfeuchte oberhalb der Grenzfeuchte die Temperatur über 30 °C angehoben, kann es zur Dunkelfärbung der Randzonen des Bretts kommen. Je nach Gerbstoffgehalt und -konzentration tritt die Verfärbung umso stärker auf, je höher die Temperatur ist. Die Verfärbung ist oft ungleichmäßig ausgebildet wegen unterschiedlicher Zugänglichkeit des Holzgewebes für Luftsauerstoff (siehe Kap. 5.4.).

Bild 8-14 *Eichenbrett. Auf der Oberseite der Probe durch Kondensat verfleckte Oberfläche, kann problemlos abgehobelt werden. Im Querschnitt (unten) Dunkelverfärbung der Randzonen durch Gerbstoffoxidation, helles Gewebe zeigt die Originalfarbe des Holzes*

Die Trocknung verlängert sich, wenn die Verfärbung sicher vermieden werden soll, wegen der niedrigen Temperatur erheblich. Soll die Kammer nicht über lange Zeit blockiert werden, müsste das Holz im Freien getrocknet werden, jedoch unter strikter Vermeidung direkter Bewitterung; auch Vortrocknung kann günstig sein. Allerdings ist zu beachten, dass hier eine erhöhte Temperatur ebenfalls zur Verfärbung führen würde. Durch totalen Sauerstoffausschluss kann der Farbfehler verhindert werden; erfahrungsgemäß ist aber nicht einmal in der Vakuumtrocknung die Verfärbung immer zu verhindern, weil meist zu viel Restluft vorhanden ist – entweder, weil kein ausreichend tiefer Druck eingestellt wird, oder aber – weit häufiger – weil die Anlage nicht ausreichend dicht ist.

- **Dunkelfärbung der Innenzonen heller Hölzer, wie Esche, helle Buche (Bild 8-15), Ahorn, Erle, Kirschbaum u. a. (siehe Kap. 5.4.)**

Ursache sind enzymatische Reaktionen bei stagnierender Holzfeuchte der Innenzonen und Temperaturen zwischen 20 und 50 °C. Im stehenden Baum sind Enzyme für das Baumleben unerlässlich; sie können aber nach der Baumfällung im nassen Holz fortwirken und Vorläufersubstanzen für die Verfärbung ausbilden. Diese Enzyme müssen möglichst rasch eliminiert werden, entweder durch hohe Temperatur (ca. 100 °C) oder durch beschleunigte Trocknung zur Grenzfeuchte. Für die Praxis heißt das, dass bereits vom Einschlag im Wald an Eile geboten ist: das Holz muss umgehend abgefahren, eingeschnitten und gestapelt werden. Dann ist sofort eine scharfe Trocknung gemäß den Angaben in den Trocknungsplänen einzuleiten, um das freie Wasser rasch auszutreiben und damit den Enzymen die Lebensgrundlage zu entziehen. Eine schärfere Trocknung ist wegen der Rissgefahr im Holz nicht unbegrenzt zu realisieren. Mit besserer Wirkung kann eine scharfe Trocknung im Vakuum durchgeführt werden. Gelegentlich wird das nasse Holz mit Erfolg auch in heißem Wasser eingelagert, was meist Verfärbungen verhindert.

Bild 8-15 *Querschnitt einer Buchenbohle mit dunkel verfärbtem Kernholzbereich durch enzymatische Verfärbung, getrocknet im nassen Bereich bei 35 °C*

Bild 8-16 *Markierung von Stapellatten auf Eschenbrettern nach längerer Lagerung und nachfolgender Trocknung. Die Streifen sind einerseits durch die Enzyme der Esche bedingt, andererseits aber auch durch Verunreinigungen der Fichtenlatten verstärkt*

Die Verfärbung kann unter den Stapellatten auch als Lattenstreif an die Holzoberfläche treten (Bild 8-16). Diese dunklen Streifen sind stark wertmindernd. Um Lattenstreifen zu verhindern oder wenigstens zu minimieren, können spezielle Stapellatten verwendet werden (Kap. 5-1).

- **Brown Stain (Braunfärbung)**

Kommt bei verschiedenen Nadelholzarten vor. Es handelt sich um die Ausbildung einer braun gefärbten Randzone nach der Trocknung. Untersucht worden sind vorwiegend in Nordamerika und in Neuseeland die Wirkungsmechanismen dieser Braunfärbung in Trockenkammern („Kiln Brown Stain"). Analysen ergaben, dass im betroffenen Holz farblose Vorläufersubstanzen vorhanden sind. Der Gehalt ist abhängig von der Jahreszeit, im Splint am höchsten im Frühjahr. Wird das Wasser durch Trocknung aus dem Holzinneren ausgetrieben, nimmt es die Substanzen mit in die Randzone. Sie verfärbt sich braun unter dem Einfluss erhöhter Temperatur und Sauerstoff. Unter den Stapellatten ist die Verfärbung geringer, weil dort der Sauerstoff weniger einwirken kann. Die Bräune setzt sich bevorzugt im Frühholz fest. Je länger diese Einflüsse einwirken, umso intensiver ist die Braunfärbung. Bei Temperaturen unter 50°C soll keine Verfärbung auftreten. Dies zu berücksichtigen bedeutet jedoch eine erhebliche Verlängerung Trocknungszeit. Andererseits wird die Verfärbung oberhalb von 60 °C stärker. Im Temperaturbereich zwischen 50 °C und 60 °C herrscht offenbar geringere Gefahr der Verfärbung. Es scheint also darauf anzukommen, in diesem Temperaturbereich durch scharfes Klima (d. h. niedrige Gleichgewichtsfeuchte) und hohe Luftgeschwindigkeit rasch zu trocknen und auf diese Weise die Gefahrenzone, nämlich die hohe Holzfeuchte, zu verlassen. Ein Problem stellt auch die Lagerung des Holzes vor der Trocknung dar. Sowohl eine längere Lagerung des Rundholzes als auch des frisch gesägten Holzes kann die Braunfärbung fördern, besonders im warmen Klima. Ein sicheres Rezept zur Vermeidung von Braunfärbung, z. B. bei Weymouthskiefer, gibt es bisher nicht.

- **Verharzung der Holzoberflächen**

Wird verursacht bei harzhaltigen Hölzern (Kiefer, Fichte u. a.) durch bei höheren Trocknungstemperaturen (ab etwa 60 °C) vermehrt austretendes, flüssig gewordenes Harz. Folge ist eine Krustenbildung, die zu Verarbeitungsschwierigkeiten (beim Hobeln und Verleimen) führen kann. Meist wird diese Erscheinung toleriert. Andernfalls muss mit Temperaturen unter 60 °C getrocknet werden. Nachteilig ist in diesem Fall, dass das Harz später im Gebrauchszustand austritt und zu Reklamationen führt. Daher legt man häufig Wert darauf, das Harz vor der Verarbeitung durch hohe Temperaturen auszutreiben. Die Schädlingsresistenz des Holzes leidet entgegen einem alten Aberglauben nicht darunter, Harz ist kein Holzschutzmittel.

8.1.8 Verformungen, Verwerfungen

Unvermeidliche **Verformungen** sind durch Schwindungsanisotropie, Faserverlauf, Reaktionsholz Bedingt. Sie können durch die Art der Stapelung und durch Belastung der Stapel verringert werden.

Vermeidbare **Trocknungsfehler** sind die über normale Schwindverformungen des Holzes hinausgehenden Formänderungen. Sie fallen am fertig getrockneten ganzen Brett als Verwerfungen auf und sind meist auf **Stapelfehler** zurückzuführen, die sich auch auf ganze Chargen auswirken können

Bild 8-17 *Bretterstapel auf Gleiswagen nach einer technischen Trocknung. Die Bretter sind wegen schlechter Beladung der Wagen etwa zur Hälfte so verformt, dass sie nur noch als Brennholz zu verwerten sind. Die Verformung kann nachträglich nicht rückgängig gemacht werden*

(Bild 8-17). Solche Verformungen werden durch die Trocknung irreversibel stabilisiert und führen zu erheblichem Ausschuss.

Oft treten sie auch erst bei der Weiterverarbeitung in Erscheinung, wenn durch mangelhafte Konditionierung im Holz verbliebene, verborgene **Trocknungsspannungen** (aus Verschalung!) sich durch Auftrennen der Hölzer plötzlich ungehindert ausgleichen können. Hierbei entstehen insbesondere **Querkrümmungen** oder von der Rechteckform abweichende **Querschnitte** (Bild 8-18). Vergleichbare Schadbilder treten mit zeitlicher Verzögerung bei unrichtiger oder ungleichmäßig verteilter Endfeuchte auf. Solche vermeidbaren Verformungen können im Extremfall zu hohen Materialverlusten führen oder das Holz für die vorgesehene Verwendung unbrauchbar machen. Durch **Trennschnitte** werden bisweilen auch wuchsbedingte innere Spannungen freigelegt (wenn z. B. der Verbund gegenseitig sich absperrender Wechseldrehwuchszonen aufgehoben wird), die ähnliche Querkrümmungen verursachen können.

Bild 8-18 *Profilbrett, verzogen. Wurde als Doppeldiele getrocknet, dann sofort aufgetrennt in zwei Rohhobler, diese wurden gehobelt und paketiert. Mehrere Tage später wurde die Schüsselung des ganzen Pakets bemerkt. Der Verzug war eindeutig auf Verschalung zurückzuführen*

8.2 Qualitätsklassen

Durch sorgfältige Trocknung können Qualitätsmerkmale optimiert (Feuchte, Spannungen) und Trocknungsfehler minimiert werden. Jedoch nicht für alle Anwendungen ist hohe Trocknungsqualität gefordert.

Daher wäre eine **Qualitätsabstufung** analog zu anderen Sortierkriterien nahe liegend. In diesem Fall

Tabelle 8-5 *Trocknungsqualitätsklassen gemäß der ED-Richtlinie*

Eigenschaft	TROQU S	TROQU Q	TROQU E
Holzfeuchte u (%)			
Maximale Abweichung zwischen Mittelwert der Partie und Sollfeuchte			
$d \leq 40$ mm $d > 40$ mm	+3,0 %/−3,0 % +3,0 %/− 3,0 %	+2,0 %/−2,0 % +2,5 %/−2,5 %	+1,5 %/−1,5 % +2,0 %/−2,0 %
Maximale Abweichung zwischen einzelnen Messwerten und Sollfeuchte 90 % aller Messwerte müssen innerhalb der angegebenen Schranken liegen			
$d \leq 40$mm $d > 40$mm	+4 %/− offen +6 %/− offen	+3 %/−3 % +4 %/−4 %	+2 %/−2 % +3 %/−3 %
Verschalung: Bewertung der Mittenschnittprobe	stark	mittel	leicht
Kollaps/Zellschwund (Dickenschwächung)	max. 6 mm in 10 % der Partie	max. 3 mm in 10 % der Partie	max. 2 mm in 10 % der Partie
Oberflächenrisse (Risstiefe)	max. 5 mm pro Seite	max. 3 mm pro Seite	max. 2 mm pro Seite
Innenrisse	in 10 % der Partie	in 5 % der Partie	in 2 % der Partie
Hirnrisse (einseitig) $d \leq 40$ mm $d > 40$ mm	maximale Tiefe 200 mm 300 mm	maximale Tiefe 100 mm 200 mm	maximale Tiefe 50 mm 100 mm
Verfärbungen	Oberflächenverfärbungen sowie gleichmäßige und ungleichmäßige Verfärbungen sind in der gesamten Partie zulässig	Oberflächenverfärbung bis zu 3 mm Tiefe, Querschnitt darf gleichmäßig verfärbt sein, in 20 % der Partie dürfen ungleichmäßige Verfärbungen und Innenverfärbungen auftreten.	Oberflächenverfärbung bis zu 2 mm Tiefe, gleichmäßige Querschnittsverfärbungen bedürfen der Zustimmung der Vertragsparteien, Innenverfärbungen sind in 10 % der Partie erlaubt.
Verformungen	Schwindungsbedingte sowie durch Anisotropie verursachte Deformationen sind erlaubt. Durch unsachgemäße Stapelung verursachte Mehrfachkrümmungen in Richtung der Brettdicke werden ausgemessen.		

könnte die Trocknung je nach Anforderung schonend und aufwändig oder schärfer, rascher und damit kostengünstiger ablaufen. Eine derartige Sortierung ist in der schon erwähnten EDG-Richtlinie probeweise eingeführt worden. Leider ist die EN 14298 dieser Anregung nicht gefolgt. Nachfolgend wird trotzdem über diese Qualitätsklassen kurz berichtet, weil hiermit eine wirtschaftlichere Trocknung erreicht werden kann.

Eingeteilt wird in **drei Güteklassen: S** (Standard), **Q** (Qualitätsgetrocknet) und **E** (Exklusiv). Tabelle 8-5 ist die Zusammenfassung des Entwurfs. In die Praxis haben die Qualitätsklassen, teils auch abgeändert, probeweise Eingang gefunden.

8.3 Qualitätskontrolle

Qualitätsmerkmale sind nicht immer eindeutig, wie aus den vorhergehenden Kapiteln zu ersehen war. Eine **Qualitätskontrolle** in der Holzindustrie läuft oft nach eigenen Regeln und keineswegs unter klinisch sauberen Bedingungen ab (Bild 8-19).

Bild 8-19 *Qualitätskontrolle in einem Industriebetrieb. Links liegen die Darrproben, die auf der Waage gewogen werden, um dann im rechts stehenden Darrofen gedarrt zu werden. Davor stehen zwei Zinkenproben, wie sie in Nordamerika zur Kontrolle der Verschalung verwendet werden*

Grundsätzlich sind für eine eindeutige Beurteilung zwei **Probeschnitte** notwendig:

- Durch den **Querschnitt** werden die Merkmale im Holzinneren, vor allem Innenrisse und Verfärbungen, sichtbar gemacht.
- Durch den **Mittenschnitt** parallel zur Breitfläche wird die Verschalung ermittelt und eine sichere Holzfeuchtemessung ermöglicht, ohne Elektroden tief einschlagen zu müssen.

Zur Protokollierung der Trocknung kann nachstehender **Vordruck** verwendet oder angepasst werden. Das **Protokoll** ist in Merkmale, die nach Sichtkontrolle, und solchen, die nach Probeschnitt beurteilt werden sollen, eingeteilt. Die Prüfung soll sowohl vor als auch nach der Trocknung durchgeführt werden. Andernfalls werden bereits vor der Trocknung vorhandene Fehler der Trocknung, bzw. dem Trockenmeister angelastet.

Für jeden möglichen Fehler ist eine Beurteilung gemäß Tabelle 8-5 vorgesehen, wobei die gewünschte Qualität als Richtschnur gilt:

E fehlerlos oder tolerierbarer Fehler

Q Fehler, der zu einer Wertminderung führt

S Fehler, der nicht beseitigt werden kann und zu stärkerer Wertminderung führt

A Ausschuss

Bei Feststellung von Fehlern muss der Grund gesucht werden. Wenn eine Minderqualität auf die technische Trocknung zurückzuführen ist, was leicht durch den Vergleich Vorher – Nachher ermöglicht wird, muss vor allem das **Trocknungsprotokoll** überprüft werden. Besonders ist auf Aufheizklima und Klima bei Trocknung oberhalb der Grenzfeuchte zu achten.

Notwendige Änderungen sind bei nächster Trocknung im Trocknungsplan zu berücksichtigen.

Tabelle 8-6 *Prüfprotokoll für eine Trocknungscharge, auszufüllen vor und nach der Trocknung*

Prüfkriterien	**Prüfergebnis**	
Bei Sichtkontrolle	Vor Trocknung	Nach Trocknung
Bläue		
Schimmel		
Winzige Oberflächenrisse (saubere Oberfläche einfärben o. ä.)		
Eisen-Gerbstoffverfärbung		
Windschief durch Drehwuchs o. ä.		
Verwerfungen über die Länge		
Sonstige Verformungen (z. B. wegen schlechter Stapelung)		
Hirnrisse		
Eingefallene Oberfläche (Kollaps)		
Nach Probeschnitt (Prüfung auch vor Trocknung zweckmäßig!)	Vor Trocknung	Nach Trocknung
Abweichung des Mittelwerts von der Sollfeuchte	–	
Max. ± Abweichung der Messwerte von der Sollfeuchte	–	
Verschalung		
Innenrisse		
Innere Verfärbung durch Enzyme/Oxidation (Laubholz)		
Innere Verfärbung durch Bläue		
Sonstiges		

9 Trocknungsanlagen

Eine **Trocknungsanlage** besteht im Wesentlichen aus einem Trockenraum – der eigentlichen Trockenkammer, die das Holz aufnimmt – sowie einem Raum für die Energiezufuhr und der Steuerung. Schließlich gehört meist Raum für die Bereitstellung und die Nachlagerung des Holzes dazu. Für den Transport gibt es oft Einrichtungen speziell für die Trocknung.

Bild 9-1 *In Reihe gebaute Trockenkammern mit Beschickung durch Frontstapler und Hebeschiebetor (Bild: EISENMANN)*

Größere Anlagen bestehen aus mehreren Trockenkammern, die zu **Batterien** zusammengefasst sind (Bild 9-1). In Trockenkammern wird Holz diskontinuierlich getrocknet. Seltener anzutreffen sind nicht ortsfeste Anlagen, z. B. Kammeroberteile, die mit einem Kran über das vorbereitete Holz gesetzt oder auf Gleisen darüber geschoben werden.

Besonders betont werden muss die Notwendigkeit des **Brandschutzes**. Gerade bei großen Kammeranlagen kommt es durch Brand immer wieder zu Totalschäden. Das Gelände der Trocknungsanlagen sollte in **Brandabschnitte** aufgeteilt werden. Die Kammern oder Kanäle sollten dazu **Brandschutzmauern** erhalten. Eine besondere Idee wurde in einem großen Sägewerk realisiert: Unter den Trockenkammern wurde ein Löschwasserreservoir untergebracht, das einen frostsicheren Zugriff für alle Sprinkleranlagen ermöglicht (ANONYMUS 2004).

Die Kammer muss allseitig gut gegen Wärmeverluste gedämmt sein. Die Tore müssen groß genug sein, um auch die größten Stapel mit einem geeigneten Transportgerät einfahren zu können. Zusätzlich müssen bei größeren Kammern **Schlupftüren** vorhanden sein, um den Trockenraum betreten und auch verlassen zu können, ohne ein Tor zu öffnen.

Die nachfolgend beschriebenen Einbauten sind in Bild 9-2 zu sehen. Die Heizung wird meist über **Rippenrohre** bewirkt, jedoch gibt es auch andere Heizeinrichtungen. Die Belüf-

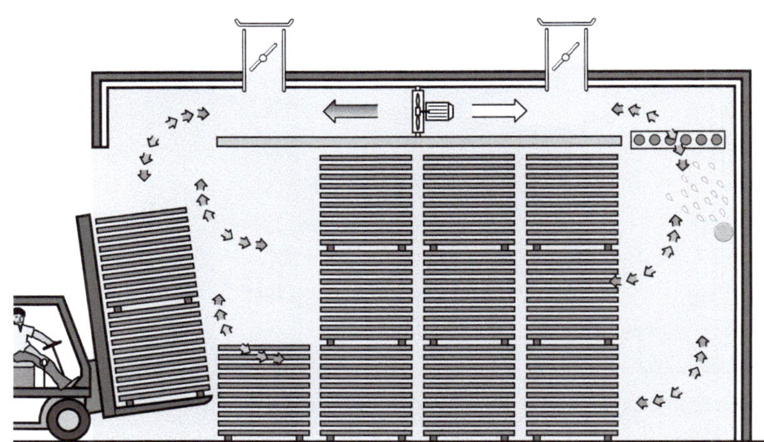

Bild 9-2 *Skizze einer Großraumkammer mit Querbelüftung, beschickt mit einem Frontstapler (Bild: EISENMANN)*

tungseinrichtung besteht aus den **Ventilatoren**, die meist zusammen mit den Antriebsmotoren im Trockenraum montiert sind. Dazu gibt es **Luftleitbleche** zur Optimierung der Luftströmung und ausreichend bemessene Stauräume. Die Luftströmung ist reversierend dargestellt. In Decke oder Wänden sind normalerweise Öffnungen angeordnet, meist in Form von verschließbaren **Schächten**, durch die der Luftwechsel ermöglicht wird. Zur **Luftbefeuchtung** sind Sprührohre vorhanden. Schließlich gibt es Geräte zur Klima- und Holzfeuchtemessung und von Fall zu Fall weitere Einrichtungen. Für die Steuerung bedarf es eines eigenen kleinen Raums, der vorteilhaft direkt der oder den Kammern zugeordnet ist, um Regelvorgänge beobachten zu können. Er kann aber auch an anderer Stelle untergebracht sein kann.

Bild 9-2 ist idealisiert; die Stapelsäulen werden beim Beschicken keinesfalls einen gleichmäßigen Abstand voneinander haben, weil der Staplerfahrer „auf Anschlag" fahren muss und dann meist sofort absetzt. Zu beachten ist, dass für die Luft beiderseits der Stapelblöcke ein ausreichender Stauraum erforderlich ist, dass also keinesfalls zur besseren Füllung der Kammer in den linken Stauraum noch ein zusätzlicher Stapel oder gar eine ganze Säule platziert werden darf.

Der Einsatzbereich von **Kleintrocknern** („Trockenmaschinen") erfolgt vorwiegend in handwerklichen Betrieben, Laboratorien und berufsorientierten Schulen, aber auch in Fabrikbetrieben, wo man für Sonderwünsche der Kunden kleine Mengen hochwertiger Edelhölzer oder Ergänzungsmaterial zu trocknen hat, die man nicht in großen Partien vorhalten will und wozu das Anfahren eines großen Trockners unwirtschaftlich wäre. Kleintrockner werden entweder als ganze Einheit oder im Baukastensystem hergestellt. Auch Selbstbauteile für kleine Kammern sind auf dem Markt. Eine Besonderheit ist die häufig anzutreffende **Längsbelüftung** der Stapel. Hierfür werden spezielle Alu-Leisten verwendet (Bild 9-3). Meist sind ein oder mehrere Ventilatoren am Stirnende eingebaut. Die Luft kann nach dem Durchgang durch den Stapel z. B. unter dem Wagen zurückgeführt werden. Trocknungstechnisch ist die **Längsbelüftung** der Querbelüftung vorzuziehen, weil eine Ablüftung aller vier langen Flächen der Werkstücke erfolgt und die ohnehin empfindlichen Hirnenden der Bretter weniger belüftet werden. Voraussetzung ist, dass es sich um besäumte Bretter handelt; Baumkante stört die Verdunstung aus dem Holz. Kleintrockner gibt es als Kammern mit Längsbeschickung auf Wagen, als Schrank mit Querbeschickung von einer Seite (Bild 9-4), beide mit ca. 2 … 11 m³ Stapelraum, mit oder ohne Wagen, und als Truhe mit 0,8 … 2,5 m³ Stapelraum, in die von oben eingestapelt wird. Beheizt werden kann elektrisch (was bei Kleintrocknern noch wirtschaftlich sein kann) oder mit betriebsüblichen Heizmedien. Die Regelung kann nach Wunsch automatisiert werden.

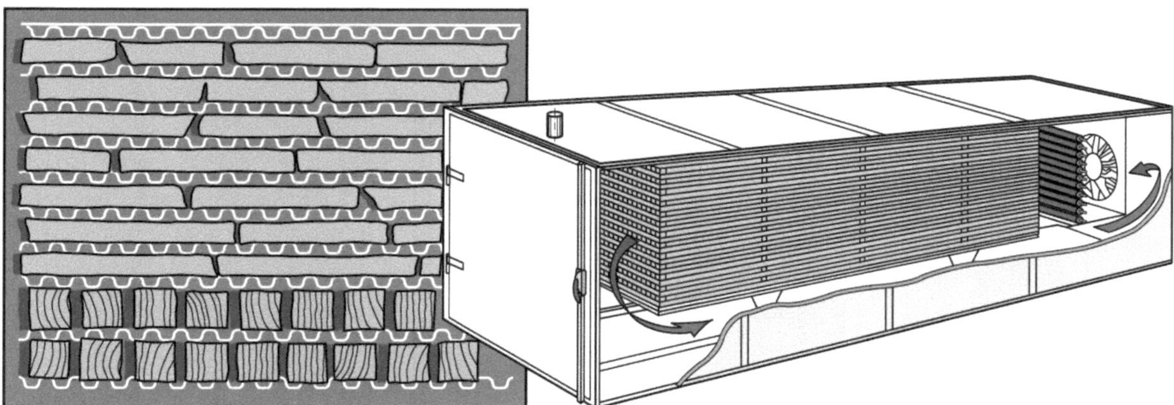

Bild 9-3 *Skizze eines Kleintrockners mit Längsbelüftung. Links sind die gewellten Alu-Leisten zu sehen, die den Luftstrom längs des Stapels ermöglichen (Bild: LAUBER)*

Bild 9-4 *Trockenschrank mit Längsbelüftung und Hubschwenktor. Vollautomatische Computerregelung (Bild: LAUBER)*

Auch **Vakuumtrockner** und **Kondensationstrockner** gibt es als Kleintrockner. Besonders Vakuumtrockner sind verbreitet wegen der raschen Trocknung der in Handwerksbetrieben oft üblichen Harthölzer (Kap. 6.3.4.).

Die bisher angesprochenen Trockner arbeiten nach zeitlich aufeinander folgenden Trocknungsvorgaben. Im Gegensatz dazu werden in Kanälen räumlich aufeinander folgende **Klimabereiche** eingerichtet. Diese **Trockenkanäle** dienen der Durchlauftrocknung. Die Stapel werden kontinuierlich oder auch taktweise quer gestellt durch den Trockner hindurch gefördert. Bei einem Verfahren werden die Stapel in Längsrichtung eingefahren und im Kanal quer belüftet. Sie durchlaufen Zonen sich verschärfenden Trocknungsklimas (Bild 9-5). Häufiger ist die **Querförderung** der Stapel, wobei die Belüftung im Gegenstromprinzip von einem Ende des Kanals aus entgegen der Bewegungsrichtung des Holzes erfolgt (Bild 9-6). Durch die Vorschubgeschwindigkeit oder Taktung kann in beiden Fällen ein Trocknungsplan gestaltet werden. Vorteile ergeben sich, wenn die Endtrocknung in einer Kammer mit geregeltem Klima erfolgt, deren Trocknungsdauer dann den Fördertakt bestimmt.

Bei **Querförderung** kann alternativ die Luft mittig eingeführt werden und dann nach beiden Seiten abströmen. Auch eine Zuführung der Luft von beiden Kanalenden aus und Abführung in der Mitte wird praktiziert. Dabei gibt es nur ein konstantes Klima der eingeführten Luft. Die Endfeuchte des Trocknungsgutes weist in der Regel größere Streuungen auf.

Kanäle werden vorwiegend dort eingesetzt, wo große Mengen eines für längere Zeit gleich bleibenden und leicht zu trocknenden Materials ohne größere Anforderungen an die Genauigkeit der Endfeuchte getrocknet werden sollen (Bild 9-7). In Schweden und Finnland wird etwa die Hälfte allen Holzes auf diese Weise getrocknet.

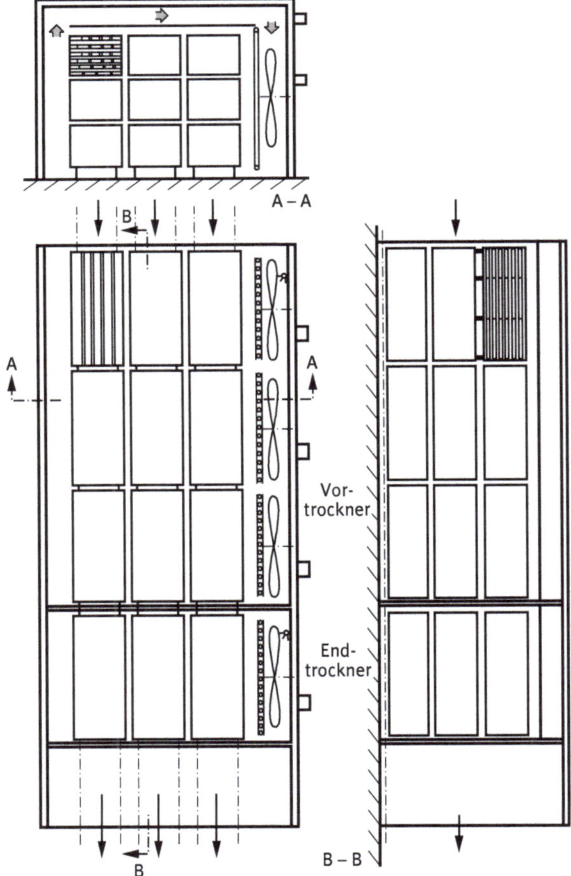

Bild 9-5 *Taktdurchlauftrockner mit Längsförderung der Stapel (Prinzipdarstellung)*

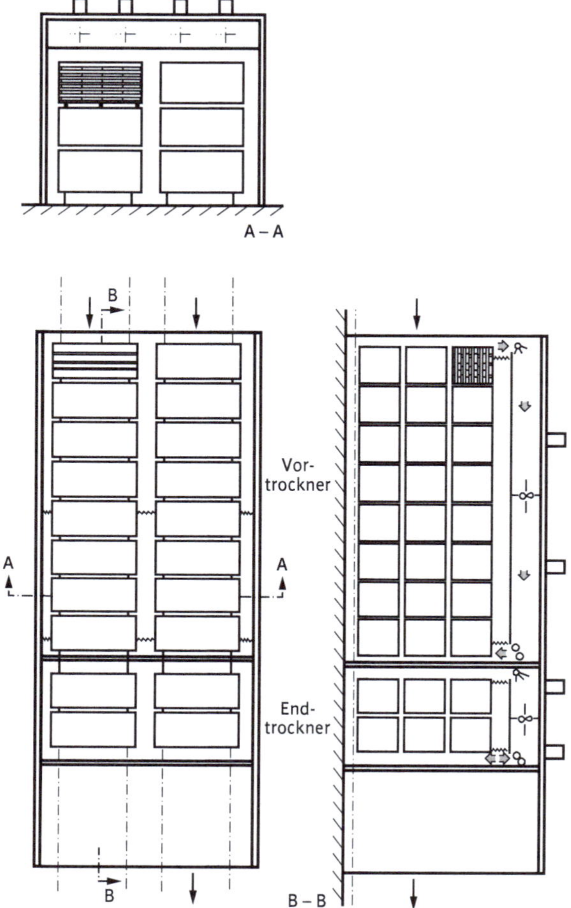

Bild 9-6 *Taktdurchlauftrockner mit Querförderung der Stapel (Prinzipdarstellung)*

Bild 9-7 *Beschickseite eines großen Trockenkanals mit Längsanordnung der Stapel, kontinuierlich gefördert auf Rollenböcken (Bild: Brunner-Hildebrand)*

Für den Bau einer Trocknungsanlage ist zweckmäßigerweise eine **Bauvoranfrage** gemäß Bauordnung des jeweiligen Landes an die zuständige Behörde zu richten. Darauf erfolgt ein schriftlicher **Vorbescheid**. Eine **Genehmigungsfreistellung** wird i. d. R. erteilt, wenn der Trockner nicht mehr als ein Volumen von 75 m³ (oder anders, je nach Bauordnung) umfasst. Angeordnet wird von der Behörde, besonders bei größeren Anlagen, der **Nachweis der Standsicherheit** einschließlich der **Feuerwiderstandsdauer** tragender Bauteile. Ein Gulli führt immer zur Notwendigkeit einer Erklärung bezüglich der Abwasserentsorgung. Kammern mit Direktbeheizung, d. h. mit einem Brenner in direktem baulichem Verbund mit der Kammer, werden zusätzlich nach der **Feuerungsanlagenverordnung** beurteilt. Die bei den Behörden einzureichenden Unterlagen hat der vorgesehene Anlagenlieferant bereitzustellen. Das ist bereits vor Auftragserteilung zu vereinbaren. Siehe auch Kap. 15.

9.1 Layout, innerbetrieblicher Transport

Die Holztrocknung soll in den Betrieb geplant eingebunden werden. Damit kann eine erhöhte Wirtschaftlichkeit erzielt werden.

Die **Energieversorgung** der Trocknungsanlage soll auf kurzem Weg erfolgen, um die unvermeidlichen Wärmeverluste zu minimieren. Es ist dafür zu sorgen, dass eine ausreichende Wärmemenge in den Trockenraum gelangt und eine ausreichend hohe Temperatur erreicht wird. Beides ist bei langen Leitungen nicht immer gewährleistet. Die Nutzung der Abwärme wird ebenfalls durch die Distanzen der Übertragung beeinflusst. Einerseits ist ein **Rücklauf** zum Heizkessel nur sinnvoll, wenn ausreichende Restwärme gewonnen werden kann. Andererseits ist die Nutzung der **Abwärme** für weitere betriebliche

Zwecke, z. B. für die Hallenheizung, nur bei kurzen Leitungsstrecken sinnvoll. Daraus ergibt sich, dass die Platzierung der Trocknung nahe dem Kesselhaus und nahe dem Restwärmeverbraucher sinnvoll ist.

Die **optimale Lage im Betriebsablauf** hängt von der Art des Trocknungsbetriebs ab. Häufig steht die Holztrocknung am Anfang einer Produktion. In diesem Fall wird die Trocknungsanlage optimal eingeplant zwischen dem Frischholzlager und einem der Fertigung vorgelagerten Trockenholzlager, das zur Vorratshaltung und zum Ausklimatisieren des Holzes dient. Dieses Lager einzurichten, ist ebenfalls zweckmäßig, wenn das Holz den Betrieb ohne weitere Bearbeitung verlassen soll, weil durch Klimaausgleich die Holzqualität eher gewährleistet werden kann.

Im Produktionsbetrieb sollte der Trocknungsvorgang in die **Fertigung** integriert werden. Optimal für die Trocknung ist, wenn das Schnittholz ungetrocknet zunächst zu Zuschnitten (Rohfriesen, Kanteln o. ä.) aufgearbeitet, und dann erst gestapelt und getrocknet wird. Anschließend muss klimatisiert werden, bevor eine Weiterbearbeitung oder der Abtransport erfolgt. In diesem Fall werden Trocknungsanlagen auch in Hallen inmitten der Produktion aufgestellt.

Innerbetriebliche Transporte erhöhen die Kosten, ohne eine Wertsteigerung zu bewirken; eine Minimierung von Transportzeiten erhöht demnach die Wirtschaftlichkeit.

Das zu trocknende Holz soll vor dem Beschicken nahe der Trocknungsanlage bereit gestellt sein. Antransport über lange Wege kann die Beschickzeit einer Kammer unzuträglich verlängern. Das fertig getrocknete Holz soll nahe der Trocknungsanlage unter Dach oder wenigstens unter Plane/Folie gelagert werden.

Der **Zeitaufwand** für die Beschickung und Entleerung, zusammenfassend als „**Manipulation**" bezeichnet, muss zur Gesamttrockenzeit ins Verhältnis gesetzt werden. Je kürzer die Trockenzeit, umso rascher muss beschickt werden können. Wenn z. B. die Trocknung 30 Stunden benötigt, darf die Manipulation kaum mehr als eine Stunde dauern. Wenn dagegen die Trocknung 500 Stunden dauert, kann das Beschicken und Entleeren auch einen Tag dauern. Zu berücksichtigen ist in jedem Fall, dass **Stillstandszeiten** zur Unwirtschaftlichkeit einer Trocknungsanlage führen können. Ein Blick in die Frühzeit der technischen Trocknung – auslaufend etwa um 1930 bis 1950 – zeigt hier die zweifellos größte Veränderung in der Betriebsweise: Man hat damals das Holz in die Kammern Stück für Stück eingestapelt und nach der Trocknung ebenso wieder herausgeholt.

Die Wahl des **Transportmittels** ist abhängig von der sonstigen Fördertechnik im Betrieb. Allerdings gibt es auch Insellösungen, die speziell auf Trocknungsanlagen zugeschnitten sind.

Gabelstapler werden vor allem als **Frontstapler** häufig für die Manipulation eingesetzt. Der erste, aber nicht sehr logische Grund ist, dass man meist schon Gabelstapler im Betrieb besitzt und der Meinung ist, der oder die vorhandenen Stapler könnten dann für eine neue Trockenkammer auch noch eingesetzt werden. Weil aber tatsächlich die vorhandene Förderkapazität häufig schon ausgelastet ist, werden dann Kammern nur verzögert entleert oder beschickt – mit entsprechenden Mehrkosten für die Trocknung.

In größeren Kammern werden für eine rasche Manipulation auch schon einmal zwei oder drei Stapler eingesetzt. Das ist besonders zweckmäßig bei der Bedienung von großen Kammern mit kleinen Stapeln, z. B. Rohfriesenstapeln. Die Anzahl der Anfahrten zur Beschickung kann bei nur einem Stapler zu untragbar verlängerter Beschickzeit führen.

Mit **Frontstaplern** (Bild 9-1) kann die Manipulation einer Kammer im Einmannbetrieb durchgeführt werden. Bei der Beschickung werden die ersten Stapel gegen fest einbetonierte Polder gefahren, die vor der rückwärtigen Kammerwand stehen. Die nächsten Staplerreihen werden dann jeweils gegen die vorher eingefahrenen Stapel angefahren und abgesetzt. Diese Art der Beschickung führt allerdings immer wieder zu Problemen, weil Bretter sich gegeneinander verschieben und dann kein durchgehender Luftspalt mehr für die Durchlüftung mehr zur Verfügung steht.

Seitenstapler benötigen für die Beschickung mehr Platz in einer Kammer (Bild 9-8). Sie sind dafür besser geeignet für den Transport von Stapeln über eine weitere Strecke.

Bild 9-8 *Beschickung einer Trockenkammer mit Bauholz. Ein Gleiswagen wird durch einen Seitenstapler beladen (Bild: EISENMANN)*

Bild 9-9 *Einfahrseite eines Trockenkanals mit Querförderung. Die Stapel werden auf Gleiswagen bewegt, deren Spurräder quer montiert sind. Die Wagen klinken in Drahtseilzüge ein*

Gleisgebundene Rollwagen sind durch die Stapler vom Spitzenplatz verdrängt worden, sie waren früher am häufigsten im Einsatz. Das hing damit zusammen, dass auch sonst Sägewerke dieses Fördersystem im ganzen Betrieb eingerichtet hatten. Ausgedient haben Rollwagen heute nicht. Sie sind robust, langlebig und wartungsarm. Vielfach wird besonders geschätzt, dass die Stapel vor dem Beschicken auf den Wagen fertig vorbereitet werden (Bild 9-8) und dann mit geringen Zeitaufwand in die Kammern geschoben oder gezogen werden können. Den Spitzenplatz bezüglich der Manipulationszeit nehmen Kammern mit stirnseitig gegenüber liegenden Toren ein. Mit einer Winde oder einem Gabelstapler können in diesem Fall die Wagen mit den getrockneten Stapeln ausgeschoben und zugleich das frische Holz eingezogen werden. Die Rollwagenmanipulation ist nur möglich, wenn die Kammern nicht zu groß sind. Zwar kann man Gleise nebeneinander verlegen und damit mehrere Stapelstränge nebeneinander transportieren. In der Höhe ist aber bei ca. 3,5 m eine Grenze, die zu überschreiten aus Stabilitätsgründen und wegen des Transportgewichts nicht empfehlenswert ist.

Neben der Kammergröße gibt es weitere Gründe, warum die Anwendung der gleisgebundenen Rollwagen zurückgeht. Zum Be- und Entladen der Wagen ist ein Gabelstapler notwendig. Die Manipulation der leeren Wagen ist umständlich und wird ebenfalls meist mit Gabelstapler bewerkstelligt, der jeweils einen ganzen Stapel von Wagen an die für die Beladung richtige Seite transportiert. Wenn hier auf Gabelstapler verzichtet wird, so müssen vor den Kammern und auch an Abladestellen Querverschiebebühnen vorhanden sein. Schließlich sind die Kosten zu berücksichtigen. Bei größeren Kammern sind die Beschaffungskosten der Wagen höher als jene eines großen Gabelstaplers. Hinzu kommt das Verlegen von Gleisen. Diese stellen, selbst wenn unter Flur verlegt, immer eine Schwachstelle bezüglich Kammerdichtigkeit und Wärmedämmung unterhalb der Tore dar.

Rollwagen können auch für Querförderung ausgerüstet sein, wenn nämlich die Achsen der Gleisräder parallel zur Längsachse montiert sind. Sie werden nur speziell für Trocknungsanlagen verwendet, eine Nutzung außerhalb der Trocknungsanlage scheint kaum vorteilhaft.

Eine besondere Eignung besitzen **Gleiswagen** für die Förderung von Holz durch Trockenkanäle. Sie können mit Seilzügen oder Kettenschiebern kontinuierlich oder taktweise bewegt werden (Bild 9-9).

Insbesondere für Durchlauftrockner werden auch **Rollenbahnen** oder **Kettentransportvorrichtungen** mit Quertraversen verwendet. Problematisch ist dabei die Wartung wegen der aggressiven Atmosphäre in den Trocknern.

Weitgehend wartungsfrei sind **Hubwagen**, die auf Gleisen laufen oder auch gleislos fahren können. Sie unterfahren einen Stapel, heben ihn an, verfahren ihn in die Kammer und setzen ihn dort auf seitlichen Mauerbänken ab (Bild 9-10). Ein gleisloser Wagen kann einen Stapel direkt in die Fertigungshalle bringen. Für große Kammern sind diese Förderer nicht geeignet, die Manipulation dauert zu lang.

Bild 9-10 *Stapel sind durch einen Hubwagen auf zwei Mauerbänken in der Kammer abgestellt worden*

Diese kurze Aufzählung ist nicht erschöpfend. Mancher Betrieb benutzt ein selbst zusammengestelltes Transportsystem. Wesentlich ist die Planung bereits vor einer Investition, weil man durch die Entscheidung zu einem Fördermittel festgelegt wird. Unglücklich wird die Situation, wenn der Betrieb erweitert wird und dann das einmal beschaffte Fördermittel nicht mehr passt. Daher müssen zukünftige Planungen für den Betrieb nach Möglichkeit in die Entscheidung für Transportmittel einbezogen werden.

9.2 Konstruktion

9.2.1 Ganzmetallkammern

Für Ganzmetallkammern ist ein **Fundament** notwendig. Dieses wird nach dem Plan des Kammerlieferanten betoniert. Es ist auf die Belastung durch die Stapel zuzüglich der Transportmittel auszulegen. Unter der Betonplatte ist eine ca. 50 mm dicke befahrbare **Schwerlastisolierung** als Wärmedämmschicht einzubringen. **Abwasserrinnen** für das Kondensat sind vorzusehen. Der Boden insgesamt sollte ein Gefälle von ca. 1,5 % besitzen. Falls ein Ablauf eingebaut werden soll (siehe Kap. 14), muss dieser ein **Schwerlastgulli** sein. Vor der Kammer muss eine befahrbare **Schwerlastrinne** eingeplant werden. Für die Abführung des Regenwassers ist zu sorgen. Als Basis für die Kammerwände sollte ein Sockel von ca. 30 cm Höhe betoniert werden, der als **Anfahrschutz** dient sowie dafür sorgt, dass kein Bodenwasser von einer Kammer zur anderen läuft. Für die Kammertragelemente werden Aussparungen vorgesehen. Als einfachere Ausführung wird oft eine ebene Bodenplatte hergestellt und die Gerüstkonstruktion dann einfach aufgeflanscht.

Bei geplanter Beschickung mit Frontstaplern müssen **Widerlager** ins Fundament einbetoniert werden. Sie sind notwendig, um die erste Stapelreihe richtig zu platzieren, weil der Stapel nach Anfahren am Widerlager abgesetzt wird.

Tragende Elemente der Kammer sind verschweißte Aluminiumprofile, für die ein statischer Nachweis zu erbringen ist. Je nach Kammergröße und Situation sind zusätzliche **statische Elemente** einzubauen. Bei Aufstellung im Freien sind **Windlast** gemäß DIN 1055-4 und **Schneelast** gemäß DIN 1055-5 zu berücksichtigen.

Die Kammerwände sind zweischalig aufgebaut. Die Innenschalen und auch metallische Einbauteile werden vorzugsweise aus Reinaluminium (Al 99,8 %), aus den Legierungen AlMg3, AlMgSi1 oder aus Edelstahl hergestellt. **Korrosion** kann trotzdem auftreten, sie ist entweder auf die Alkalität des Sprühmediums oder chemische Reaktion mit anderen Metallen zurückzuführen – Ursachen, die bei einiger Sorgfalt abgestellt werden können. Stahlträger und Stahlblech gelten als überholt. Zwar gibt es hervorragende Beschichtungen, jedoch können kleinste Beschädigungen wegen der aggressiven Kammeratmosphäre zur Korrosion führen.

Die **Außenschale** ist meist aus Aluminium, jedoch kann auch ein anderer Werkstoff gewählt werden. So wird eine Kammer in einem Gebirgsort oft nur genehmigt, wenn sie mit Holz verschalt wird. Wesentlich ist vor allem, dass die Außenschale hinterlüftet wird. Die Wärmedämmung besteht meist aus Mineralfaserdämmplatten mit 120 ... 200 mm Dicke je nach Klimabeanspruchung.

Die Wand wird an der Baustelle zusammengesetzt. Trockenes Wetter ist Voraussetzung, weil die Dämmplatten keinesfalls nass verbaut werden dürfen. Selbst bei Kunstharzimprägnierung der Platten ist trockener Einbau wichtig.

Alle Fugen müssen sorgfältig gedichtet werden. Die Dichtung muss säureresistent und temperaturbeständig sein. Meist kommt Silikonkautschuk zum Einsatz. Für die Dichtigkeit der Wände, Decken und Anschlüsse sollte vom Hersteller eine Gewährleistung von ca. zehn Jahren übernommen werden.

Üblicherweise wird gefordert, dass der Wandaufbau keine **Wärmebrücken** enthalten darf. Zu bedenken ist aber, dass es für die unvermeidlichen Durchbrechungen der Wände für Tore, Türen, Schächte, Rohr- und Kabeldurchführungen sowie für die kritische Fuge am Fuß der Wand bisher kaum einen Ansatz zu wirksamer Wärmedämmung gibt. Selbst die Forderung nach Dämmung der häufig ziemlich großen Klappen wird von Herstellern nur ungern akzeptiert. **Wärmebrücken** sind bei aufgeheizter Kammer von außen durch Abfühlen festzustellen. An den warmen Stellen schlägt sich innen Kondensat (Schwitzwasser) nieder. Folge davon sind erhöhter Wärmeverlust sowie Verringerung der Luftfeuchte, daraus resultieren Probleme mit der Klimaführung, vor allem beim Aufheizen (siehe Kap. 5.2.).

Die Wand wird meist auf die Außenkanten des Traggerüsts montiert, um auf diese Weise eine glatte Außenfläche des Bauwerks zu bekommen. Möglich ist aber auch die Montage von innen mit dem Vorteil, dass die Stützen außerhalb des Beschickungsraums stehen und nicht der Gefahr ausgesetzt sind, beim Manipulieren der Stapel beschädigt zu werden.

Zum Schutz innenliegender Stützen und Wände können auch Holzbohlen in geeigneter Höhe umlaufend oder wenigstens an den Seiten angebracht werden. Dazu muss als Tragelement eine Alu-Schiene vom Hersteller vorgesehen werden.

Die Kammern können in einer Halle aufgestellt werden. Größere Kammerbatterien stehen aber normalerweise im Freien. Dann erhalten sie ein **Schutzdach**, unter dem auch ein Bedienungsraum Platz finden kann. Die notwendige Zugangsleiter zum Dach muss mit einem Sperrmechanismus nach Richtlinie der Berufsgenossenschaft versehen werden, damit Unbefugten der Aufstieg verwehrt wird.

Oft trifft man noch Kammern in **Kassettenbauweise** an. Die Kassetten bestehen aus einem Kern aus Dämmstoff und einer geschlossenen Rundumbeplankung mit Alu-Blech. Die Montage der Kassetten ist zeitsparend. Allerdings werden die um die Kanten herum gezogenen Bleche leicht zu Wärmebrücken, wenn die Fugen nicht besonders gedämmt werden.

Im Inneren der Kassettenelemente kann sich bei großem Temperaturunterschied zwischen Innen- und Außenluft wegen fehlender Hinterlüftung Kondensat bilden. Durch den Druck des eingeschlossenen Wasserdampfs erscheinen Dampfbeulen am Außenblech. In der Folge wird die Wärmedämmung, z. B. aus Styropor, zerstört oder zumindest durchnässt.

Die Konstruktion der **Tore** entspricht meist dem Wandaufbau. Die Einfass- und Anschlagrahmenkonstruktion wird aus Alu-Profilen hergestellt, die Innenschale aus dem gleichen Material wie in der Kammer. Die Wärmedämmung ist in gleicher Art und Dicke auszuführen wie bei der Kammerwand. Tore und Türen werden mit speziellen Abdichtungen versehen, die leicht austauschbar sein müssen. Die Varianten der Trocknertore sind in Bild 9-11 dargestellt.

Beschläge und Montagematerial in der Anlage (Dübel, Schrauben, Muttern u. a.) müssen je nach technischer Beanspruchung in Edelstahl, Alu oder Spezialkunststoffen ausgeführt werden.

a)

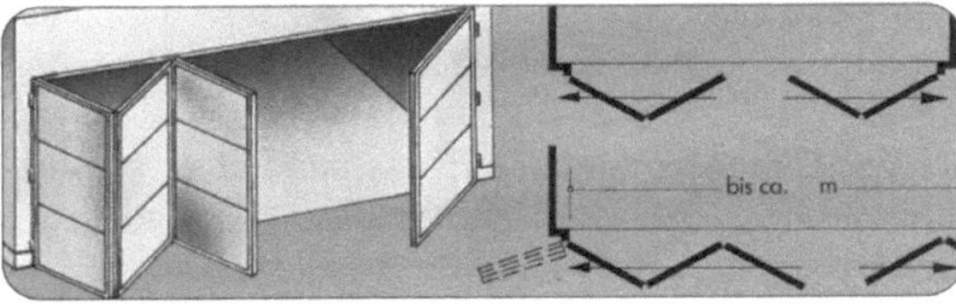

b)

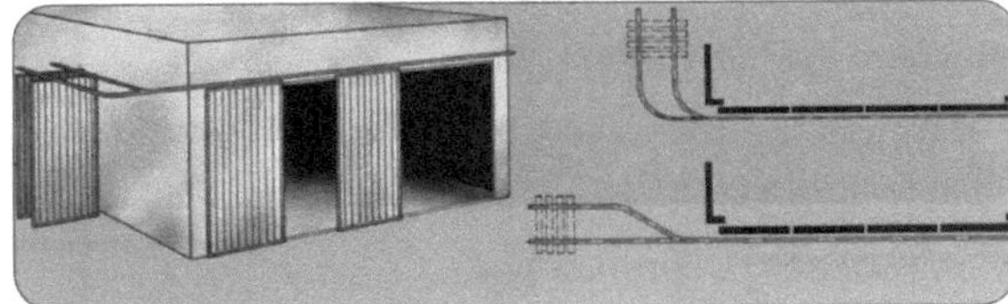
c)

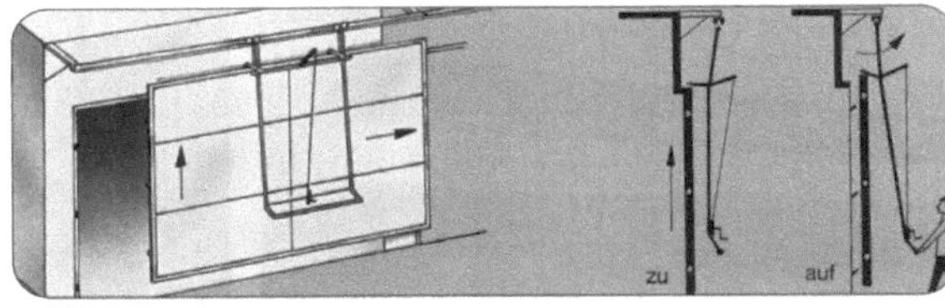

d)

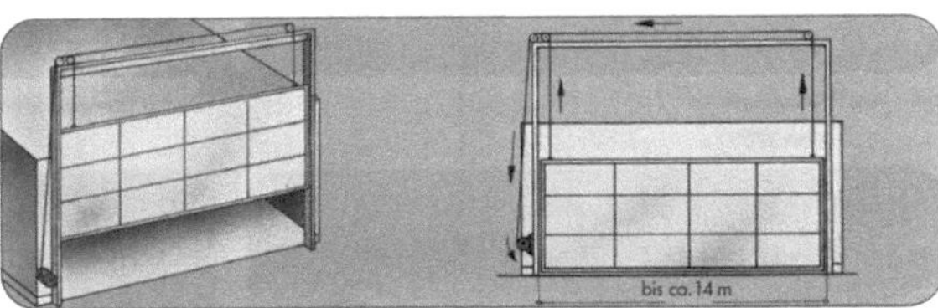

e)

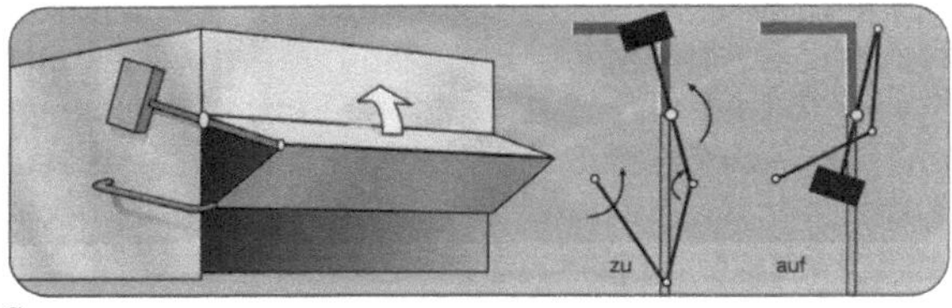

f)

Bild 9-11 *Varianten von Trocknertoren (von oben nach unten). (Bild: Brunner-Hildebrand)*
a) Flügeltor, ein- und zweiflügelig, für kleinere, rollwagenbeschickte Trockner bis zu ca. 5 m Torbreite,
b) Falttor, bei breiten Toren und beengten Raumverhältnissen, bis 14 m Breite
c) Lamellen-Schiebetor, raumsparend in geöffnetem Zustand
d) Hebe-Schiebetor, für große Toröffnungen bis ca. 18 m Torbreite in ein- und zweiteiliger Ausführung. Gute Abdichtung durch Verwendung des Eigengewichts als Anpressdruck. Bei Doppelkammern nur ein Laufwagen erforderlich
e) Hubtor, für große Toröffnungen bis ca. 14 m. Bedienung mit Seilwinde. Auch für Durchlauftrockner mit Taktbetrieb geeignet
f) Hub-Falttor, Schwing-Falttor, bei Toröffnungen bis ca. 14 m und beengten Platzverhältnissen für Einzelkammern. Hubvorgang manuell oder elektrisch

Ein Vorteil der hier beschriebenen **Ganzmetallkammern** ist die Möglichkeit der Demontage und Umsetzung der Kammer. Weiter ist für den gesamten Trockner nur ein Lieferant zuständig, wenn man vom Fundament absieht.
Für Trockenkanäle aus Metall gelten die gleichen Bauprinzipien.

9.2.2 Gemauerte Anlagen

Diese Art der Konstruktion ist in Europa fast verschwunden, aber in Ländern mit niedrigen Löhnen durchaus noch Standard. Dort ist die Massivbauweise kostenmäßig einer Ganzmetallkammer überlegen. Bestimmte Regeln sind zu beachten. Das Fundament muss in gleicher Weise ausgeführt werden wie bei Ganzmetallkammern. Die Mauern müssen zweischalig ausgelegt sein, um eine ausreichende Wärmedämmung zu erreichen. Bei aneinander gebauten Kammern muss auch die Trennmauer zweischalig sein, weil sonst die Einzelregelung der Kammern unmöglich ist. So kann z. B. eine Kammer nicht kontrolliert abgekühlt werden, wenn die benachbarten Kammern auf hoher Temperatur fahren. Als **Baumaterial** wird Beton oder auch Ziegelmauerwerk verwendet. Die Decke ist normalerweise aus Beton und muss auf der Mauerkrone schwimmend aufgelegt werden, z. B. auf einer Gleitschicht aus Kunststoff, weil mit erheblicher Wärmedehnung und -schwindung zu rechnen ist. Wird das versäumt, werden bald Risse im aufsteigenden Mauerwerk auftreten. Diese Grundlagen für eine ordnungsgemäße Bauausführung erhält der Käufer einer Kammer mit dem Bauplan. Gebaut wird dann mit lokalen Firmen. Geliefert und montiert werden vom Kammerhersteller nur die Einbauteile, für die gemäß Plan Aussparungen o. ä. freigelassen sind.

Es gibt Gründe, die diese Kammern als weniger vorteilhaft erscheinen lassen:

- Für gemauerte Anlagen gibt es zwar spezielle Zementputze und bitumenhaltige Anstriche. Das Mauerwerk muss jedoch trotzdem innen zum Schutz vor der aggressiven Kammeratmosphäre alljährlich gestrichen werden, was eine Unterbrechung des Kammerbetriebs über mehrere Tage bedeutet.
- Ein Versetzen der gemauerten Kammer bei betrieblichen Umplanungen ist ausgeschlossen, ein Abbruch die Folge.
- Die Steuerung des Klimas ist auch bei guter Wärmedämmung schwerfällig, weil das massive Mauerwerk erheblich Wärme speichert, d. h. beim Aufheizen Wärme schluckt und beim Abkühlen nur ungern wieder abgibt.

9.2.3 Stahlkessel, Stahlkammern

Diese druckfesten Behälter werden bei Anwendung von Über- oder Unterdruck eingesetzt, siehe Kap. 6.

9.3 Klimatechnische Ausstattung

9.3.1 Wärmeenergie

Holztrocknungsanlagen sind häufig die größten Wärmeverbraucher in einem Betrieb. Daher ist es unerlässlich, die Wärmeversorgung genau zu planen, um die Wirtschaftlichkeit nicht zu gefährden. Für den ganzen Betrieb sollte daher eine **Wärmebilanz** aufgestellt werden. Hierfür ist ein Energiefachmann beizuziehen. In den nachfolgenden Kapiteln wird die Trocknungsanlage lediglich wärmetechnisch betrachtet.

9.3.1.1 Zuführung der Wärme

In den meisten Holztrocknungsanlagen dient die **Luft** als Heizmedium. Sie muss erwärmt werden und wird dazu über Wärmetauscher geleitet. Gleichmäßigkeit der Heizung ist wichtig. Lokale Strahlung ist zu vermeiden. Die Wärmetauscher sind unterschiedlich ausgebildet, meistens handelt es sich um Rippenrohre. Zur Beheizung der Wärmetauscher dient normalerweise eine Heizkesselanlage, die in der Holzindustrie oft mit Holzresten beheizt wird (LWF 2003).

Mögliche **Wärmeträger**:

- Warmwasser (drucklos), Vorlauf bis 95 °C, keine externe Überwachung vorgeschrieben
- Heißwasser (Überdruck)
- Dampf (Nieder- oder Hochdruck)
- Thermoöl (drucklos)
- elektrische Widerstandsheizung, allerdings aus Wirtschaftlichkeitsgründen kaum zu finden.

Wärmetauscher

Rippenrohre aus Bimetall. Sie bestehen aus einem Stahlrohr mit aufgewalzten Aluminium-Rippen (Bild 9-12). Stahl ist weitgehend unempfindlich gegen Kesselwasser, jedoch gegenüber der sauren Kammerluft nicht ausreichend korrosionssicher. Daher werden Heizrippen aus Aluminium aufgewalzt, das widerstandsfähig gegen Säuren ist. Dagegen ist eine Rohrleitung aus diesem Material nicht möglich, weil Zusätze des Kesselwassers das Aluminium angreifen. Beheizt werden kann durch Warmwasser, Dampf oder Thermoöl. Die Stahlrohre für Vor- und Rücklauf sind außerhalb der Heizrippen dem Kammerklima ausgesetzt. Sie müssen durch säurefeste Anstriche gegen Korrosion geschützt sein. Zweckmäßig ist eine **Frostschutzaktivierung** über Temperaturfühler im Rücklauf des Heizregisters.

Bild 9-12 *Bimetall-Rippenrohr. Stahlkern sichtbar links als glattes Rohr, rechts als Kern des Rippenrohrs. Die Rippen aus Aluminium sind auf den Stahlkern aufgewalzt (Bild: BRUNNER-HILDEBRAND)*

Eine erhöhte Sicherheit gegen Korrosion bieten **Rohrleitungen aus Edelstahl**. In diesem Fall bietet es sich an, auch die Rippenrohre **aus Edelstahl** zu wählen. Rippenrohre **aus Stahl** haben sich nicht bewährt, weil jeder Korrosionsschutzanstrich – ebenso wie auch ein Zinküberzug – bald zerstört wird. Eine Erhaltung bzw. Erneuerung des Korrosionsschutzes in der Kammer ist nicht möglich. Ein Rippenrohr kann nur nach Demontage zweckmäßig behandelt werden.

Indirekte Rauchgasheizung ermöglicht die externe Beheizung ohne ein Zwischenmedium. An der Trockenkammer ist zu diesem Zweck in einem kleinen Anbau ein **Brenner** (Öl, Gas) installiert (Bild 9-13). In einem damit kombinierten **Wärmetauscher** werden Lamellen oder Rohrbündel durch die Verbrennungsgase aufgeheizt (= Rauchgas-Luft-Wärmetauscher). Die dort erwärmte Luft wird mithilfe eines eigenen Ventilators über einen Sekundärluftstrom in den Trockenraum geblasen. Vorteilhaft sind der kurze Weg für die Warmluft und die damit verbundene Verringerung von Wärmeverlusten. Verbrennungsgase von Heizöl können andererseits bei Abkühlung korrosive Substanzen (z. B. Schwefelsäure) ausscheiden.

Diese Art der Beheizung ist nicht sehr verbreitet.

Direkte Rauchgaseinleitung. Diese Heizung wird bei Verwendung von **Gasbrennern** gelegentlich installiert. Die Rauchgase können vor Einleiten in den Trockner durch Mischen mit kalter Luft auf die für das Trocknungsgut (und für die Anlagenteile) zu

Bild 9-13 *Kleine Trockenkammer (rechts) mit Gasbrenner und Wärmetauscher (im linken Nebenraum). Indirekte Heizung erfordert Rauchkamin. Er wäre bei Direktbeheizung mit Rauchgas durch einen Abgasschacht zu ersetzen*

trägliche Trocknungstemperatur abgekühlt werden. Der Brenner wird neben der Trockenkammer platziert. Die Energieausnutzung ist in diesem Fall günstiger als bei der Heizung über Wärmetauscher. Überdies kann hier ein Kamin vermieden werden – genehmigungstechnisch ein Vorteil. Secea gibt an, dass bei dieser Heizung 2 Brenner mit einer Leistung bis zu 300 kW installiert werden können – kein Vergleich mehr mit den kleinen Experimentierkammern der Vergangenheit. **Öl oder Festbrennstoffe** werden wegen der ungünstigen Auswirkung der Bestandteile des Rauchgases (Kohlendioxid, Asche, Ruß, Schwefelverbindungen) auf das Holz und die Anlage nicht verwendet.

Wärmepumpe. Sie ist das Herzstück der **Kondensationstrocknung** und wird dort näher beschrieben.

Elektrische Widerstandsheizung. Die Installation ist einfach. Die Heizkörper müssen korrosionssicher ausgeführt sein.

Wärmerückgewinnung. Vielfach ist es möglich, einen Teil der Primärwärme zurückzugewinnen. Hierfür gibt es mancherlei Lösungsangebote. Zu berücksichtigen ist, dass Abwärme aus Holztrockenkammern nicht gleichmäßig anfällt. Technische Möglichkeiten zur Wärmerückgewinnung werden bei der Frischluft-Ablufttrocknung (Kap. 9.3.1.8), der Vakuumtrocknung (Kap. 6.3) und der Kondensationstrocknung (Kap. 7.2) dargestellt.

9.3.1.2 Wärmeleistung der Trocknungsanlage beim Aufheizen

Die **Leistung** wird aus dem maximal notwendigen Wärmebedarf (kWh) bestimmt. Dieser tritt beim Aufheizen auf. Aufzuheizen sind:

- das Holz,
- das Betonfundament,
- die Kammerwände,
- die Decken,
- die Kammerluft,
- sonstige Einrichtungen,
- zusätzlich Deckung des laufenden Wärmeverlustes.

Für die Berechnung werden Kenngrößen der verschiedenen Stoffe benötigt:

Spezifischer Aufheizwärmebedarf des Holzes:

$$q_{\text{as Holz}} = \rho_u \cdot \Delta\vartheta \cdot c_u \quad (\text{in kWh/m}^3)$$

Spezifischer Aufheizwärmebedarf anderer Stoffe:

$$q_{\text{as Stoff}} = \gamma \cdot \Delta\vartheta \cdot c \quad (\text{in kWh/m}^3)$$

Dabei sind

ρ_u Rohdichte des Holzes bei der Feuchte u in g/cm³
γ Dichte des Stoffs in g/cm³
$\Delta\vartheta$ Differenz zwischen Anfangs- und Endtemperatur des zu erwärmenden Materials in K
c_u spezifische Wärmekapazität des zu erwärmenden Holzes bei der Feuchte u in kWh/(kg · K)
c spezifische Wärmekapazität bei anderen Materialien in kWh/(kg · K)

Dazu kommt der **Wärmeverlust durch Abstrahlung** nach außen, für den nachfolgende Berechnung anzustellen ist.

Spezifischer Wärmeverlust:

$$q_{vs} = \frac{A \cdot U \cdot t \cdot (\vartheta_m - \vartheta_a)}{V_H} \quad \text{in kW/m}^3 \text{ Holz}$$

A Fläche des Wärmedurchtritts in m²
U Wärmedurchgangskoeffizient der Kammeraußenflächen (früher k) in kW/(m² · K)
t Dauer des Wärmedurchtritts (Aufheizzeit) in h
ϑ_m mittlere Kammertemperatur während des Aufheizens in K
ϑ_a mittlere Anfangstemperatur der Schichten des Wärmedurchtritts in K

Die Temperatureinheiten unterscheiden sich um 273,15 °C oder K, die Differenz $\vartheta_m - \vartheta_a$ bleibt aber die gleiche.

Spezifischer Aufheizbedarf der Kammer:

$$q_{\text{as Kammer}} = q_{\text{a Holz}} + q_{\text{a Beton}} + q_{\text{a Wände}} + q_{\text{a Decke}} + q_{\text{a Luft}} + q_{\text{a sonstiges}} + q_{vs}$$

Daraus wird die **Aufheizleistung** als maximal notwendige Wärmeleistung der Kammer $q_{\text{ks max}}$ berechnet. Sie bemisst sich nach dem Aufheizbedarf q_{as} und der Aufheizzeit t_a.

Spezifische Aufheizleistung der Kammer:

$$q_{\text{ks max}} = \frac{q_{as}}{t_a} \quad \text{in kWh/(h} \cdot \text{m}^3)$$

Der **spezifische Aufheizwärmebedarf** q_{as} ist eine physikalisch feststehende Größe ohne Interpretationsspielraum. Die Aufheizzeit t_a kann hingegen variiert werden. Kap. 5.5 gibt dafür eine Schätzgrundlage. Aufgeheizt werden muss unter Beibehaltung einer hohen Luftfeuchte. Eine besonders rasche Steigerung der Temperatur ist damit nicht möglich. Die Leistung kann umso niedriger angesetzt werden, je länger aufgeheizt wird.

Unter diesen Gesichtspunkten liegt die berechnete Aufheizleistung bei maximal 20 kW/m³ Holz bei hoher anzusteuernder Trockentemperatur, etwas niedriger bei geringerer Temperatur.

Diese erforderliche Leistung liegt wesentlich über der Leistung des eigentlichen Trocknungsbetriebs (siehe unten). Sie wird daher in der Praxis oft abgemindert, um die Wärmeversorgung zu vergleichmäßigen.

Eine andere Möglichkeit, die Aufheizspitzen zu kappen, liegt in der Speicherung von Wärme. Hierfür muss ein Speicher, z. B. ein Wassertank, im Trockenraum dann aufgeheizt werden, wenn in einer Trocknungsphase niedrigen Wärmebedarfs Überschusswärme produziert wird. Diese Wärme kann für den Aufheizprozess verwendet werden. Die Speicherung kann schon bei einer Kammer, aber besser bei mehreren Kammern mit gestaffelten Aufheizperioden sinnvoll sein.

9.3.1.3 Heizfläche

Die **spezifische Heizfläche** A_{hs} eines Rippenrohrs wird von der maximalen Aufheizleistung $q_{ks\,max}$ abgeleitet. Sie ist abhängig vom Wärmedurchgang durch das Rippenrohr und der Temperaturspanne, über die aufgeheizt werden soll.

Spezifische Heizfläche:

$$A_{hs} = \frac{q_{ks\,max}}{U \cdot (\vartheta_b - \vartheta_a)} \quad \text{in m}^2 \text{ Heizfläche je m}^3 \text{ Holz}$$

U Wärmedurchgangskoeffizient der Rippenrohre = 0,034 bis 0,047 kW/(m² · K) Einflussfaktoren sind vor allem Material, Luftfeuchte und Luftgeschwindigkeit.

ϑ_b gewünschte Betriebstemperatur in K

ϑ_a Anfangstemperatur, z. B. Temperatur auf dem Holzplatz in K

ϑ_a wird für die Berechnung der Aufheizleistung korrekterweise mit dem möglichen Minimalwert angesetzt: Dieser ist in DIN 4108 für Deutschland je nach Klimagebiet mit –10 bis +10 °C angegeben.

Die Berechnung der **Heizfläche** ergibt: $A_{hs\,max} \leq 5{,}0$ m² Heizfläche je m³ Holz.

Dies entspricht der oben angegebenen maximalen Aufheizleistung. Die Trockenkammern sind tatsächlich meist mit der hier genannten maximalen Heizfläche ausgestattet. Zur Ermittlung der Gesamtlänge von Rippenrohren werden für 10 m² Heizfläche etwa gerechnet:

bei 70 mm Außendurchmesser	4,2 lfm Rippenrohr
bei 100 mm Außendurchmesser	3,3 lfm Rippenrohr
bei 180 mm Außendurchmesser	2,5 lfm Rippenrohr

9.3.1.4 Wärmeleistung der Trocknungsanlage beim eigentlichen Trocknen

Während der reinen Trocknung wird **Wärme** benötigt

- für Verdunsten des Wassers aus dem Holz,
- für das Sprengen der hygroskopischen Bindung zwischen Wassermolekül und Holzfaser,
- für die Deckung der Wärmeverluste bzw.
- für die Einhaltung der Temperatur.

Die Trocknungswärmeleistung beträgt:

- **bei rascher Trocknung** $q_{ts} \leq 8{,}0$ kW/m³ (z. B. Nadelholz, geringe Dicke)
- **bei langsamer Trocknung** $q_{ts} \leq 2 \ldots 4$ kW/m³ (z. B. schwere Laubhölzer, dickes Holz, jedoch bei Eiche u. ä. auch weniger)

Die **maximale Leistung** liegt weit über der hier genannten, nachhaltig geforderten Leistung. Daraus ergibt sich, dass die Heizregister häufig für den Dauerbetrieb überdimensioniert sind – was allerdings nicht unbedingt nachteilig für die Trocknung sein muss.

9.3.1.5 Installierte Heizleistung

Die Heizung in Trockenkammern wird durch die Angabe der **eingebauten Heizfläche** der Wärmetauscher am besten vergleichbar gemacht. Vielfach wird leider bei Angeboten darauf verzichtet und stattdessen die **installierte Heizleistung** einer Kammer angegeben. Daraus erfährt man, welche Wärmemenge ein Wärmetauscher, z. B. ein Rippenrohr, bei definierter Vorlauftemperatur und definierter Kammertemperatur in die Kammer bringen kann. Entscheidend ist dabei die Festlegung einer **Kammertemperatur**. Sie sollte in Angeboten einheitlich angesetzt werden, um einen Angebotsvergleich zu ermöglichen.

Die Kammertemperatur darf nicht mit der Maximaltemperatur in der Kammer verwechselt werden.

Diese muss wegen der Wärmeverluste um mindestens 20 K niedriger angesetzt werden als die Vorlauftemperatur, vorausgesetzt, die Wärmeversorgung aus dem Heizkessel reicht aus.

Installierte Heizleistung der Trocknungsanlage:

$$q_{is} = A_{hs} \cdot U \cdot (\vartheta_V - \vartheta_L) \quad \text{in kW je m}^3 \text{ Holz}$$

- A_{hs} spezifische Heizfläche (in m² Heizfläche je m³ Holz) ist entsprechend den zu trocknenden Holzarten zu wählen
- U Wärmedurchgangskoeffizient des Wärmetauschers in kW/(m² · K) ist zu wählen
- ϑ_V Vorlauftemperatur des Heizmediums in K. Sie richtet sich nach der Vorlauftemperatur des Heizkessels.
- ϑ_L Temperatur der Kammerluft in K. Sie wird für die Berechnung fiktiv zwischen 40 °C und 70 °C angenommen. Diese Annahme bringt keine Aussage über die mögliche Maximaltemperatur der Trockenkammer.

Die Verwendung der hier erläuterten Temperaturen und auch des Wärmedurchgangskoeffizienten des Wärmetauschers haben schon viel Verwirrung gestiftet und auch zu Fehlinvestitionen bei der Wärmeversorgung geführt. Daher sollte die installierte Heizleistung in Angeboten nicht erscheinen oder doch wenigstens ausführlich erläutert werden. Beispielrechnung nach Kap. 9.3.1.6

9.3.1.6 Gesamte Heizleistung

Die **Auslegung der Wärmeversorgung** umfasst alle vorhandenen Wärmeverbraucher im Betrieb. Die Holztrocknungsanlage nimmt in der Regel den größten Anteil der Wärme auf.

Wird nur die Trocknung und allenfalls eine Raumheizung mit Wärme versorgt, fällt die Wahl eines Wärmeerzeugers heute meistens auf einen kostengünstigen **Warmwasserkessel.** Er lässt sich ohne Fremdüberwachung problemlos und mit Holzresten betreiben. Trockentechnisch ist dieser Kessel allerdings nicht besonders vorteilhaft, er kann nämlich das Wasser allenfalls mit einer Vorlauftemperatur von 90 °C in eine Kammer bringen. Wegen der Wärmeverluste ist also maximal mit einer Kammertemperatur von ca. 70 °C zu rechnen. Da viele Hölzer, insbesondere die Nadelhölzer, eine Temperatur bis zu 90 °C erlauben, wird die Kammerkapazität eingeschränkt. Sehr fraglich ist, ob diese Einsparung bei Investition und Betrieb des Heizkessels den Leistungsverlust der Trockenkammern aufwiegt.

Für die Auslegung der Kesselleistung ist der unterschiedliche **Betriebszustand** von Trockenkammern zu berücksichtigen. Wie oben dargelegt, ist die Aufheizleistung wesentlich höher anzusetzen als die Trocknungswärmeleistung. Normalerweise wird davon ausgegangen, dass nur eine von mehreren Kammern zu einem bestimmten Zeitpunkt aufgeheizt wird. Die anderen Kammern werden mit dem Trocknungszustand angesetzt.

Betrieb von *n* Kammern:

1 Kammer Aufheizleistung + (n – 1) Kammern Trocknungswärmeleistung

Aus der Formel ergibt sich, dass bei Vorhandensein nur einer Kammer theoretisch der Aufheizzustand anzusetzen ist. Tatsächlich nimmt man meist eine Verlängerung des Aufheizzustands in Kauf, um Kesselkapazität zu sparen.

Falls ein Heizkessel ausschließlich für die Trocknungsanlage geplant wird, kann seine Größe überschlägig nach folgender Formel berechnet werden. Dabei muss berücksichtigt werden, dass die **Nominalleistung** eines Kessels durch **Wärmeverluste** geschmälert wird und daher der Wirkungsgrad unter 100 % liegt.

Kesselleistung (bei *n* gleich großen Kammern):

$$Q_{Kessel} = [q_{ks\,max} + (n-1) \cdot q_{ts}] \cdot V_{H\,Kammer} \cdot \frac{1}{\eta} \quad \text{(in kW)}$$

- $q_{ks\,max}$ Spezifische Aufheizleistung der Kammer in kW/m³
- q_{ts} Trocknungswärmeleistung in kW/m³
- n Gesamtanzahl der Kammern, gleiches Fassungsvermögen vorausgesetzt
- $V_{H\,Kammer}$ Volumen (Fassungsvermögen) an Holz in einer Kammer in m³
- η Wirkungsgrad des Heizkessels

Fallbeispiel zur installierten Heizleistung von Kammern und zur Auslegung des Heizkessels

Beschafft werden sollen 4 Frischluft-Abluft-Trockenkammern mit je 150 m³ Holzinhalt. Zu trocknen ist Fichten-Leimbauware. Dazu geplant ist ein Heizkessel mit einer Vorlauftemperatur von 90 °C.

Heizleistung

In zwei Angeboten werden die installierten Heizleistungen je Kammer genannt. Berechnet werden soll, welche Kammer bezüglich der Heizung günstiger liegt. Für den Vergleich werden zweckmäßigerweise die spezifischen Heizflächen herangezogen. Der Wärmedurchgangskoeffizient des Wärmetauschers ist für beide Angebote mit $U = 0{,}04\ \text{kW/(m}^2 \cdot \text{K)}$ gegeben.

Angebot A: Installierte Heizleistung 840 kW bei 50 °C Kammertemperatur

$$A_{Hs} = \frac{840}{150 \cdot 0{,}04 \cdot (90 - 50)}\ \text{m}^2/\text{m}^3 = 3{,}5\ \text{m}^2/\text{m}^3$$

Angebot B: Installierte Heizleistung 540 kW bei 70 °C Kammertemperatur

$$A_{Hs} = \frac{540}{150 \cdot 0{,}04 \cdot (90 - 70)}\ \text{m}^2/\text{m}^3 = 4{,}5\ \text{m}^2/\text{m}^3$$

Die Kammer des Angebots B weist die größere Heizfläche auf. Die Angabe nur der Heizleistung kann also irreführend sein, wie der Vergleich der beiden Angebote zeigt.

Heizkessel

Wie groß muss ein Heizkessel (in kW) bei einem Wirkungsgrad von 75 % für die Kammern des Angebots B gewählt werden?

Maximal erreichbare Kammertemperatur ist 70 °C, minimale Ausgangstemperatur 0 °C. Mit Wärme zu versorgen sind 1 Kammer im Aufheizzustand, 3 Kammern im Betriebszustand. Daher ist die Wärmeleistung für beide Zustände zu ermitteln.

Erforderliche Heizleistung im Aufheizzustand für 1 Kammer:

gemäß Kap. 9.3.1.3.:

$$q_{k\,max} = A_{Hs} V_H U_{Rippenr.}(\vartheta_b - \vartheta_a)$$

$$= 4{,}5 \cdot 150 \cdot 0{,}04(70 - 0)\ \text{kW} = 1890\ \text{kW}$$

Erforderliche Heizleistung im Betriebszustand für 1 Kammer:

gemäß Kap. 9.3.1.4:

$$q_t = q_{ts} V_H = 8{,}0 \cdot 150\ \text{kW} = 1200\ \text{kW}$$

$$\text{Kesselleistung } Q_{Kessel} = [1890 + (4 - 1) \cdot 1200]\ \frac{1}{0{,}75}\ \text{kW}$$

$$= \underline{7320\ \text{kW}}$$

9.3.1.7 Wärmebedarf

Zur Ermittlung des **Wärmebedarfs** für die Trocknung sind im Planungsstadium Erfahrungswerte heranzuziehen. Die **Masse des Wassers** m_W, die pro Einheit (Jahr, Stunde oder auch Trocknungscharge) aus dem Holz auszutreiben ist, spielt dabei die Hauptrolle:

$$m_W = m_u - m_0 = m_0(u_a - u_e) \quad \text{(in kg/Einheit)}$$

Zur Berechnung muss zunächst die **Masse des darrtrockenen Holzes** ermittelt werden.

Da üblicherweise nur das Volumen bekannt und ermittelbar ist, muss die Rohdichte zur Umrechnung herangezogen werden. Diese kann in Tabelle 3-1 (Kap. 3.5) gefunden werden.

Masse des darrtrockenen Holzes: $m_0 = V_0 \cdot \rho_0$ (in kg)

Das Volumen im darrtrockenen Zustand kann als Differenz aus Nassvolumen (des zu trocknenden Holzes) und Schwindung (Tabelle 3-1) berechnet werden. Die Berechnung setzt voraus, dass die Anfangsfeuchte oberhalb der Fasersättigung liegt. Das Ergebnis wird also mit einer möglichen, aber hinnehmbaren Ungenauigkeit behaftet sein:

$$m_0 = V_u \cdot (1 - \beta_{V\,max}) \cdot \rho_0$$

Auf die Masse m_W ist die notwendige Energie, hier in kWh, zu beziehen. Der Wärmeenergiebedarf q_D gemäß Tab. 9-1 gilt als Durchschnittswert für die gesamte Trocknung (einschl. Aufheizen und Wärmeverlusten). Es handelt sich um eine durchschnittliche Verbrauchszahl, die Auslegung der Heizung ist hiermit nicht möglich.

Der gesamte **Wärmeenergiebedarf** W für eine Zeiteinheit wird berechnet aus

$$m_W \cdot q_D \quad \text{(in kWh/ZE)}$$

Zur Umrechnung des Energiebedarfs in Heizmaterial ist die Kenntnis des Heizwerts H_u notwendig. Für

Tabelle 9-1 *Wärmeenergiebedarf q_D in kWh pro kg Wasserentzug*

Verfahren	q_d in kWh/kg
Frischluft-Ablufttrocknung	
Hartholz, frisch bis trocken	1,0 ... 1,7
Hartholz, grenzfeucht bis trocken	1,5 ... 2,2
Weichholz, frisch bis trocken	0,7 ... 1,0
Weichholz, grenzfeucht bis trocken	1,0 ... 1,7
Vakuumtrocknung (je nach System)	0,7 ... 3,0
Kondensationstrocknung (je nach System)	0,35 ... 1,2

Tabelle 9-2 *Heizwerte von Hackschnitzeln in Abhängigkeit von der Holzfeuchte*

Holzfeuchte u	Heizwert H_u	
15 %	3800 kcal/kg	4,4 kWh/kg
50 %	2800 kcal/kg	3,3 kWh/kg
80 %	2250 kcal/kg	2,6 kWh/kg

Holz - Hackschnitzel gelten angenähert die H_u - Werte gemäß Tab. 10-2.

Berechnungsbeispiel zum Wärmebedarf siehe Kap. 10.3.

Zu Vakuumtrocknung siehe Kap. 6, zu Kondensationstrocknung Kap. 7.2.

9.3.1.8 Wärmeeinsparung

Die **Wärmerückgewinnung** wird bei Frischluft-Ablufttrocknung mehr diskutiert als realisiert. Nach Ansicht von BRUNNER (1987) entfallen 35 ... 50 % des gesamten thermischen Energieverbrauchs bei der Trocknung auf **Abluftverluste**. Daher ist es erstaunlich, dass die Nutzung dieser Verlustenergie bei den Kammerbetreibern nur geringes Interesse findet.

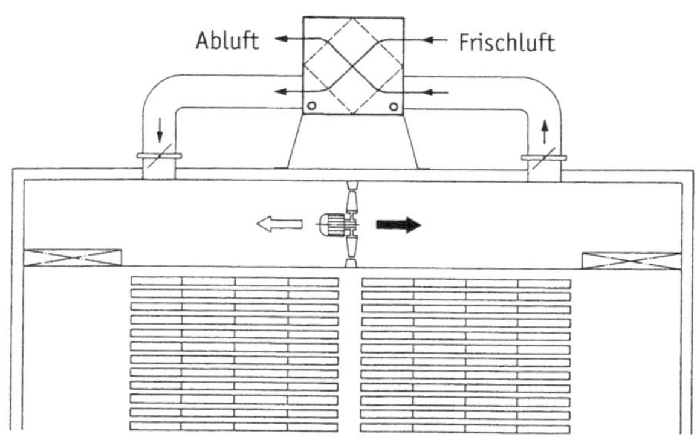

Bild 9-14 *Plattenwärmetauscher zur Erwärmung der Zuluft durch die Abluft. Kreuz- und Gegenstrom wechseln die Richtung je nach Drehrichtung des Ventilators (Bild: SCHRÖTER)*

Verschiedene Möglichkeiten werden angeboten. Mit **Wärmetauschern** kann der übertragbare Anteil der Abwärme (vor allem aus der **Abluft** einer Trockenkammer) zur Vorwärmung der Zuluft genutzt werden (rekuperative Wärmerückgewinnung). Der einfachste Wärmetauscher hierfür besteht aus einem Doppelrohrsystem, bei dem das eine Medium im Ringspalt zwischen Außen- und Innenrohr, das andere im Gegenstrom durch das Innenrohr fließt. Anstelle des einen Innenrohrs wird meist eine größere Anzahl Rohre mit kleinerem Durchmesser in einem alles umhüllenden zylindrischen Mantel angeordnet (**Rohrbündel-Wärmetauscher**). Die Übertragung größerer Wärmemengen auf engstem Raum erhält man, wenn statt der kreisförmigen Querschnitte ebene Mantelflächen gewählt werden (**Platten-Wärmetauscher**), wobei der Wärmetausch über beidseitig angeströmte Platten im Kreuz- oder Gegenstrom erfolgt (Bild 9-14). Die Luftströme können reversieren. Einen sehr wirksamen Wärmetransport über verhältnismäßig große Strecken erlaubt das **Wärmerohr** (Bild 9-15). Darin wird durch warme Abluft eine im Rohr befindliche, leicht siedende Flüssigkeit verdampft. Der Dampf strömt zum kälteren Rohrende, wo er wieder zur Flüssigkeit kondensiert und damit die aus der Abluft aufgenommene Verdampfungswärme frei wird. An der gerillten Wandung des schrägen oder senkrechten Rohres oder in der kapillaren Rohrwandung fließt die Flüssigkeit zur heißen Seite zurück. Eine Umkehrung des Wärmestromes bei Reversierung der Luftströme ist hierbei nicht möglich.

Die **thermische Kopplung** mehrerer Trockenkammern, entwickelt von BRUNNER-HILDEBRAND, ermöglicht die Nutzung warmer Abluft. Mehrere Kammern werden durch ein in das gemeinsame Dach integ-

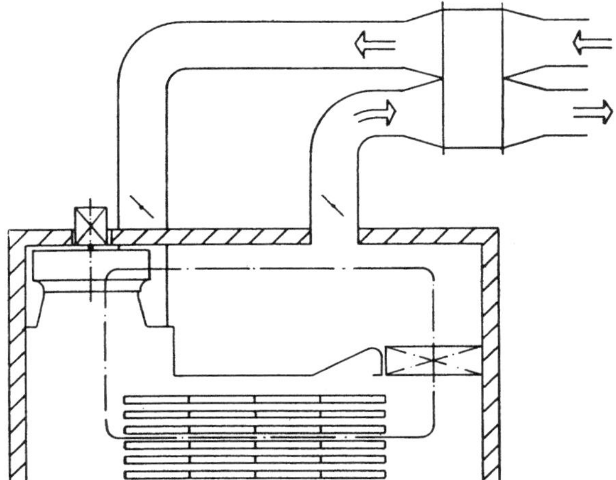

Bild 9-15 *Wärmerohr zur Erwärmung der Zuluft durch die Abluft (Bild: SCHRÖTER)*

riertes Wärmetauschersystem verbunden. Die horizontalen Trennflächen zwischen zwei Kanälen von jeweils der Größe der Kammergrundfläche wirken als Wärmetauscherflächen, durch die je nach Luftführung der Wärmedurchgang erfolgt. An den Trennflächen fällt Kondensat aus. Daneben ist auch der direkte Austausch von Frisch- und Abluft durch entsprechende Schächte vorgesehen. Nachfolgend wird aus BRUNNER-HILDEBRAND (1987) zitiert:

„Gekennzeichnet ist dieses Verbundsystem durch folgende Merkmale:

- *Ein die gesamte Dachfläche mehrerer Trockenkammern umfassender integrierter Wärmetauscher (ein „Doppelverbundkanal"), mit den Verbundkanalklappen für den Frischluft-Abluft-Austausch*
- *Mindestens zwei Kammer-Kanal-Klappen pro Trockner*
- *Eine oder zwei Kanal-Kanal-Klappen pro Trockner*
- *Mindestens je ein Paar Frischluft-Abluft-Kamine bzw. -Klappen pro Trockner (wie bei konventionellen Anlagen)*
- *Ein Zusatz-Heizregister im Verbundkanal jeweils zwischen zwei Kammern*
- *Ein wesentlich kleiner dimensioniertes Heizregister pro Trockner*

Die Steuerung einer derartigen Vielzahl von Klappen und Ventilen mit der Absicht einer Minimierung des thermischen Energieverbrauchs bei unveränderten Anforderungen an Trockenzeit und -qualität erfordert ein leistungsfähiges Computersystem einschließlich einer ausgereiften Software."

Bild 9-16 zeigt schematisch den **Klimaverbund** für vier nebeneinander stehende Kammern. Intervallweise wird entschieden, welche Kammern für den

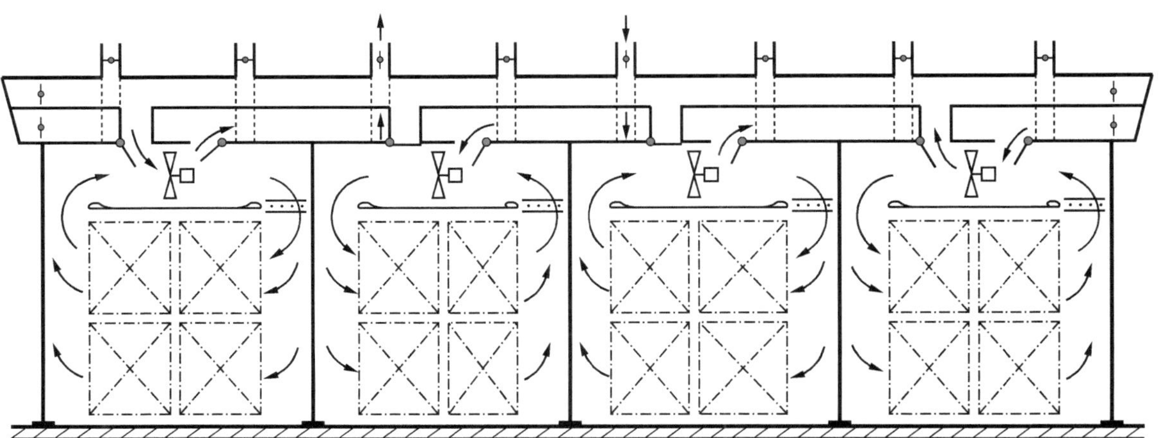

Bild 9-16 *Thermische Kopplung von Trockenkammern. Schaltschema für vier Kammern. Wärmeaustausch über Doppel-Verbundkanal in der Dachfläche (Bild: BRUNNER-HILDEBRAND)*

Klimaverbund zuzulassen sind. Eine im Aufheizzustand befindliche Kammer kann z. B. ihre Luft aus zwei Spenderkammern beziehen, und wird möglicherweise das eigene Heizregister nicht in Betrieb nehmen. Auf diese Weise können Heizregister für den Dauerbetrieb ausgelegt werden, weil Aufheizspitzen vermieden werden. Damit entsteht eine Einsparung von Investitions- und Energiekosten.

Bei Knappheit an Wärme kann in einem Betrieb ein **Energiemanagementsystem** installiert werden. Dieses wird so programmiert, dass die Wärmeverbraucher in eine Rangfolge nach ihrer Bedeutung für die Produktion gereiht werden. Sobald der eingestellte Maximalverbrauch im Werk erreicht ist, wird die an letzter Stelle eingereihte Maschine abgestellt. Derart können auch die Trocknungsanlagen bzw. die einzelnen Kammern mit Rangstellen eingeordnet werden.

Zunehmend interessant wird die **Kraft-Wärme-Kopplung** (KWK) über ein Blockheizkraftwerk. Hierfür wird in einem Heizkessel Hochdruckdampf erzeugt. Dieser treibt eine Kraftmaschine an. Vorrangiges Ziel ist die Erzeugung von Strom. Der anfallende Abdampf kann der Wärmeversorgung von Trocknungsanlagen dienen. Auch Niederdruckdampf kann gesondert für den Sprühvorgang entnommen werden. Das System ermöglicht eine weitgehend vollständige Energieausnutzung des Brennstoffs. Die Investitionskosten sind allerdings hoch, die Rentabilität unterliegt wegen der Strompreisgestaltung politischen Einflüssen.

9.3.2 Sprühen

Folgende **Gründe** geben Veranlassung, das Holz während des Trocknungsprozesses oder danach zu befeuchten:

Befeuchten während des Aufheizens. *Grund:* Zu großes Feuchtegefälle im Holz, verursacht durch Freilufttrocknung. Die randnahe Zone trocknet aus und verschalt dabei. Die Feuchte dieser Holzschicht muss erhöht werden, um die Trocknung zu beschleunigen, oft auch überhaupt erst zu ermöglichen. Durch erhöhte Feuchte in den Randzonen der Hölzer wird die Leitung der Wärme ins Holz erhöht.

Befeuchten während der Trocknung. *Grund:* Das Feuchtegefälle über den Querschnitt wird zu groß, die Deckschicht trocknet zu rasch, das Holz verschalt. Diese Verschalung muss durch Befeuchtung rückgängig gemacht werden.

Manche Hölzer neigen bei zu scharfer Trocknung zur Bildung von **Feuchtenestern**. Durch intensiven Sprühen lässt sich die Feuchte auf hohem Niveau egalisieren. Bei manchen Laubhölzern kann im nassen Zustand durch zu scharfe Trocknung **Zellschwund** als Vorstufe zu **Zellkollaps** eintreten. Eine Auffeuchtung im Bereich der Fasersättigung kann Zellkollaps verhindern. Es ist in der Folge zweckmäßig, ein milderes Programm zu wählen.

Sprühen während der Entfeuchtungsperiode kann aber immer nur eine Notmaßnahme sein, weil damit die Trocknung rückgängig gemacht wird. Oft reicht es, das Klima durch Schließen der Luftschächte abzumildern.

Befeuchten am Schluss der Trocknung. *Grund:* Die Holzfeuchte ist wegen der scharfen Trocknung am Ende des Prozesses sowohl über den Querschnitt des Holzes als auch zwischen den einzelnen Stücken meist ungleichmäßig. Durch Befeuchtung wird eine Egalisierung erreicht, diese Periode wird **Konditionierung** genannt.

Befeuchten zwecks Rückstellung von Verschalung oder Zellkollaps am schon fertig getrockneten Holz. *Grund:* Dies ist nur kurze Zeit (wenige Tage) nach Abschluss der Trocknung erfolgreich und nur, wenn viel Feuchte eingebracht werden kann, z. B. in einer Dämpfkammer.

Aus dieser Aufzählung erkennt man, dass eine Befeuchtung entscheidend für den Erfolg einer Trocknung sein kann. Verwunderlich ist daher, dass der Art der Sprühung bei einer Kammerinvestition nur geringe Aufmerksamkeit geschenkt wird.

Methoden der Befeuchtung

Sprühen mit Niederdruckdampf

Das Sprühen mit **Niederdruckdampf** einer Temperatur von nicht über 105 °C wird als beste Möglichkeit betrachtet und ist vermutlich die älteste Art der Befeuchtung in einer Trockenkammer (Cathild Industrie 1993). Der Dampf muss gesättigt sein, weil er keine Trocknung bewirken soll. Er tritt durch Lochrohre in den Trockenraum ein.

Vorteile: Beim Aufheizen bringt der Dampf neben Feuchte auch Wärme in die Kammer, wodurch der Prozess beschleunigt wird. Die erforderliche hohe Feuchte kann problemlos eingeregelt werden. Verschalung wird zuverlässig beseitigt. Versuche haben gezeigt, dass durch intensive Vorbehandlung mit Dampf eine Beschleunigung des anschließenden Trocknungsprozesses erreicht wird (FRICKE u. a. 1974). Auch der Feuchteausgleich nach der Trocknung wird durch die Dampfbehandlung etwas beschleunigt.

Nachteile: Die helle Farbe empfindlicher Hölzer wie Eiche, Esche u. a. wird durch Dampfbehandlung beeinträchtigt. Die sich an die Ausgleichsphase anschließende Abkühlphase dauert länger, weil die Dampfwärme zusätzlich abgeführt werden muss.

Die Dampfqualität ist laufend zu kontrollieren. Abdampf ist eventuell zu entölen. In einer Alu-Kammer darf der pH-Wert maximal 7 betragen, was eine Neutralisierung erfordert, weil frischer Dampf zur Schonung der Leitungen oft alkalisch eingestellt wird.

Investition und Betrieb eines Dampfkessels sind kostenintensiv. Daher verzichten Holzbetriebe auf Dampf – die Heizungen laufen mit **Warmwasser**. Der Einsatz eines eigenen Dampferzeugers, geheizt mit elektrischer Energie, wird wegen der Kosten kaum in Erwägung gezogen. Etwa 1 kW Leistung je m^3 Holz müssen installiert werden, um die erforderliche Menge von mindestens 4 kg Dampf/h und m^3 Holz zu produzieren.

Gelegentlich wird zur Trocknung die Vorbehandlung mit Dampf als neues Verfahren angeboten, wobei dann vor allem eine intensive, längere Dämpfung vorgeschlagen wird (ANONYMUS 1995). Tatsächlich ist die Dampfbehandlung das beste Verfahren für die beschriebenen Befeuchtungsschritte bei Aufheizen und Konditionieren.

Kaltwassersprühung

Diese Art der Befeuchtung sollte eigentlich als „**Sprinkeln**" bezeichnet werden, weil das Wasser in Tropfenform aus gelochten Rohren oder groben Düsen in die Kammer eintritt. Verwendet wird Leitungswasser mit dem jeweils ortsüblichen Druck von 3 ... 5 bar. Gerechnet wird mit ca. 4 kg/h und m^3 Holz.

Vorteile: Kaltwasserbefeuchtung rechtfertigt sich durch die niedrigen Investitionskosten. Gespart werden eine zusätzliche Heizung und meist eine Anlage zur Reinigung oder Enthärtung des Wassers. Lediglich ein **Druckluftanschluss** wird oft installiert, um die Austrittsöffnungen des Wassers automatisch reinigen zu können. Weitere Energie wird nicht aufgewendet. Die Befeuchtung zur Einleitung des Konditioniervorgangs führt wegen der Kaltwasserzufuhr zu einer Temperatursenkung. Diese ist erwünscht, weil die anschließende Abkühlung dann abgekürzt wird.

Nachteile: Der Tröpfchendurchmesser beträgt bis zu 1 mm. Es ist meist unmöglich, diese Tröpfchen in der erforderlichen Weise zu verdunsten. Die Distanz zwischen dem Sprührohrauslass und dem nächstgelegenen Trockengut beträgt 1 ... 3 m. Bei einer angenommenen Luftgeschwindigkeit von 3 m/s liegt die Zeit gemäß LUTTIKHUIS (2001) für den Tropfen bei ca. 1 s – zu kurz für die Verdunstung. Daher wird das Holz nicht gleichmäßig aufgefeuchtet. Ein Teil der Charge wird übermäßig befeuchtet, Überschusswasser kann über die Stapel herabrinnen und eine kleine Überschwemmung verursachen. Zur Lösung des Problems der unzureichenden Verdunstung ist es daher üblich, intermittierend zu sprühen, d. h. etwa 1 min Sprühung, gefolgt von 5 min Unterbrechung. Dies führt aber zu sehr langsamer Auffeuchtung und damit zu einer unwirtschaftlich langen Aufheizzeit. Auch die Konditionierung wird verzögert – ein Abbrechen der Konditionierphase von Hand, wie oft vorgenommen, ergibt jedoch eine ungünstige Feuchteverteilung in der Charge.

Die Kaltwassersprühung ist ersichtlich problematisch. Daher ist es gemäß VANICEK (1996) umso mehr notwendig, ihr Funktionieren monatlich oder vor jedem Neustart einer Trocknung zu überprüfen. Insbesondere beim Aufheizen hat bisher unzureichende Befeuchtung immer wieder zu einer Verzögerung der Trocknung oder sogar zu Schäden im Holz geführt. Die Entkalkung wird bei Direktentnahme aus dem Wasserleitungsnetz meist unterlassen. In vielen Gegenden kommt es zu Kalkablagerung. Nicht nur die Sprührohre setzen sich zu, sondern auch Rippenrohre und sonstige Kammerausstattung bekommen allmählich eine Kalkschicht, die für Wärmetransfer sehr ungünstig ist (Bild 9-17).

Bild 9-17 *Sprühdüse bei Betrieb mit Kaltwasser ohne Aufbereitung. Siederohre und Kammerwand tragen einen Kalkbelag. Kalk bleibt bei Abstellen der Sprühung in der Düse. Daher wird empfohlen, das Verstopfen von Düsen durch wiederholtes Ausblasen mit Druckluft zu verhindern*

Warmwassersprühung

Durch die Verwendung von Warmwasser kann im Vergleich zur Kaltwassersprühung eine geringe Verbesserung der Befeuchtung und eine Abkürzung des Aufheizvorgangs erreicht werden. Dem gegenüber stehen die Energiekosten, die notwendige Wärmedämmung der Leitungen und die Gefahr von bakteriologischer Verunreinigung im Heizkessel und den Rohren. Daher wird diese Art der Sprühung kaum eingesetzt.

Kaltwasser-Druckluftsprühung

Kaltwasser wird aus einer Düse mit Leitungsdruck eingesprüht und durch Druckluft aus einer zweiten Düse stark beschleunigt.

Vorteile: Das System hat selbstreinigende Funktion, eine Entkalkung ist unnötig. Der Durchmesser der Wassertropfen liegt bei günstigen 15 ... 20 µm. Energieverbrauch ist gering, die Anschlussleistung beträgt ca. 5 kW und ist damit weitaus geringer als bei allen Systemen mit Warmwasser.

Nachteile: Für Wasser und Druckluft sind getrennte Rohrleitungen erforderlich, mit verdoppelter Regelung der Düsen. Voraussetzung ist ständige Verfügbarkeit von Druckluft. Wegen der Kosten ist dieses System kaum auf dem Markt.

Kaltwasser-Hochdrucksprühung

Kaltwasser wird in einer Hochdruck-Wasservernebelungseinheit komprimiert. Das Aggregat besteht aus einer Kolbenpumpe, einem Zulauffilter und Abgängen für den Anschluss mehrerer Kammern. Das Wasser wird mit bis zu 100 bar durch feine Düsen in die Kammer gesprüht und verdunstet sofort in die Umluft. Die feinen Düsen sind über die Länge der Kammer zu verteilen. Bei mehreren Stapeln nebeneinander ist es zweckmäßig, zwei Stränge zu installieren. TRÜBSWETTER (2003) berichtet über die erfolgreiche Anwendung in großen Nadelholzkammern unter Verwendung des Danfoss Wood Concepts (Danfoss 2001) und spezieller Düsen (Danfoss 2002).

Vorteile: Rasches Aufheizen und Konditionieren sind gewährleistet. Der Durchmesser der Wassertropfen liegt bei 7 µm, resultierend in bestmöglicher Verdunstung bei Kaltwasser. Verschalung und Trocknungsspannungen werden zuverlässig beseitigt. Die elektrische Anschlussleistung liegt bei 2 kW. Der Wasserverbrauch ist gering, weil kein Überschusswasser abläuft.

Nachteile: Eine besonders wirksame Reinigung des Sprühwassers ist erforderlich. Bewährt hat sich eine Entkalkung durch Salze und eine Nachreinigung durch Ionentauscher.

Die Investitionskosten für die Sprühanlage liegen bei 5000 € für die Zentraleinheit und ca. 600 € je angeschlossener Kammer.

Warmwasser-Hochdrucksprühung

Es gibt kaum einen Vorteil im Vergleich zur Kaltwasser-Hochdrucksprühung. Jedoch ist die Bereitstellung des Warmwassers aufwendig. Das System wird nicht verwendet.

9.3.3 Luftströmung

Holz wird mit Hilfe eines strömenden Mediums, üblicherweise eines Dampf-Luft-Gemischs getrocknet. Man trocknet, vereinfacht ausgedrückt, mit **„Luft"**. Daraus folgt, dass das Holz der Luft durch Stapeln so ausgesetzt werden muss, dass eine Trocknung bewirkt wird.

Luftbewegung ergibt sich schon bei Windstille, und zwar durch Thermik. Diese kann ausgenutzt werden, indem das Holz so gestapelt wird, dass innerhalb der Stapel senkrechte Schächte ein Aufsteigen der Luft ermöglichen. Auf diese Weise wurde ursprünglich in **Kammern** getrocknet. Seit den dreißiger Jahren wird die technische Trocknung zunehmend durch **Ventilatoren** unterstützt (BOLLMANN 1957). Heute gilt die strömungstechnische Auslegung unter Verwendung von eigens entwickelten Ventilatoren als ein wichtiges Kriterium zur Beurteilung einer Trocknungsanlage.

Luftgeschwindigkeit

Die gewünschte, homogene Endfeuchte des Holzes in den Stapeln kann nur durch eine **gleichmäßige Verteilung der Luftgeschwindigkeit** erreicht werden. Theoretisch gilt, dass die Trockenzeit umso mehr verkürzt wird, je höher die Luftgeschwindigkeit ist. Praktisch gibt es aber eine holzartspezifische Obergrenze, weil die Holzarten sehr unterschiedlich auf die Trocknungsbeanspruchung reagieren. Die Trocknungsqualität kann leiden, wenn die Luft die Feuchte zu schnell aus dem Holz zieht – es kann Oberflächenspannungen und im Extremfall Risse geben. Bei empfindlichen Hölzern ist daher eine angepasst geringere Luftgeschwindigkeit angebracht. Dies führt zur gezielten Verlangsamung der Trocknung. Außerdem muss die Wirtschaftlichkeit beachtet werden. Die Stromkosten steigen im Quadrat mit der Erhöhung der Luftgeschwindigkeit. Die Anlagenbauer versuchen, durch verschiedenartige Ausstattung der Kammern das Optimum dieser Anforderungen zu erzielen. Daraus ergab sich die Entwicklung von der Universalkammer weg zu **Spezialkammern** für verschiedene Holzartengruppen und Sortimente.

Luftführung

Bewegt man Luft in einem Strömungskanal, z. B. zwischen zwei Holzlagen in einem Schnittholzstapel, lassen sich zwei Arten von Luftströmung unterscheiden: laminare und turbulente Strömung (Bild 9-18).

Bei der **laminaren Strömung** bildet sich ein parabelförmiges Geschwindigkeitsprofil über die Höhe des Strömungskanals aus. Die Luftgeschwindigkeit nimmt stetig vom Maximum in der Mitte bis hin zur Holzoberfläche ab. Direkt an der Holzoberfläche ist sie dann 0 m/s. Laminare Strömung ist sehr schlecht in der Lage, Wärme zum Holz hin und Feuchte vom Holz weg zu transportieren. Bildlich vorgestellt „rauscht" die Luft nahezu vollständig am Holz vorbei, ohne die gewünschten Funktionen Wärme- und Feuchtetransport zu erfüllen. Diese Art der Strömung ist daher **nicht gewünscht**.

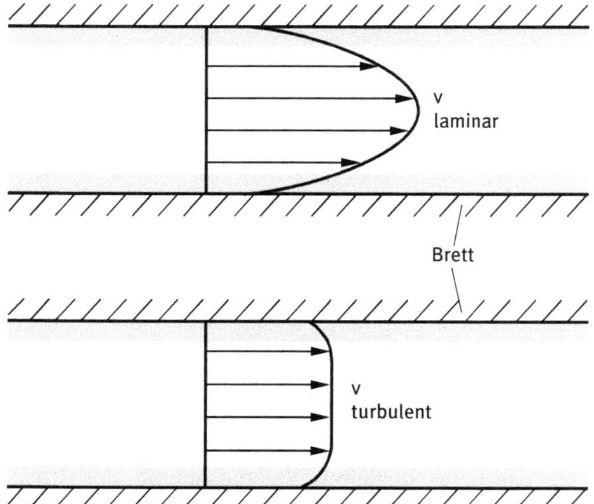

Bild 9-18 *Laminare (oben) und turbulente Strömung zwischen zwei Holzlagen. Auf den Brettoberflächen (grau) liegt jeweils die sog. Grenzschicht als Zone stark abnehmender Strömungsgeschwindigkeit. Die Strömungsgeschwindigkeit v ist durch Pfeile markiert. Im unteren Bild mit turbulenter Strömung ist die Strömungsgeschwindigkeit nahe der Brettoberfläche deutlich höher als oben, weshalb hier ein besserer Wärmeübergang zum Holz hin und ein besserer Feuchteabtransport vom Holz weg stattfinden können.*

Turbulente Strömung hingegen weist Turbulenzen, also Verwirbelungen, auf. Der Wärmetransport hin zum Holz und der Feuchtetransport weg von der Holzoberfläche sind hierbei deutlich **effektiver** als bei laminarer Strömung. Bei turbulenter Strömung ist das Geschwindigkeitsmaximum der strömenden Luft über weite Bereiche der Strömungskanalhöhe konstant hoch. Dies ist wünschenswert, denn es führt zu sehr kleinen „Luftpolstern", in denen die Strömungsgeschwindigkeit zur Holzoberfläche hin abnimmt. Die Bereiche abnehmender Strömungsgeschwindigkeit innerhalb eines Strömungskanals werden auch als **Grenzschichten** bezeichnet. Dies ist insofern irreführend, als sich hier nicht eine ruhende Luftmasse aufhält, sondern lediglich der Bereich abnehmender Luftgeschwindigkeit gemeint ist.

Das Erreichen von turbulenter Strömung ist maßgeblich von der Strömungsgeschwindigkeit abhängig. So sollten für die Schnittholztrocknung mindestens 1 m/s, idealerweise aber für Nadelholz ca. 3 m/s, für schwere Laubhölzer ca. 1,5 m/s angestrebt werden.

Ventilatoren

Die Luft bzw. das Dampf-Luft-Gemisch wird in Holztrocknungsanlagen üblicherweise durch Ventilatoren bewegt. Verwendet werden **Axialgebläse** (Propellerlüfter), seltener auch **Radialventilatoren.** Konstruktionen und Anordnungen der Ventilatoren in den Trockenkammern sind vielfältig.

Für die Wahl der Ventilatoren sind verschiedene Fragen zu beantworten. Für den Konstrukteur ist die Kenntnis des Widerstands, d. h. des Druckunterschieds, erforderlich, der notwendig ist, um die Luft umzutreiben. Diese Größe kann zwar als anlagenspezifisch gelten, jedoch nur bei einer normierten Belegung; sie wird daher maßgeblich durch den Nutzer der Kammer beeinflusst und möglicherweise ins Gegenteil verkehrt. Die Berechnung geht von einer korrekten, lückenlosen Beschickung aus. Jede Lücke zwischen den Stapeln in Strömungsrichtung, wie sie nun einmal üblich ist, verringert aber den Widerstand. Daher ist der berechnete Druckunterschied zwar eine Kenngröße für die Auslegung einer Anlage, aber für die Praxis von geringerer Bedeutung.

Der Betreiber muss die Kenngrößen beurteilen, die er in einem Angebot oder in einer Betriebsanweisung findet. Das sind:

- umgewälztes Luftvolumen in der Kammer (in m^3 Luft pro Stunde),
- Art der Ventilatoren,
- Anzahl der Ventilatoren,
- elektrischer Anschlusswert der Antriebsmotoren,
- Ort des Einbaus der Ventilatoren und der Antriebsmotoren,
- Sonderausführungen.

Trockenkammern und -kanäle werden bevorzugt **quer** belüftet, d. h., die Luft wird parallel zu den Stapellatten durch die Stapel geblasen.

Große Trockenkammern werden überwiegend mit obenliegenden **Axialventilatoren** ausgestattet, wodurch ein vertikaler Luftkreislauf entsteht. Durch eine **Zwischendecke** werden Druck-(Zuluft-) und Saugseite (Abluftseite) getrennt. Die Höhe des Luftkanals über der Zwischendecke richtet sich nach der Höhe der einzubauenden Ventilatoren. Diese besitzen Durchmesser von 30 ... 100 cm. Reversierung der Ventilatoren ist zweckmäßig, sobald der Weg der Strömung durch die Stapel 1,5 m übersteigt.

Durch den Wechsel von Zu- und Abluftseite wird eine gleichmäßigere Trocknung erreicht. Die Durchströmungsbreite soll andererseits nicht zu groß sein, weil die in breiten Kammern jeweils außen stehenden Stapel möglicherweise nicht ausreichend trocknen können. Gemäß Riehl und Welling (2003) herrscht dort ein **Wechselklima**, verursacht durch den Wechsel der Drehrichtung der Ventilatoren. Dabei muss vor allem darauf geachtet werden, dass durch zu kurze Luftrichtungswechsel oder eine zu große Durchströmungslänge die Feuchte nicht nur von der Zuluftseite zur Abluftseite transportiert wird, sondern tatsächlich die Stapel verlässt. Gezeigt wurde, dass bei 2,5 Stunden ein besseres Ergebnis erzielt wird als bei einer Stunde Klimawechsel. Als Obergrenze der zu durchströmenden Stapelbreiten gelten 10 m.

Bei **Reversierschaltung** müssen die Ventilatoren in beiden Laufrichtungen gleiche Luftförderung bringen. Hierfür gibt es verschiedene Möglichkeiten. Die Ventilatoren werden in Ringfassungen gesetzt, die auf gegenüberliegenden Zapfen sitzen und um 180° gedreht werden können, wenn die Strömung reversiert werden soll. In diesem Fall kann eine optimale Ausbildung der Flügel erfolgen, weil die Luft immer in derselben Ventilatorlaufrichtung gefördert wird.

Meist aber wird die Laufrichtung umgedreht, indem die Ventilatoren heruntergefahren werden, um dann in der Gegenrichtung zu starten. In diesem Fall müssen die Schaufeln speziell ausgeformt sein, um

Bild 9-19 *Axialventilatoren über einer Zwischendecke. Ventilatorflügel für Reversierbetrieb ausgebildet*

die geforderte Gleichmäßigkeit der Strömung in beiden Richtungen zu gewährleisten (Bild 9-19). Bezüglich der Schaufelform werden hier gelegentlich Kompromisse geschlossen. Jedoch können die Schaufeln auch beim Reversieren verstellt werden, um in beiden Drehrichtungen die gleiche Luftmenge fördern zu können. Die einzelnen Ventilatorflügel können in diesem Fall gedreht werden.

Auch gibt es **elastische Flügel**, bei denen Plastikbespannungen auf Eisenstangen aufgezogen werden und sich dann je nach Drehrichtung zur gewünschten Schaufel formen (Bild 9-20). Diese Bespannungen sind allerdings alle ein bis zwei Jahre auszuwechseln, weil sie ihre Elastizität verlieren.

Axialventilatoren können auch seitlich neben den Stapeln angeordnet und dort zu mehreren in eine Gitterkonstruktion eingelassen sein sowie eine **Ventilatorwand** bilden. Sehr große Ventilatoren können einzeln nebeneinander angeordnet sein. Auch schräg gestellte Ventilatoren sind anzutreffen, meist in kleineren Kammern (Bild 9-21).

In längs belüfteten, i. d. R. kleinen Kammern sind die Ventilatoren am Stirnende der Stapel angebracht. In diesem Fall sind längs durchlässige Stapellatten aus Metall erforderlich.

Ventilatoren werden meist einzeln von je einem **Motor** angetrieben. Dieser kann in der Kammer

Bild 9-20 *Ventilator mit 2,5 m Durchmesser, seitlich ist der Stapel in einer Zwischenkonstruktion angeordnet. Schaufeln mit elastischer Bespannung zwecks Optimierung der Strömung in beiden Drehrichtungen. Senkrecht verlaufen die Heizrohre*

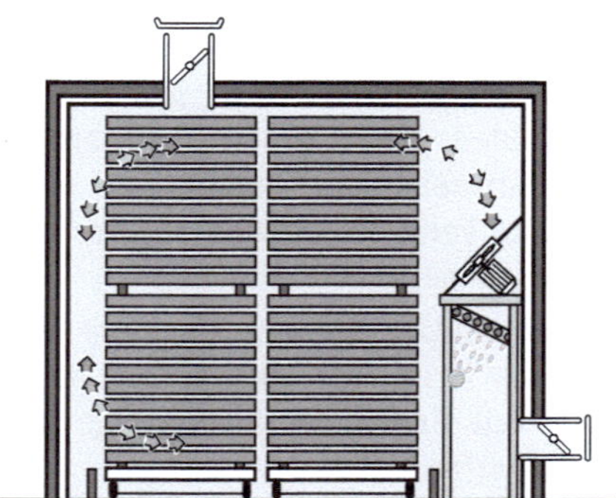

Bild 9-21 *Kleine Kammer mit schräg gestellten Ventilatoren, beschickt mit Gleiswagen (Bild: EISENMANN)*

montiert und direkt aufgesetzt sein. Ventilatoren müssen bei derartigem Direktantrieb auf den Motoren ausgewuchtet sein. Es handelt sich bei den Motoren um Spezialausführungen für Trocknungsanlagen mit entsprechenden Dichtungen und Langzeitschmierung. Der Schutz gegen hohe Temperatur, hohe Luftfeuchte und aggressive Kammergase ist in diesem Fall gewährleistet. Das Rotorgehäuse kann z. B. aus Aluminium, die Welle muss aus Edelstahl ausgeführt sein. Für die Motoren sollte es eine Laufzeitgarantie vom Hersteller geben in einer Größenordnung von je nach Betriebsweise zwischen 20000 und 40000 Stunden.

Der Motor kann alternativ außerhalb der Kammer montiert sein, der Ventilator kann mit einem Riemen angetrieben werden. Bei älterer Bauart sind die Ventilatoren auch gemeinsam auf eine Welle aufgereiht, der Motor liegt stirnseitig außerhalb des Trockenraums. Die außen liegenden Motoren sind vom Klima her naturgemäß weniger beansprucht und für die Wartung leichter zugänglich. Nachteilig sind die Wärmebrücken an den Stellen der Kraftübertragung.

Drehzahlminderung

Schon frühzeitig ergab sich die Notwendigkeit, die Drehzahl der Ventilatoren zeitweise zu reduzieren. Zunächst wollte man teure Stromspitzen während der Produktionszeit des Gesamtbetriebs vermeiden, indem man die Stromaufnahme der Ventilatoren durch Reduzierung der Drehzahl verringerte. Weitere Gründe waren:

Die Ventilatordrehzahlen sollen wegen des Lärmschutzes reduziert werden. Diese Maßnahme wird von Behörden häufig durch Auflagen unter der Drohung erzwungen, dass andernfalls die Trocknung in Ruhezeiten ganz abgestellt werden müsse. Damit verliert man naturgemäß die Möglichkeit, den kostengünstigen Nachtstrom zu nutzen.

Schließlich findet man häufig Programme mit vorgegebener Drehzahlminderung in bestimmten Trocknungsabschnitten. Meistens wird die Luftgeschwindigkeit abgesenkt, sobald die Grenzfeuchte unterschritten ist, weil nur noch wenig Feuchte abzuführen sei und daher Strom gespart werden könne. Damit wird aber die Strömung unter die für die Turbulenz notwendige Geschwindigkeit gedrückt und letztlich eine Verlängerung der Trocknungszeit bewirkt. Die Drehzahl soll daher unterhalb der Grenzfeuchte aus trocknungstechnischen Gründen nicht abgesenkt werden.

Bei schwierig zu trocknenden Hölzern erweist sich die Einstellung des **mildest möglichen Klimas** für eine ausreichende Trocknungsqualität gelegentlich als unzureichend. Dann lässt sich häufig mit dem Zurückfahren der Ventilatoren ein befriedigendes Trocknungsergebnis erzielen.

Die **Drehzahlregelung** wird durch folgende Verfahren ermöglicht:

Polumschaltung, wobei im Motor für jede Drehzahl eine gesonderte Wicklung vorgesehen wird. Beim Standard-Lüftermotor sind die Drehzahlen 1450 (Standarddrehzahl), 950 und 720 U/min möglich. Meist werden nur zwei Drehzahlen gefordert, was eine zusätzliche Wicklung bedeutet. Obwohl es sich um eine preiswerte und unkomplizierte Lösung handelt, wird diese Variante wenig genutzt.

Frequenzumrichter, die durch Veränderung der Netzfrequenz (50 Hz) eine stufenlose Veränderung der Drehzahl ermöglichen. Diese Geräte rufen einen permanenten Leistungsverlust von ca. 5 ... 8 % der Nenn-Anschlussleistung der Ventilatoren hervor. Wenn der Frequenzumrichter nicht genutzt wird, sollte man einen **Bypass** verwenden, um den Leistungsverlust zu vermeiden. Die Gleichmäßigkeit der Luftgeschwindigkeit muss auch bei Minderung gewahrt sein, was ohne zusätzliche Maßnahmen, z. B. durch verstellbare Luftleitbleche, nicht immer zu gewährleisten ist. Ob eine Energieeinsparung bei Drehzahlminderung möglich ist, muss im Einzelfall geprüft werden, auch unter Berücksichtigung einer möglichen Trockenzeitverlängerung.

Impulsbelüftung, d. h. Ein- und Ausschalten der Ventilatoren in kurzen Perioden, beschleunigt die Trocknung, weil laminare Strömung verhindert wird. Während der Zeit, in der sich die Drehzahl ändert, ist die Luftströmung immer turbulent; bei Vermeiden einer konstanten Umdrehungszahl ist also ausschließlich Turbulenz zu erwarten (Bild 9-22). Erforderlich sind stärkere Lüftermotoren und Halterungen als in üblichen Kammern (KLINKMÜLLER 1987). Wechselnde Drehzahlen führen zu einer Beschleunigung der Trocknung, die nur für unempfindliche Holzarten angezeigt erscheint. Daraus kann abgeleitet werden, dass auch ein Pulsieren von Temperatur und Gleichgewichtsfeuchte Möglichkeiten zur Verbesserung des Trocknungsablaufs bieten könnte. Eine Umsetzung in die Praxis ist bisher nicht erfolgt.

In älteren Anlagen findet man noch **Radialventilatoren**, die in der Holzindustrie sonst für Absauganlagen eingesetzt werden. In Trockenkammern wollte man damit den Druck auf der Zuluftseite erhöhen und eine gleichmäßige, hohe Luftgeschwindigkeit erzielen. Diese Idee war deswegen unrealistisch, weil die zu durchströmenden Stapel fast nie einen homogenen Luftwiderstand bilden, sondern erhebliche „Löcher" aufweisen, z. B. an Stapelenden oder durch schlechte Ausnutzung in Höhe und Länge. Damit verpufft der Effekt des hohen Luftdrucks.

Luftleitung

Kammerhersteller werden oft gedrängt, Anlagen mit möglichst geringer elektrischer Leistung (entsprechend geringer Stromverbrauch pro Stunde!) bei der Trocknung zu bauen. Diese ist bei Ventilatoren umso kleiner, je weniger Widerstände angeströmt werden müssen. Dabei wird allerdings die Tatsache missachtet, dass die Einsparung von Leistung zu laminarer Strömung und damit meist zu einer Verlängerung der Trocknung und zum gegenteiligen Effekt führt, nämlich zu einem erhöhten Stromverbrauch.

Die günstige **turbulente Strömung** stellt sich nicht von selbst ein, bestimmte Maßnahmen sind dazu notwendig. In den Luftweg werden Widerstände eingebracht. Die Heizrohre werden so montiert, dass sie die größtmögliche Verwirbelung verursachen. Zusätzlich werden oft **Verwirbelungsbleche** angebracht. In den Stapellagen müssen die Einzelbretter mit einem Abstand von mindestens 2 cm

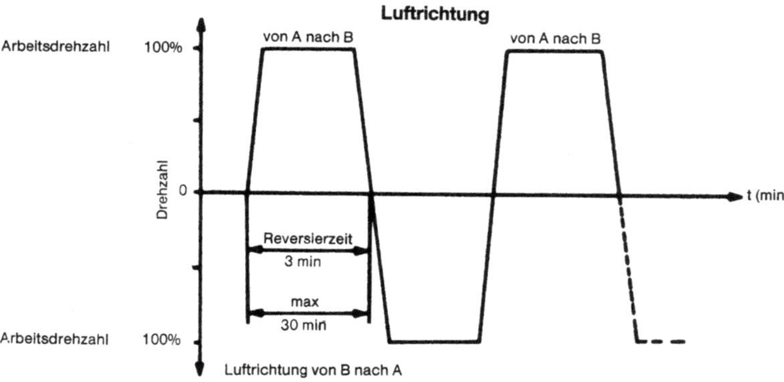

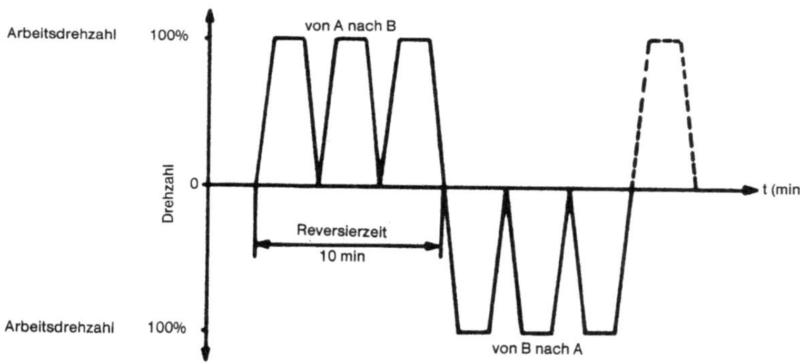

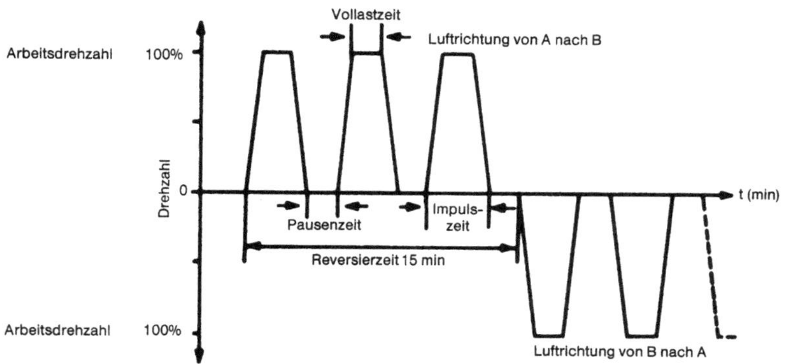

Bild 9-22 *Reversieren von Ventilatoren. Bei normalem Reversieren wechselt die Drehrichtung der Ventilatoren regelmäßig. Beim Impuls-Reversieren wird der Ventilator periodisch heruntergefahren und sofort neu gestartet. Es können auch Pausen mit dem Ziel der Stromeinsparung und der „Erholung" des Holzes eingeschaltet werden (Bild: Klinkmüller)*

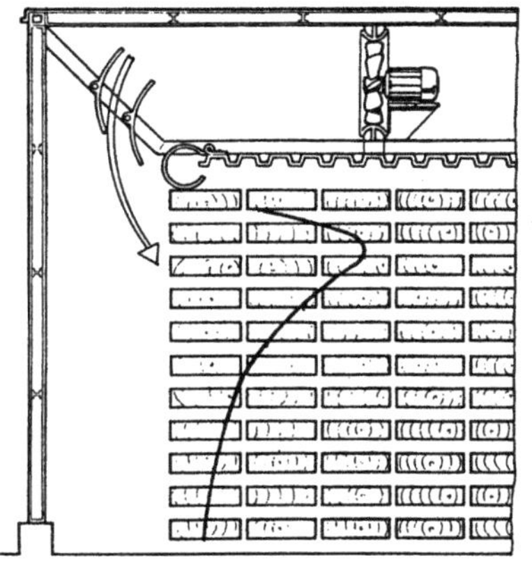
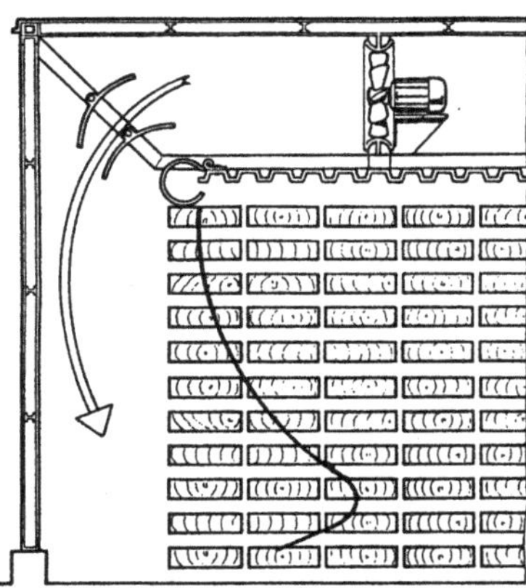

Bild 9-23 *Die Luftlenkeinrichtung auf der Zuluftseite führt zu einer gleichmäßigen Verteilung der Luft über die Stapelhöhe. Die Bleche in den oberen Kammerecken bewegen sich langsam zwischen den zwei Extremstellungen auf und ab (Bild: Brunner)*

gelegt werden, weil Fugen in der jeweiligen Brettfläche zur Bildung kleiner Wirbel führen und damit zur Turbulenz beitragen. Besonders bei dickerem Holz wird überdies der Feuchteentzug aus den senkrechten Kantenflächen beschleunigt. Das gilt allerdings nicht für unbesäumte Ware, wo die Baumkanten einen Feuchtedurchgang verhindern. Raue Anströmflächen, z. B. an Wänden und Decken, erhöhen den Energieverbrauch, ohne der Luftverteilung zu nützen. Daher muss – besonders bei gemauerten Kammern – auf glatte Innenflächen geachtet werden.

Meist wird bei obenliegenden Ventilatoren eine **Zwischendecke** montiert. Sie überdeckt die Breite des Stapelraums und lässt seitlich beiderseits Raum für die Luftströmung. Um zu verhindern, dass sich zwischen oberstem Stapel und Zwischendecke die Luft kurzschließt, werden an der Zwischendecke Blenden aus elastischem Gewebe oder absenkbaren festen Blenden abgehängt. Auch alle weiteren großen Zwischenräume in den Stapeln müssen verblendet werden. Insbesondere ist der Raum unterhalb der Stapel am Boden zu schließen. Eine gleichmäßige Luftströmung kann erreicht werden, wenn vor die Zuluftseite der Stapel geschlitzte oder gelochte Wände gesetzt werden. Bei Reversierbetrieb müssen diese Wände beidseitig montiert sein. **Feste Blenden** an den Stirnseiten der Stapel werden ebenfalls oft angetroffen. Diese Installationen behindern aber den Zugang zu den Stapeln während der Trocknung und halten auch dem rauen Staplerbetrieb meist nicht lange stand, weshalb sie nicht sehr populär sind.

Brunner (1989) hat eine gleichmäßige Luftströmung bei hohen Stapeln durch den Einbau von Luftlenkeinrichtungen seitlich über der Zwischendecke erreicht. Bild 9-23 zeigt das Prinzip dieser „**Turbotrocknung**".

Besonders an Stellen, wo der Luftstrom umgelenkt (meist um 90°) oder erweitert werden muss, bilden sich leicht **stehende Wirbel** aus, die Ursache für uneinheitliche Trocknungsgeschwindigkeiten (und Endfeuchten) an den verschiedenen Stellen des Bretterstapels oder auch erhöhten Energieaufwands sein können. Falls notwendig, werden hier **Leitbleche** eingebaut.

Die **Zwischendecke** verhindert den Zugang zu den Ventilatoren. Falls genug Höhe vorhanden ist, sollte ein **Laufsteg** (ein Catwalk) vorgesehen werden. Für das Auswechseln eines Lüfters bzw. seines Motors muss je eine Luke in die Zwischendecke eingelassen sein mit einem Übermaß gegenüber den Ventilatormaßen.

Eine neuere Entwicklung stellen die „**Tunnelventilatoren**" dar (Cividini 2001). Das sind Axialventilatoren, die in einen Blechzylinder eingekapselt sind und auf diese Weise eine gleichmäßigere Luftströmung bewirken sollen (Bild 9-24). Hier ist eine Zwischendecke überflüssig. Zur Überprüfung der

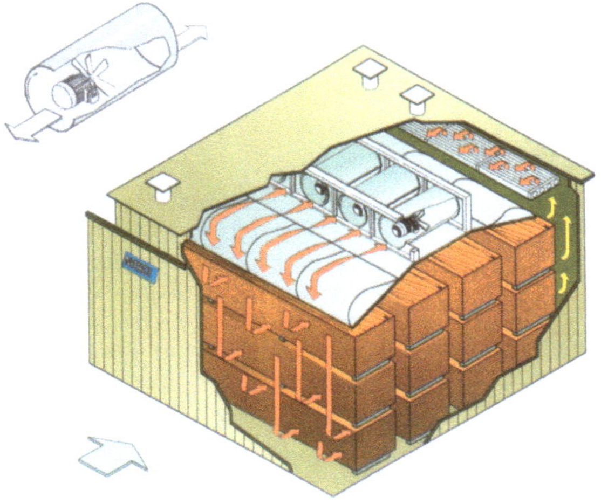

Bild 9-24 *Axialventilatoren im Rohr (Tunnelventilatoren) für optimierte Strömungsverhältnisse (Bild: NARDI)*

Ventilatoren muss die untere Tunnelhälfte abgeklappt werden.

Leistungsangaben

Die häufigste Angabe zur Leistung von Lüftern ist das **Volumen der umgewälzten Luft** je Stunde oder Minute. Diese Angabe ist allerdings unzureichend, weil damit keine Beurteilung möglich ist, wie sich die Luftströmung in der Kammer tatsächlich verhält. Besser ist der Nachweis der **Luftgeschwindigkeit**. Dazu muss allerdings exakt nach den Vorgaben eingestapelt werden, die der Hersteller der Kammer vorgibt, weil darauf die Entwicklung der Kammer basiert. Von der Luftgeschwindigkeit in der Anlage ist die erforderliche Antriebsleistung der Ventilatoren abhängig (Tabelle 9-3).

Unterschreitung dieser Leistung geht häufig zu Lasten einer optimalen Luftströmung. In der Regel

Tabelle 9-3 *Luftgeschwindigkeit und Ventilatorleistung*

	Luftgeschwindigkeit v in m/s	Ventilatorleistung q_v in kW/m³ Holz
Schwerere Hölzer	ca. 1,5	0,10 … 0,30
Leichtere Hölzer	ca. 3,0	0,20 … 0,40

stellt sich durch die Lage der Ventilatoren ein **vertikaler Luftkreislauf** ein. Zweckmäßig ist die einmalige Durchströmung der Stapel durch die Umluft und Rückkehr außerhalb der Stapel, also bevorzugt über der Zwischendecke.

Bei seitlich neben den Stapeln angeordneten Ventilatoren kann analog und anstelle einer Zwischendecke eine **Zwischenwand** eingebaut werden. Diese ist an der Stirnseite der Stapel angeordnet und ermöglicht der Luft einen ungehinderten Rückweg von der Abluftseite der Stapel zum Ventilator. In kleineren Kammern fehlt diese Wand. Es kann zwar durchaus ein horizontaler Luftkreislauf eingerichtet werden, die Luft muss aber dann Hinweg (druckseitig) wie Rückweg (saugseitig) durch den Stapel nehmen. Der Luftstrom und damit die Trocknung sind unkontrolliert, bei Strömungsmessungen werden überraschende, jedoch oft unvorteilhafte Luftwege offenbar. Nicht einzusehen ist überdies, weshalb die Luft überhaupt durch die Stapel strömen soll, da sie in derartigen Kammern ebenso gut den kurzen Weg vom Ventilatoraustritt zum Ventilatoreintritt nehmen könnte. Zusätzliche Einbauten sind kaum zu vermeiden, um eine gleichmäßige Trocknung zu erzielen.

Zum Lärm durch Ventilatoren siehe Kap. 15.3.

Luftwechsel

Luftschächte sind meist den Ventilatoren zugeordnet. Sie müssen stufenlos zu öffnen sein, weil der Grad der Entfeuchtung der Umluft in der Kammer vom Grad der Öffnung der Schächte abhängt. Während der Feuchtperioden (beim Aufheizen und zu Beginn der Konditionierung) müssen die Schächte geschlossen sein. Je nach Trockenplan müssen sie dann einen abgestuft zunehmenden Luftwechsel zulassen. Schächte sollen mit Klappen stufenlos verschließbar sein. Diese werden durch Stellmotoren bedient. Klappen hängen in Zapfen und geben bei Drehung die Schachtöffnung frei (Bild 9-25).

Zuluft- und Abluftschächte müssen die Einstellung genau gleicher Öffnungsquerschnitte ermöglichen, damit Unter- oder Überdruck im Trockenraum vermieden wird – andernfalls würden die nicht druckfesten Kammern zerstört werden. Daher sind diese

Bild 9-25 *Schacht für Luftwechsel auf dem Dach einer Trockenkammer. Der Stellmotor wird durch den Kasten geschützt. Die Klappe steht senkrecht und gibt in dieser Stellung den ganzen Schachtquerschnitt frei*

Klappen häufig nachzujustieren. Anstelle der Klappen gibt es auch **Lamellenverschlüsse**, die besser regelbar sind. Der Öffnungsgrad jeder Klappe muss am Bildschirm ablesbar sein. Wenn die Ventilatoren ihre Drehrichtung umkehren (reversieren), ändern auch die Schächte ihre Funktion, d. h., aus dem Abluftschacht wird der Zuluftschacht – und umgekehrt.

Nach einer anderen Bauart sind die Abluftschächte mit kleinen Ventilatoren bestückt. Sie fördern je nach Drehzahl mehr oder weniger feuchte Luft aus der Kammer. Wenn die Luftfeuchte gehalten werden soll, z. B. im Aufheizzustand, geht die Drehzahl auf null. Diese Schächte behalten naturgemäß ihre Funktion bei Reversierbetrieb. Die Zuluftschächte sind in diesem Fall häufig nur mit einfachen Klappen verschlossen, die sich von selbst öffnen, wenn durch Unterdruck in der Kammer ein Sog entsteht. Als Leistungszahl werden etwa 70 Luftwechsel bei geöffneten Schächten und voller Ventilatorleistung eingeplant. Die Klappen der Schächte stellen eine ziemlich große Durchbrechung durch die hoffentlich sonst gut gedämmte Kammerwand/Kammerdecke dar. Sind die Schächte geöffnet, so erfüllen sie ihre Aufgabe des Luftaustauschs. Sind sie gemäß Trocknungsplan aber geschlossen, so ergeben sich erhebliche **Wärmebrücken**. Daher müssen die Klappen – wie auch immer gestaltet – mit einer **Wärmedämmung** versehen werden – eine Forderung, die von Kammerherstellern zu unrecht immer wieder als überzogen abgelehnt wird.

Strömungsmessung

Ob eine Kammer strömungstechnisch gut ausgelegt ist, kann nur durch **Strömungsmessungen** bei gefüllter Kammer ermittelt werden. Eine ausreichende Luftgeschwindigkeit ist wichtig, wesentlicher ist aber die Gleichmäßigkeit der Luftführung, wie schon oben betont. Die Verhältnisse können bei fertigen und ausgestapelten Kammern mit Anemometern, Nebel- und Rauchgeräten nachgeprüft werden.

Die Luft ist auf der Abluftseite der Stapel zu beobachten. Das klingt selbstverständlich, doch gibt es immer wieder Kammern, in denen die Luft nicht dort ankommt, wo sie erwartet wird. Die Luftströmung kann man mit einem Nebelgerät sichtbar machen, ersatzweise provisorisch auch mit Rauch, z. B. einer Zigarette. Damit erhält man einen ersten Eindruck von der Strömung.

Für eine echte Messung von Wind- bzw. Luftgeschwindigkeiten dienen **Anemometer** mit vielfältigen Einsatzgebieten und unterschiedlichen Messprinzipien (Bild 9-26). Hier muss an die Strömungscharakteristik erinnert werden. Nur direkt an der Holzoberfläche ist die Strömung trocknungswirksam, keineswegs aber in der Mitte des Strömungskanals.

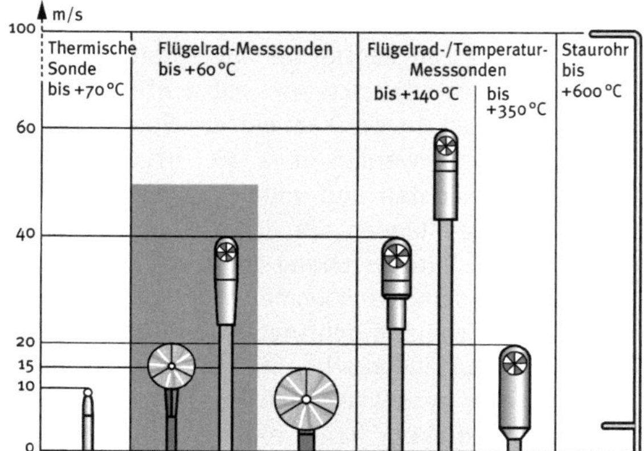

Bild 9-26 *Verschiedene Strömungssonden, Mess- und Einsatzbereiche (Bild: TESTO)*

In Trocknungsanlagen sind zur Ermittlung der Strömungsverhältnisse **thermische Sonden** geeignet, die als Hitzdraht- oder Hitzkugelsonden ausgeführt sind. Messbar sind Luftgeschwindigkeiten bis zu 5 m/s. Die auftreffende Luft entzieht am Messkopf Wärme. Mit einer Regelschaltung wird die Temperatur der Sonde konstant gehalten. Der Regelstrom ist direkt proportional der Strömungsgeschwindigkeit. Maximal zulässige Temperatur ist 70 °C. Der Messkopf kann in kleinen Strömungsquerschnitten verwendet werden, z. B. im Zwischenraum von zwei Brettlagen eines Holzstapels (Sondendurchmesser etwa 10 mm).

Bei **Flügelradanemometern** wirkt der Winddruck auf ein drehbar gelagertes mechanisches System. Diese Drehbewegung wird in elektrische Signale umgesetzt. Maximal zulässige Temperatur ist je nach Gerät 100 °C und mehr. Über eine kombinierte Temperaturmessung wird die gemessene Luftgeschwindigkeit sofort in einen Echtwert umgewandelt. Sie kann bei Anemometern mit kleinen Flügelrädern von 12 ... 20 mm Durchmesser 5 ... 40 m/s betragen, ein Messbereich, der allerdings oberhalb der üblichen Luftgeschwindigkeiten in Holztrockenkammern liegt. Geräte mit großen Flügelrädern oder Schalenkreuzen können auch niedrige Strömungsgeschwindigkeiten messen, z. B. auf Holzplätzen.

Mit einem **Staurohr** können hohe Luftgeschwindigkeiten bei hohen Temperaturen aerodynamisch gemessen werden. Eine exakte Positionierung im Luftstrom ist notwendig, um Fehlmessungen zu vermeiden. Anwendung erfolgt u. a. in Absaugrohren; in Trocknungsanlagen ist eine genaue Messung kaum möglich.

9.4 Abnahme und Wartung

9.4.1 Abnahme

Eine Trockenanlage muss nach Regeln geliefert und errichtet werden, die allgemein für Industrietrockner gelten. Für die Abnahme gab es früher die VDMA-Richtlinien 24353 (1967) – Abnahmeversuche an Trocknern und 24354 (1960) – Merkblatt für das Bestellen von Trocknern. Sie sind allerdings überholt und nicht mehr überarbeitet worden. Für die Holztrocknung galten bis 1990 die DDR-Standards TGL 21499 (Technologische Forderungen an Kammertrockner) und TGL 21500 (Probetrocknung in Kammertrocknern). Im deutschen Sprachgebiet gibt es derzeit für die Holztrocknung keine diesbezüglichen Vorschriften o. dgl.

Streitigkeiten über die allgemeine Funktionsfähigkeit einer Trockenanlage sind gleichwohl sehr selten. Die in diesem Buch beschriebenen technischen Installationen müssen in der Auftragsbestätigung aufgeführt sein. Sie können durch Augenschein überprüft werden. Die Funktionsfähigkeit ist festzustellen anhand der Liste, die nachstehend unter „Wartung" wiedergegeben ist. Zur endgültigen Abnahme kann nur der Nachweis führen, dass der Trockner tatsächlich auftragsgemäß arbeitet – das bedeutet, dass der erste Trocknungsgang als Probedurchlauf gewertet werden muss.

Dabei ist festzustellen, inwiefern die Vorgaben des Bestellers erfüllt werden, und zwar

- Erzielen einer verwendungsgerechten Qualität der getrockneten Ware
- in einer akzeptablen Zeit
- bei einem wirtschaftlich tragbaren Energieverbrauch.

Hier setzt dann gelegentlich eine Reklamation an. Dabei wird aber seitens der Käufer oft übersehen, dass Dinge als unzureichend betrachtet werden, die nicht versprochen waren. Bezüglich des Energieverbrauchs wird eine Reklamation meist ins Leere laufen, wenn der Auftragnehmer nämlich dazu keine oder unverbindliche Angaben in der Auftragsbestätigung gemacht hat. Angaben zum Anschlusswert von Motoren, Wärmeleistung einer Kammer o. dgl. stellen keine Zusage über den Energieverbrauch dar.

Eine Konstruktion kann nicht reklamiert werden, wenn der Auftragnehmer Zeichnungen vorgelegt hat, die der Käufer mit Unterschrift als zutreffend bestätigt hat.

9.4.2 Wartung

Die Trocknungsanlage ist eine technische Einrichtung, die in die betrieblichen Wartungsarbeiten einzubeziehen ist. Nur mit Wartung ist eine langjährige Lebensdauer der Anlage zu gewährleisten.

Die Hersteller geben jeder Anlage einen Wartungsplan mit. Nachfolgend werden Hinweise gegeben, welche Arbeiten durchzuführen sind.

Verantwortlich ist immer zuerst der Trockenanlagenführer. Er muss eine Überprüfung, z. B. gemäß nachfolgender Liste vornehmen. Mängel müssen beseitigt werden. Je nach Sachlage müssen Spezialisten – ein Schlosser, ein Elektriker oder auch der Hersteller – beigezogen werden.

Häufige Kontrolle und Mängelbeseitigung (mindestens monatlich):

- Ventilatoren — Lauf und richtige Drehrichtung kontrollieren
- Sprühung — Düsen auf einwandfreie Zerstäubung prüfen, durchblasen, evtl. austauschen
- Schächte — Klappenstellmotoren auf Funktion prüfen, Klappen müssen gleichmäßig schließen
- Messeinrichtungen — Kabel auf Beschädigungen prüfen, evtl. abisolieren oder austauschen,
  Klemmen am Feuchtefühler reinigen, Messplättchen am Feuchtefühler bzw. Feuchtstrumpf am Psychrometer erneuern (vor jeder Trocknung!)
- Tordichtungen — Gummiprofile reinigen, mit Wachs o. ä. einreiben. Bei Beschädigungen reparieren
- Tortransporthilfe — Abschmieren

Halbjährliche Kontrolle und Mängelbeseitigung (zusätzlich zu den o. g. Kontrollen):

- Kammergehäuse — Konstruktion überprüfen, Schäden reparieren. Dichtigkeit von Wänden und Dächern prüfen, nachdichten,
  Blenden, Zwischendecken prüfen, reparieren, evtl. auswechseln, Silikonfugen ausbessern,
  Bei gemauerten Kammern innen alljährlich Schutzanstrich erneuern
- Tore und Türen — Bei Beschädigungen oder Undichtigkeiten reparieren. Verschlüsse, Beschläge kontrollieren, schmieren. Anpressdruck nachstellen. Stahlteile auf Korrosion prüfen, Schutzschicht nachbessern
- Hub- und Schiebeeinrichtungen — Prüfen, schmieren
- Gleiswagen, Beschickungssystem — Prüfen, evtl. schmieren, reparieren
- Ventilatoren — Von Hand durchdrehen. Lager, Auswuchtung, Gleichmäßigkeit des Luftspalts prüfen, Ventilator

anlaufen lassen, Reversierfunktion prüfen, Stromaufnahme kontrollieren

- Heizung — Heizventile Funktion prüfen, Durchlässigkeit sicher stellen. Schmutzfilter reinigen, Vorlauftemperatur auf richtigem Wert?
  Heizregister gleichmäßig warm? Reinigen, entkalken,
  Heizeinrichtungen auf Korrosion prüfen, ausbessern oder erneuern,
  Bei Dampfheizung Kondenstöpfe prüfen, entlüften
- Sprühung — Verkalkung, Verschmutzung an Düsen und Rohren beseitigen. Wasserreinigung und Hochdruckpumpe auf Funktion prüfen
- Schächte — Drehpunkte, Kugelgelenke leicht ölen
- Regelung — Alle Regelfunktionen prüfen
- Schaltschrank — an Installation Anschlussklemmen prüfen – Wackelkontakte?

Die Liste ist zu ergänzen je nach vorhandenen Anlagen und Herstellervorschriften. Für Vakuum- und Kondensationstrockenanlagen sollte für Überholungsarbeiten ein Techniker des Herstellers angefordert werden.

Die Wartung wird erleichtert durch Messgeräte, die mindestens in großen Anlagen selbstverständlich sein sollten. Sie müssen für jede Kammer Strom-, Warmwasser- oder Wärmeverbrauch und Sprühmittelverbrauch registrieren. Protokolliert werden können die Verbrauchszahlen im Computer oder in gesonderter Schreibeinrichtung. Über das Regelungsprogramm kann oft auf dem Monitor eine Kontrollfläche aufgerufen werden, auf der die Funktion aller Motoren, Ventile u. a. durch Signallämpchen o.ä. dargestellt wird. Auch erscheinen Störungen als Warnmitteilungen.

Die Wärmeversorgung ist hier nicht berücksichtigt. Sie muss nach einem eigenen Wartungsplan regelmäßig überprüft werden.

10 Planung von Holztrocknungsanlagen

Wenn die Holztrocknung in einem Betrieb eingeführt werden soll, müssen zunächst grundsätzliche Entscheidungen gefällt werden. Geklärt werden muss, ob es für die Trocknung eine hoch technisierte Anlage sein muss oder ob man auch mit einer Freiluft- und allenfalls noch einer einfachen Vortrocknung auskommt.

Meist steht bereits fest, dass technisch getrocknet werden soll. Zu überlegen ist dann, inwieweit es sinnvoll ist, der Kammertrocknung eine mehr oder weniger lange natürliche Trocknung vorzuschalten. Zur Beantwortung sollte eine **Kostenrechnung** angestellt werden (siehe Kap. 11). Geprüft werden muss darüber hinaus, ob die Auftragslage es erlaubt, lange Lagerzeiten für das Holz in Kauf zu nehmen, und auch, ob die Platzfrage für die Lagerung lösbar ist. Auch hat sich in manchen Betrieben die Freilufttrocknung als zu kostenträchtig erwiesen, einerseits wegen der Zinsbelastung durch Kapitalbindung, andererseits auch wegen der Trocknungsschäden durch unkontrollierbare Klimaeinwirkung.

In einem durchschnittlichen mitteleuropäischen Sägewerk wird die Auswahl einer Trocknungsanlage dadurch erschwert, dass die üblichen Holzarten, nämlich Fichte, Kiefer, Buche und Eiche, sehr unterschiedliche Trocknungseigenschaften haben, und dass sie über das Jahr jeweils unter Berücksichtigung der Empfindlichkeit gegen biologische Schäden kumuliert eingeschnitten werden. Konkret heißt das, dass die erste Holzart im Jahr die farbempfindliche **Kiefer** ist. Sie wird je nach Anfall in den Monaten Januar bis März die Trocknung belegen. Anschließend wird die pilzempfindliche **Buche** geschnitten und getrocknet. Im Sommer kommt die **Eiche** und zuletzt im Jahr die **Fichte** in die Trocknung. Daraus ergibt sich, dass keine Spezialkammern verwendet werden können, sondern alle Kammern für jede Holzart geeignet sein müssen. Die Wirksamkeit der Trockenanlage ist unter diesen Umständen nicht optimal. Das bedeutet, dass demgegenüber Betriebe mit Spezialisierung auf eine Holzart oder eine Palette ähnlicher Holzarten günstigere Voraussetzungen für die technische Trocknung haben.

Das folgende Kapitel hat den gesamten **Planungsvorgang** zum Inhalt. Dargestellt werden alle wesentlichen Gesichtspunkte, die zu einer Entscheidung beitragen. Themen, die an anderer Stelle des Buches ausführlich behandelt sind, werden manchmal in Kurzform wiederholt, um Nachblättern zu vermeiden. Ein ***Fallbeispiel*** aus einem Sägewerk soll die Problematik zusätzlich beleuchten.

Die Beschaffung einer Holztrockenanlage erfordert gründliche und systematische Überlegungen, wenn sie betrieblichen Nutzen bringen soll.

Oberstes Kriterium ist die **Wirtschaftlichkeit.**

Zu ihrem Nachweis ist ein sorgfältiges Vorgehen notwendig, das ziemlich zeitaufwendig sein kann. Trotzdem sollten die dargestellten Überlegungen jeder einschlägigen Investition vorausgehen.

10.1 Bestimmungsgrößen für die Wirtschaftlichkeit

Für die **Planung einer Trockenanlage** gelten die folgenden Voraussetzungen.

10.1.1 Trockengut

- Erfassung der Holzarten – meist vorgegeben
- Erfassung der Sortimente, anzustreben ist Minimierung der Holzabmessungen
- Festlegung des Holzvolumens pro Jahr je Sortiment
- Erfassung der Anfangsfeuchten, anzustreben so niedrig wie möglich, Möglichkeiten der Vortrocknung sind zu prüfen

- Erfassung der Stapelquerschnitte, Vereinheitlichung zweckmäßig
- Erfassung der Stapellattenmaße, Vereinheitlichung notwendig

10.1.2 Platzverhältnisse (Infrastruktur)

- Entfernung zwischen Heizkessel und Anlage gering halten, dadurch Wärmeverluste minimieren
- Wege für Beschickung und Entleerung kurz halten
- Platz für rechtzeitige Bereitstellung des nassen Holzes
- Ausgleichsraum und Lagerplatz für getrocknetes Holz
- Rechtzeitiger Abtransport des trockenen Holzes aus dem Kammerbereich

10.1.3 Betriebsweise

- Maximale Betriebszeit, wirtschaftlich nur bei 24 h/d und ≥320 d/a
- Minimierung der Transport- und Stillstandszeiten
- Bei Zusatz- oder Ersatzbeschaffung zuerst Funktionsfähigkeit und Trocknungsablauf der vorhandenen Anlage prüfen und optimieren

10.1.4 Energie

Siehe Kap. 9.3.

- Art der Wärmeversorgung
- Ununterbrochene Energieversorgung von Wärme und Strom → 24 h/d und ≥320 d/a
- Bei FA-Trocknung zweckmäßig:
  - Für NH Vorlauf $\vartheta \geq 110$ °C und Sprühdampf
  - Für LH Vorlauf $\vartheta \geq 90$ °C, HD-Sprühwasser
- Bei Vakuumtrocknung:
  - Für NH (Bauholz!) Vorlauf $\vartheta \geq 110$ °C und Sprühwasser/Dampf
  - Für LH je nach Holzart, z. B. für Eiche Vorlauf 80 °C und Sprühwasser
- Überlegung zum Heizmaterial, besonders hinsichtlich der Verwendung der eigenen Holzreste
- Einführung eines Energiemanagements bei größeren Anlagen, sinnvoll besonders bei Kraft-Wärmekopplung

10.2 Auswahl des Trocknungsverfahrens

Zunächst wird nochmals ein Überblick über die zur Verfügung stehenden Trocknungsmöglichkeiten gegeben

10.2.1 Vortrocknung

Siehe Kap. 4.

10.2.2 Frischluft-Ablufttrocknung (FA-Verfahren)

Dieses Verfahren ist universell einsetzbar, jedoch ungünstig für sehr dickes Holz und für schwierig zu trocknende nasse Harthölzer.

Mit **Beheizung**

- über Rippenrohre (Heizkessel notwendig)
- durch Heißluft aus externem Wärmetauscher
- über elektrische Widerstandsheizung

Bauart

- als Kammer
- als Kanal

10.2.3 Vakuumtrocknung

- Erwärmung kontinuierlich über Platten: bevorzugt für schwere, nasse Laubhölzer

- ohne Platten, normale Stapelung, Erwärmung diskontinuierlich mit Luft: bevorzugt für abgelagerte schwere Laubhölzer
- ohne Platten, normale Stapelung, Erwärmung kontinuierlich mit Restluft: bevorzugt für schwere Laubhölzer
- ohne Platten, normale Stapelung, Erwärmung kontinuierlich in Heißdampfatmosphäre, universell einsetzbar

Siehe Kap. 6.

10.2.4 Kondensationstrocknung

Diese Trocknungsart wird bevorzugt für langsam trocknende Hölzer eingesetzt:

- mit komplettem elektrischem Betrieb (ohne Heizkessel)
- mit Zusatzheizung aus WW, HW, Dampf (Betrieb kostengünstiger)

Siehe Kap. 7.2.

10.2.5 Andere Verfahren

Siehe Kap. 7.

10.2.6 Transportmittel

Bei der Planung von Anfang an mit zu berücksichtigen.

10.2.7 Wahl der Trocknungstechnologie

Wenn die vorkommenden Holzarten und Sortimente mit gleicher Trocknungstechnologie getrocknet werden können, sollte ein mittleres oder Standardsortiment für die Planung festgelegt werden. Wenn die Holzarten oder Sortimente so unterschiedlich sind, dass Trocknungsanlagen unterschiedlicher technischer Ausstattung zweckmäßig sind, müssen entsprechend mehrere Planungssortimente gebildet werden. Eine zu große Ausweitung der Anlagentypen ist aber zu vermeiden.

Eine entscheidende Rolle spielt die zur Verfügung stehende **Energie**. In der Holzindustrie wird zunächst zu prüfen sein, ob ausreichende Wärme aus Restholz gewonnen werden kann. Im Holzhandel wird meist die Wahl auf Heizöl oder Heizgas fallen. Die **Trockenzeit** wird stark beeinflusst von der Anfangsfeuchte. Zu überlegen ist, ob eine Vortrocknung sinnvoll organisiert werden kann.

Fallbeispiel

In einem **Sägewerk** sind zu trocknen:

6000 m³ Bretter/Bohlen FI/KI, besäumt, Rohhobler, Leimbaulamellen
Längen 3,0 ... 5,5 ... 8,0 m, Dicken 18 ... <u>40</u> ... 70 mm Anfangsfeuchte ca. 50 %, Endfeuchte 10 %

3 000 m³ Bauholz FI/KI, Längen bis 10 m Dicken (kleineres Querschnittabmaß) 120 ... <u>160</u> ... 240 mm Anfangsfeuchte ca. 50 %, Endfeuchte ca. 15 %
Stapelabmessungen 1,2 m breit, ca. 1,5 m hoch, Länge im Mittel 5,5 m, maximal 10 m
Stapellatten immer 22 mm dick

Eine **Vortrocknung** auf dem Platz ist begrenzt vorgesehen, wie die geplanten Anfangsfeuchten zeigen. Weitergehende Vortrocknung wäre zwar zweckmäßig, wird aber wegen des Platzmangels und zu hohen Kapitaleinsatzes nicht mehr berücksichtigt.

Die **Überprüfung der Energiesituation** ergibt, dass bisher im Betrieb kein ausreichender Heizkessel vorhanden ist. Jedoch fallen ca. 1500 t Restholz pro Jahr an, mit einer Feuchte von ca. 50 %.

Berechnung der vorhandenen Wärmemenge überschlägig: Bei einem Heizwert von geschätzt 3,3 kWh/kg (gemäß Tabelle 9-2) stehen zur Verfügung:

1500 t/a × 1000 kg/t × 3,3 kWh/kg = 4 950 000 kWh/a
= 4950 MWh/a

Berechnung der benötigten Wärmemenge für die geplante Trocknung:

Wasserentzug
Zunächst muss die Masse des darrtrockenen Holzes ermittelt werden. Die Rohdichte ρ_0 liegt bei dem vorliegenden Sortiment FI/KI bei 450 kg/m³, die maximale Volumenschwindung bei ca. 12 %.

Masse des darrtrockenen Holzes:
$m_0 = 9000 \times (1 - 0{,}12) \times 450$ kg = 3 565 000 kg = 3565 t.

Masse des aus dem Holz zu entziehenden Wasser, bei u_a = 50 %, u_e wird vereinfachend einheitlich mit 10 % angesetzt:
m_W = 3565 × (0,5 – 0,1) t = 1426 t, entsprechend 1 426 000 kg Wasserentzug pro Jahr.

Notwendiger **Wärmeenergiebedarf**
Beim üblichen Frischluft-Abluftverfahren werden je kg Wasserentzug bei Nadelholz ca. 1,5 kWh benötigt (siehe Tabelle 9-1).
W = 1426000 × 1,5 kWh/a = 2 140 000 kWh/a = 2140 MWh/a.

Untere Berücksichtigung eines **Wärmeverlusts** von 30 % sind erforderlich
W = 2140/(1 – 0,3) MWh/a = 3057 MWh/a.

Damit wäre bei Frischluft-Ablufttrocknung folgender **Energieüberschuss** vorhanden:
4950 MWh/a – 3057 MWh/a = 1893 MWh/a.

Die Beschaffung eines **Heizkessels** bietet sich auf jeden Fall an. Wenn zusätzlich das überschüssige Brennholz thermisch verwertet werden soll, z. B. für Raumheizung, so ist die Erstellung eines eigenen Energiekonzepts zu empfehlen.

Die Bretter und Bohlen können gemäß den vorstehenden Überlegungen kostengünstig in einer mit Rippenrohren beheizten Trockenanlage getrocknet werden. Für Bauholz größerer Dimension kann wegen kürzerer Trockenzeit für große Abmessungen auch die Vakuumtrocknung infrage kommen. Jedoch wird in der Planungsphase bezweifelt, dass ausreichend starkes Holz über das ganze Jahr zur Verfügung steht. Außerdem soll das verfügbare Restholz thermisch optimal genutzt werden. Die Ausnutzung ist in der Frischluft-Abluftkammer günstiger.

Manipuliert werden soll mit einem vorhandenen **Frontstapler**. Die Beschaffung eines weiteren Staplers wird sich voraussichtlich als notwendig erweisen.

10.3 Schätzung von Anzahl und Größe der Anlagen

Nun folgt eine Anleitung zur Schätzung der Anlagengröße. Es handelt sich zwar um Berechnungen, doch gibt es Annahmen und Vereinfachungen, die das Ergebnis so wenig genau erscheinen lassen, dass „Schätzung“ der richtigere Ausdruck ist. Die Annahme von Trocknungszeiten im folgenden Abschnitt ist die erste und möglicherweise für den Erfolg der Planung entscheidende Hürde (siehe Kap. 5.5). Die Zeiten müssen nach Realisierung und Optimierung der Anlage auf Stichhaltigkeit geprüft werden.

10.3.1 Ermittlung der gesamten Trocknungszeit je Charge

Die **Trocknungszeit** t_{tr} errechnet man als Mittelwert aus verschiedenen Sortimenten. Alternativ möglich ist auch die Auswahl des wesentlichsten oder repräsentativen Sortiments. Zusätzlich zu berücksichtigen ist die Zeit für Beschicken und Entleeren (**Manipulationszeit**) t_m. Sie ist abhängig von der Beschickungsart bzw. vom Transportmittel, zum Beispiel:

1 Frontstapler 2 bis 5 min/m³

Durchfahrbetrieb (meist mit Rollwagen) ca. 0,5 min/m³.

t_m wird in der Berechnung zunächst nicht berücksichtigt, da sie von der Kammergröße abhängig ist, d. h. mit der Kammergröße ansteigt. Diese muss erst ermittelt werden.

Fallbeispiel

Erfahrungswerte für **Gesamttrockenzeit** bei FA-Trocknung:

Bretter/Bohlen im Mittel: t_{tr} = 120 h/Ch
Bauholz großer Abmessungen: t_{tr} = 384 h/Ch

Mittlere t_{tr} = (120 · 6000 + 384 · 3000)/9000 h/Ch

t_m = 3 min/m³ angenommen für Frontstaplerbetrieb

Die Trockenzeiten müssen nach Realisierung auf Richtigkeit geprüft werden.

10.3.2 Ermittlung der Trocknungsstunden der Anlage pro Jahr

Die Trocknungsstunden t_j pro Jahr sind für die Wirtschaftlichkeit wesentlich. Trocknungsanlagen müssen durchgehend, auch nachts und an Wochenenden, in Betrieb sein.

Voraussetzung für einen derartigen Trocknungsbetrieb ist die laufende **Kontrolle der Gleichge-**

wichtsfeuchte, auch bei abgeschalteter Heizung (siehe Kap. 5.6). Ausfallzeiten dürfen planmäßig nicht vorkommen.

Fallbeispiel

Wenn Trocknung auch nachts und an Wochenenden, ergibt sich: t_j = 320 d/a = 7680 h/a. Nach dem ersten vollen Trocknungsjahr muss diese Annahme überprüft werden. Dabei müssen vor allem auch kürzere Stillstands- und Störungszeiten berücksichtigt werden.

10.3.3 Errechnung der Chargen pro Jahr

Die Chargenzahl N_{Ch} ist aus den Daten von 10.3.1 und 10.3.2 zu errechnen.

$$N_{Ch} = \frac{t_j}{t_{tr}} \text{ in Ch/a .}$$

Fallbeispiel

Anzahl der Chargen pro Jahr: N_{Ch} = 7680/208 ≈ 37 Ch/a

davon 25 Ch/a Bretter und 12 Ch/a Bauholz.

10.3.4 Ermittlung der Kapazität in m³ Holz je Charge

Die Kapazität K_{Ch} ist abhängig vom geforderten Jahresvolumen (V_{Ha})

$K_{Ch} = V_{Ha}/N_{Ch}$ in m³ Holz/Ch .

Fallbeispiel

Notwendige Kapazität je Charge bei 9000 m³ Schnittholz aller Abmessungen pro Jahr:

K_{Ch} = 9000/37 m³/Ch = 243 m³/Ch .

10.3.5 Errechnung des benötigten Nutzraums

Der **Nutzraum** V_N oder **Stapelraum** ist die übliche Volumenangabe für eine Kammer unter Berücksichtigung der Stapelmaße und Stapelhölzer (siehe Kap. 4.1). Der Stapelraum eines Stapels V_{NSt} wird durch die Außenabmessungen bestimmt und schließt Stapellatten und Luftspalte ein.

Der Stapelfaktor f_s gibt an, welcher Anteil des Nutzraums durch Holz eingenommen wird.

Das Holzvolumen eines Stapels ist demnach $V_{HSt} = V_{NSt} \cdot f_s$.

Das Volumen aller Stapel in einer Charge ist identisch mit dem erforderlichen Nutzraum:

Anzahl Stapel je Charge $n_{St} = K_{Ch}/V_{HSt}$.

Das Volumen des umbauten Raums V_K umfasst neben dem Nutzraum das Raumvolumen, das für alle Einbauten und für die strömungstechnische Auslegung der Anlage notwendig ist.

Fallbeispiel

Nutzinhalt, Anzahl der Stapel:

Länge: f_l = 0,9 angenommen für alle Sortimente

Breite: f_b = 0,8 angenommen für alle Sortimente

Höhe: f_h ist aus Lagenzahl zu berechnen.

Anzahl der Lagen bei Brettern/Bohlen:

n = 1500/(40 + 22) = 24 Lagen

Anzahl der Lagen bei Bauholz:

n = 1500/(160 + 22) = 8 Lagen

Faktor der Höhe:

Bretter/Bohlen: f_d = (24 · 40)/(24 · 40 + 23 · 22) = 0,655

Bauholz: f_d = 8 · 160 /(8 · 160 + 7 · 22) = 0,893

Stapelfaktor Bretter: $f_{s\ Bretter}$ = 0,9 × 0,8 × 0,655 = 0,47

Stapelfaktor Bauholz: $f_{s\ Bauholz}$ = 0,9 × 0,8 × 0,893 = 0,64

Holzvolumen:

$V_{HSt\ Bretter}$ = 1,2 × 1,46 × 5,5 × 0,4 = 4,53 m³ Holz/Stapel

$V_{HSt\ Bauholz}$ = 1,2 × 1,43 × 5,5 × 0,64 = 6,04 m³ Holz/Stapel

$V_{HSt\ mittel}$ = (4,53 · 6000 + 6,04 · 3000)/9000 = 5,1 m³ Holz/Stapel

Stapelanzahl mittel $n_{St} = K_{Chm}/V_{HStm}$ = 243/5,1 = 47,7 ≈ 48 Stapel/Charge.

10.3.6 Anzahl Stapel in einer Trockenkammer

Die Wahl der Stapelzahl ist abhängig davon, dass bei größer werdender Anlage folgende Einflüsse zu berücksichtigen sind:

- Investitionskosten je m^3 Holz — geringer
- Platzbedarf je m^3 Holz — geringer
- Betriebskosten je m^3 Holz — geringer
- jedoch Wärmeenergieaufwand beim Aufheizen je m^3 Holz — größer
- Flexibilität — geringer
- Risiko bei Trocknungsfehlern — größer

Dabei wird häufig die **Flexibilität** als ausschlaggebend betrachtet. Der Grund liegt darin, dass bei zu großen Kammern oft Kompromisse geschlossen werden müssen, die wegen der Mischung von Holzarten oder Sortimenten zu schlechter Trocknungsqualität führen.

Vorgehen bei Bemessung des Nutzraums:

Länge des Nutzraums optimieren. Die Bemessung richtet sich nach den Stückelungsmöglichkeiten der verschiedenen Stapellängen. Meist ist eine größere Länge als die maximale Stapellänge günstig. Die Kammerlänge beeinflusst die Investitionskosten mehr als Höhe und Breite.

Höhe des Nutzraums möglichst nicht über 5 m, da keine Gleichmäßigkeit der Luftverteilung bei größerer Höhe mehr zu erreichen ist. Für die Gesamthöhe des Nutzraums ist Höhe der Durchlagen und Rangierabstand zu berücksichtigen.

Als Rest bleibt die Stapelanzahl in der Breite (d. h. in Richtung der Luftströmung). Die Länge des Luftwegs soll nicht über 10 m betragen. Entsprechend ist die Anzahl der Stapel in der Breite aufzuteilen, daraus ergibt sich die Anzahl der Kammern.

Eine abschließende Kontrollrechnung unter Einbeziehung der Manipulationszeit ergibt die echte (theoretische) Jahreskapazität.

Fallbeispiel

Aufteilung der Stapel, Kammeranzahl und -größe:

Nutzlänge gewählt: 16,5 m

Ergibt bei Normstapellänge von 5,5 m → 3 Stapel

Die Kammerlänge wird immer etwas größer als die Nutzlänge, also als 16,5 m, ausgeführt; daher ist kein besonderes Übermaß zu berücksichtigen.

Bleibt Stapelanzahl im Kammerquerschnitt: 48/3 = 16 Stapel

Anzahl Stapel in der Höhe gewählt: 2 Stapel

Daraus ergibt sich Gesamthöhe der Kammer bei 10 cm je Durchlage und 30 cm Rangierhöhe:

$H_N = 2 \cdot 150 + 2 \cdot 10 + 1 \cdot 30 \text{ cm} = 350 \text{ cm}.$

Verbleibt Anzahl Stapel in der Breite: 16/2 = 8 Stapel

Ergibt Luftweg in m bei 1,2 m Stapelbreite: $8 \cdot 1{,}2 \text{ m} = 9{,}6 \text{ m}$.

Optimierung des Luftwegs je Kammer, da Luftweg in einer Kammer zu groß:

Gewählt Aufteilung in zwei Kammern: $B_N = 9{,}6/2 \text{ m} = 4{,}8 \text{ m}$ Luftweg.

Ergibt je Kammer in der Breite eine Stapelzahl $n_B = 4{,}8/1{,}2 = 4$ St.

Kontrolle:

V_H einer Kammer = 3 St. · 2 St. · 4 St. · 5,1 m^3/St. = 122,4 m^3 Holz/K.

t_m einer Kammer = 122,4 m^3/K · 3 min/m^3 · 1/60 h/min = 6,1 h/K.

$N_{Ch\ korr.} = 2 \cdot 122{,}4 \cdot 36\ m^3 \text{ Holz/a} = 8813\ m^3 \text{ Holz/a}$

$K_{j\ ist} = 7680/(208 + 6{,}1) \approx 36 \text{ Ch/a}.$

Ergebnis

Installiert werden sollen 2 Frischluft-Abluftkammern mit einem Nutzinhalt von 227 m^3 bzw. einem Holzinhalt von 122 m^3. Getrocknet werden können ca. 8800 m^3 Holz pro Jahr.

Damit wird das geforderte Holzvolumen pro Jahr von 9000 m^3 um 187 m^3 verfehlt. In der Rechnung stecken die schon erwähnten Unwägbarkeiten, u. a. bei der Annahme der Trockenzeiten und der Festlegung der Anteile der Holzdicken über das Jahr, welche die geringe rechnerische Abweichung kompensieren könnten. Daher sollte der Vorschlag in der vorliegenden Form realisiert werden.

10.4 Automatisierungsgrad

Eine Automatisierung ist für jede mit geregeltem Klima betriebene Trocknung von großem Nutzen. Üblicherweise wird ein **Computer** als Zentraleinheit eingesetzt (siehe Kap. 5.1). Die Regelung erfolgt unter Verwendung von Trockenplänen, die im Computer gespeichert sind. Die Klimadaten werden in Abhängigkeit von der laufend gemessenen Regelungsholzfeuchte eingestellt. Dabei können vielfältige Parameter Beachtung finden. Trocknungspläne können auch selbst erstellt oder optimiert werden. Anzuschließen ist ein Farbdrucker, der eine lückenlose Protokollierung des Trocknungsablaufs ermöglicht.

10.5 Einholung von Angeboten, Ermittlung der Investitionskosten

Die bis hierher ausgearbeiteten Unterlagen sollten in eine Ausschreibung Eingang finden, die dem Hersteller ein gezieltes Angebot ermöglicht. Für die Analyse der daraufhin eingehenden Unterlagen kann die Prüfliste in Kap. 10.7 verwendet werden. Darauf können die Anbieterdaten nebeneinander geschrieben und verglichen werden. Zu beachten sind folgende Punkte.

- Bei Angeboten auf Einhaltung der Vorgaben achten!
- Fehlende Angaben für den Angebotsvergleich einholen!
- Bei größeren Differenzen von Angaben der einzelnen Angebote Begründung einholen!
- Nach Gewährleistungen fragen, aushandeln!
- Nicht im Angebot enthaltene Leistungen beachten!
- Einhaltung von Auflagen für den Umweltschutz beachten (Abluft, Abwasser, Lärm)

Für folgende Leistungen fallen in der Regel **Investitionskosten** an:

- Trocknungsanlage, wie vom Anbieter geliefert
- Mess- und Regeleinrichtung
- Bauarbeiten (Fundamente, Geräteraum u. a.)
- Installationen außerhalb der Trockenanlage für Heizung, Wasser, Hochdrucksprühung, elektrischer Strom, evtl. Kesselhaus
- Innerbetriebliche Fördereinrichtungen
- Sonstiges (Transport, Montage u. a.)

10.6 Entscheidung über die Beschaffung

Für die Entscheidung sind alle Kosten gem. Kap. 11 zusammenzustellen. Aus der Kalkulation muss der Preis der Trocknung in €/m^3 Holz hervorgehen. Der Beschaffung einer Trockenanlage sind nun mögliche Alternativen gegenüberzustellen, nämlich

- Einkauf trockener Ware
- Lohntrocknung
- Optimierung einer vorhandenen Anlage

Bei Fremdbezug sollten auch die nicht immer in Ziffern zu fassenden Themen wie Trocknungsqualität und Zuverlässigkeit der Lieferungen eine Rolle spielen.

Bei positivem Kaufentscheid wird der Blick auf die Finanzierungsmöglichkeiten die endgültige Entscheidung bringen. Dabei kann die Vorlage der bisher ausgearbeiteten Unterlagen hilfreich sein.

10.7 Prüfliste für Angebote

Diese gilt für Alu-Trockenkammern nach dem Frischluft-Abluft-Prinzip. Sie muss für andere Trocknungssysteme angepasst werden! Siehe auch Kap. 9. In Angeboten müssen alle wesentlichen Angaben für eine Beurteilung enthalten sein. In dieser Liste sind nur Stichworte aufgeführt.

Kapazität pro Jahr	Beachtung der eigenen Vorgabe (m^3 Holz/a)
Nutzraum	Volumen der Stapel in der Kammer, Nutzabmessungen prüfen, mit Torabmessungen abstimmen
Holzvolumen	Nutzraum × Stapelfaktor
Belegungszeit	Für typisches oder durchschnittliches Sortiment
Lichtmaße Stapelraum	Nicht zu beachten, da konstruktionsbedingt
Außenmaße der Kammer brutto	Platz im Betrieb prüfen
Konstruktion	Wärmedämmung, Wärmebrücken u. a.
Windlast, Schneelast	gemäß Bauvorschrift
Tore, Türen, Luken	Anordnung, Abmessung, Konstruktion
Fundamentplan	Abwasser, Regenwasser, Wärmedämmung, Anfahrschutz
Geräteraum	angebaut
Transportart	vereinbaren, auf Betrieb abstimmen
Ventilatoren	
Luftrichtung (ohne Beurteilung)	quer (oder längs), vertikal/horizontal
Lage	oben/seitlich, mit/ohne Zwischendecke oder Zwischenwand
Zwischendecke	Begehbarkeit, Luken unter den Ventilatoren
Blenden	oben, seitlich
Anschlusswert	leichtere Hölzer 0,25 … 0,40 kW/m^3 Holz schwerere Hölzer 0,15 … 0,30 kW/m^3 Holz
Luftgeschwindigkeit im Stapel	max. 1,5 … 3,0 m/s und gleichmäßig 6 … 10 m/s bei Längsbelüftung
Flexibilität	Reversierbarkeit – Drehzahlregelung – Impulsbelüftung u. a.

Schallpegel	TA Lärm beachten
Heizung	
Heizmedium	betriebliche Vorgabe
Wärmetauscher	z. B. Rippenrohre aus Bimetall, Edelstahl
Heizfläche Wärmetauscher	0,6 … 5,0 m^2/m^3 Holz, berechnet bei einem k-Wert des Wärmetauschers von … kW/m^2 K
Installierte Heizleistung	… kW/m^3 Holz bei Vorlauftemperatur … °C und Kammertemperatur … °C (Notwendige Angabe, wenn Heizfläche nicht angegeben)
Wärmeleistung beim Aufheizen	2 … 20 kW/m^3 Holz bei Kammereintritt je nach Holzart bzw. Ansprüchen (bauseitig bereitzustellen)
Luftbefeuchtung	
Sprühmedium	(Hochdruck-)Kaltwasser/ND-Dampf
Aufbereitung	evtl. Enthärtung/Pufferung/Entölung
Leistung	mind. 4 kg/h · m^3 Holz
Regelung, Steuerung	angepasst wählen
Trocknungsprotokoll	automatische Aufzeichnung unerlässlich
Preis, Lieferzeit	vergleichen, aber erst nach vorstehender Prüfung der technischen Daten
Nicht enthaltene Leistungen	vergleichen
Garantien	aushandeln, z.B. – 10 Jahre Wand- und Fugendichtheit – Laufzeit der Motoren mind. 35000 h – Klimamessung mind. 5 Jahre störungsfrei
Abnahme	erst nach erfolgreicher Probetrocknung

11 Kosten der Holztrocknung

Die Trocknungskosten setzen sich aus verschiedenen Kostenblöcken zusammen. Tabelle 11-1 stellt exemplarisch ermittelte Kostenarten zusammen (GRUBER 2005).

Tabelle 11-1 *Verteilung der Kosten auf Gruppen*

Kostenblock	Anteil
Wärmeenergie	34 %
Elektrische Energie	8 %
Investition	10 %
Betreuung	16 %
Ausschuss	32 %

Der hohe Anteil beim Ausschuss kam zustande, weil die Endfeuchte weder mit dem Mittelwert noch mit der Streuung um den Mittelwert wunschgemäß ausfiel. Auch Risse, Verformungen und Verfärbungen sind enthalten. Daraus ergibt sich, wo man bei der Kostenoptimierung am besten beginnt. Auch bei den anderen Kostenblöcken muss auf Verbesserungen hingewirkt werden. Man ersieht daraus, wie notwendig es ist, die Trockenkosten zu ermitteln und laufend zu kontrollieren. In manchen Betrieben geht nämlich hier der Ertrag verloren, der möglicherweise in anderen Betriebsabteilungen erzielt wird. Erst recht muss der Preis für Lohntrocknungen exakt kalkuliert sein.

Nachfolgend wird die **Kalkulation mit Vollkosten** behandelt. Die verwendeten Basiszahlen in der Kalkulation stammen aus Unterlagen von FRANZ (2003), soweit sie nicht aus eigenen Erhebungen entnommen werden konnten.

Grundsätzlich werden Kosten unterteilt in **Fixkosten**, die immer anfallen, auch wenn nicht getrocknet wird, und **variable Kosten**, deren Höhe von der Auslastung der Anlage und vom Volumen des durchgesetzten Holzes abhängt. Das bedeutet, dass sie nicht anfallen, wenn nicht getrocknet wird.

Für die Berechnungen sind zunächst die notwendigen Vorgaben gesammelt worden. Dabei sind die Angaben in Eurobeträgen zeitbezogen eingesetzt worden. Die nachstehenden Zahlen streuen in der Praxis in weiten Grenzen, können aber doch für eine **Vorkalkulation** verwendet werden.

11.1 Fixkosten

Die größten Posten bei Fixkosten sind **Abschreibung** und **Verzinsung.** Sie werden **„kalkulatorisch"** genannt, weil sie nur für Kalkulationszwecke verwendet werden, nicht aber für steuerliche oder andere Zwecke.

Die **kalkulatorische Abschreibung** wird im Betrieb festgelegt, sie ist abhängig vom praxisgerechten Ansatz der Lebensdauer, d. h. vom Verschleiß der Trocknungsanlage und aller damit zusammenhängenden Betriebsmittel. Für die Berechnung der Abschreibungsprozente werden die Beschaffungskosten gleich 100 % gesetzt und durch die Jahre der veranschlagten Lebensdauer geteilt. Wenn die Abschreibung über die ganze Nutzungsdauer hinweg gleich angesetzt wird, handelt es sich um **lineare**

Tabelle 11-2 *Kalkulatorische Sbschreibung*

Betriebsmittel	Angesetzte Lebensdauer	Kalkulatorische Abschreibung
Die Trocknungsanlage mit Einbauteilen und Zubehör wird in der Praxis sehr unterschiedlich lange genutzt. Einfluss haben Art, Qualität, Pflege und Wartung der Anlage, Sorgfalt beim Beschicken und Entleeren, Betriebszeit, Betriebsbedingungen (Trocknungsklima), Korrosion durch spezielle Holzarten u. a.	ca. 12 Jahre	8 %

Tabelle 11-2 *Fortsetzung*

Betriebsmittel	Angesetzte Lebensdauer	Kalkulatorische Abschreibung
Stapelhilfsmittel (Stapelsteine, Unterlagen, Stapellatten) ca. 10 % des jeweiligen Lagervolumens	ca. 4 Jahre	25 %
Stapel- und Förderflächen für Vortrocknung. Der Platzbedarf liegt bei 2,5 m²/m³ für besäumtes, bei 2,8 m²/m³ für unbesäumtes Schnittholz	ca. 15 Jahre	7 %
Flächen für die Trocknungsanlage sowie Transport und Lagerung um die Anlage herum	15 Jahre	7 %
Stapel- und Abstapelanlage	ca. 10 Jahre	10 %
Heizungsanlage: Kessel, Gebäude u. a.	ca. 12 Jahre	8 %

Abschreibung. Nach der halben Nutzungsdauer liegt dabei also der Wert der Anlage bei 50 %.

Kalkulatorische Verzinsung der Investitionssumme erfolgt zu banküblichen Zinsen. Wie schon erläutert, verlieren alle Güter über die Dauer der Nutzung durch die Abschreibung linear an Wert, angesetzt wird daher der halbe Zinssatz. 6 %.
Die Summe der Fixkosten wird bezogen auf das durchgesetzte Holzvolumen. Je geringer die Auslastung, umso höher der Fixkostenbetrag. Siehe Tabelle am Schluss des Kapitels.

Tabelle 11-3 *Kalkulatorische Verzinsung*

Der Zinssatz wird häufig angenommen mit	6 %
Betriebsbezogene Versicherungen und Steuern für Kammertrocknung, von der Investitionssumme	2 %
Betriebsbezogene Versicherungen und Steuern für Freiluftlagerung (Gelände, Stapelhilfsmaterial). Basis ist der diesbezügliche Anlagewert. Falls keine Freilufttrocknung erfolgt, ist Basis nur der Wert des Hilfsmaterials.	1,5 %

Tabelle 11-4 *Schätzpreise und Heizwerte für Brennmaterial*

bei Heizöl	Heizwert 11,63 kWh/kg = 40680 kJ/kg	Preis	€/kg	0,35
			oder €/kWh	0,035
bei Holz trocken	Heizwert 4,6 kWh/kg = 16560 kJ/kg	Preis	€/kg	0,16*)
			oder €/kWh	0,016*)
bei Holz nass	Heizwert 2 kWh/kg = 7200 kJ/kg	Preis	€/kg	0,07*)
			oder €/kWh	0,007*)

*) Der Wert von Holz zur thermischen Verwertung wird in manchen Betrieben gleich null gesetzt, weil ohne Verbrennung u. U. Entsorgungskosten anfallen würden.

11.2 Variable Kosten

Den größten Posten stellt die **Wärmeenergie**. Die Preise hierfür sind abhängig von der Art des Brennstoffs und betrieblicher Einschätzung.

Tabelle 11-5 *Variable Kosten*

Wärmeverluste Kessel, Leitungen, Trockenkammer		30 ... 50 %
Stromkosten, üblicherweise angenommen	€/kWh	0,08 ... 0,10
Kalkulatorische Kosten für Reparaturen und Instandhaltung der Anlagen incl. Ersatzteile (Fremd- und Eigenreparaturen). Basis ist der Anlagewert		2 %
Lohnkosten für Stapeln, Abstapeln, Paketieren u. a. für Überwachung, Steuern, Regeln, Manipulieren	€/h €/h	8,00 12,00
Sozialkosten als Zuschlag zu den Lohnkosten		110 %
Gabelstapler nach Stundensatz, Einsatz für mehrere Kostenstellen vorausgesetzt	€/h	40,00

Tabelle 11-5 *Fortsetzung*

Lagerkosten, Verzinsung des Wertes des gelagerten Holzes zu banküblichen Zinsen mit vollem Zinssatz angenommen		6 %
Ersatz von Stapelhilfsmaterial kalkulatorisch. Basis ist der Materialwert		10 %
Wertminderung, Qualitätsverluste des Holzes während der Freiluft- und der Kammertrocknung durch Transportschäden, Pilz- und Insektenbefall und typische Trocknungsschäden (siehe Kap. 8). Basis ist der Wert des durchgesetzten Holzes		2 … 3 %

11.3 Fallspezifische Kalkulation

Ein Beispiel aus einem Sägewerk soll die Anwendung der Kostenrechnung darstellen.

Zu trocknen seien 6.000 m³ Nadelschnittholz (Bretter und Bohlen in Hobelqualität) im Jahr. Das Holz kommt mit einer Feuchte von 50 % in die Kammern. Diese Anfangsfeuchte werde im vorliegenden Fall nach einer angenommenen durchschnittlichen Lagerdauer von 1 Monat auf dem eigenen Schnittholzplatz erreicht. Daten für die Kostenrechnung:

Holzart		Fichte/Kiefer
Feuchtespanne der Trocknung		50 % → 10 %
Schnittholzpreis frei Trockenplatz	€/m³	180,00

Daten für Vortrocknung:

Trockenzeit auf Platz	Tage	30
Auf dem Platz wird pro Jahr das Holz 12× umgeschlagen.		
Gelagert werden müssen also 6000 m³/12 = 500 m³ auf einmal.		
Flächenbedarf 2,5 m²/m³ × 500 m³	m²	1250
Transporte mit Gabelstapler im Betriebsgelände angenommen:	min/m³	3,0
Stapeln von Hand angenommen	Lohnminuten/m³	2,5

Daten für Kammertrocknung:

Kammern (gleich groß)	Anzahl	2
Beschicken/Entleeren (Manipulieren) je Kammer	h/K	3
Trockenzeit je Charge ohne Manipulation	h/Ch	120
Betriebszeit Kammer und Heizung pro Jahr	h/a	7680
Anzahl Chargenwechsel	Ch/a $= \frac{7680}{120 + 3} =$	62
Kammerdurchsatz	m³/a	6000

Holzvolumen je Charge	m^3/Ch $= \frac{6000}{62} =$	97
bei 2 Kammern	m^3/Kammer	48
Stapelabmessungen	1,2 m breit · 1,5 m hoch · 5,5 m lang	
Nutzabmessungen in der Kammer	2,4 m breit · 3,0 m hoch · 10,0 m lang	
Nutzvolumen V_N	m^3	72

Investitionskosten:

Investitionskosten Kammer 1500 €/m³ Holz (derzeit. Schätzpreis)				
bei 2 Kammern zu je 48 m³ Holz	1500 · 2 · 48	€		144000
Abschreibung 8 %	$\frac{144000 \cdot 8}{100}$	€	11520	
Zubehör außerhalb des Lieferumfangs der Kammern (Fundament, Leitungen u. a., siehe Kap. 10.5) Zuschlag 20 % von 144000		€		28800
Abschreibung 8 %	$\frac{28800 \cdot 8}{100}$	€	2304	
Fläche für Kammerbetrieb – mindestens 10× Nutzfläche in der Kammer mit Transportwegen und Lagerung der Stapel bei den Kammern 10 × 2 Kammern × 10 m lang × 2,4 m breit = 480 m² Angenommen 40 €/m² × 480 m² =		€		19200
Abschreibung 7 %	$\frac{19200 \cdot 7}{100}$	€	1344	
Stapel- und Förderflächen für Vortrocknung, Lagervolumen 500 m³	30 €/m² × 500 m³ × 2,5 m²/m³	€		37500
Abschreibung	$\frac{37500 \cdot 7}{100}$	€	2625	
Stapelhilfsmittel ca. 10 € je m³ bei einem Lagervolumen von 500 m³	10 × 500	€		5000
Abschreibung	$\frac{5000 \cdot 25}{100}$	€	1250	
Heizungsanlage: Kessel, Gebäude u. a., Investition geschätzt		€		50000
Abschreibung	$\frac{50000 \cdot 8}{100}$	€	8000	

Tabelle 11-6 *Zusammenstellung der Investitionen und Abschreibungen*

Abschreibungsgut	Investitionskosten in €	Abschreibung in €
Trockenkammer	144 000	11 250
Kammerzubehör	28 800	2 304
Flächen um die Anlage herum	19 200	1 344
Flächen für Vortrocknung	37 500	2 625
Stapelhilfsmittel	5 000	1 250
Heizanlage	50 000	8 000
Summe	284 500	26 773

Kalkulation der fixen Kosten für ein Jahr:

Abschreibungen gemäß Tabelle 11-6		€	26 773
Verzinsung der gesamten Investition zu 6 %, halber Zinssatz für die gesamte Lebensdauer	$\frac{284500 \cdot 6}{100 \cdot 2}$	€	8 335
Versicherungen, Steuern			
2 % vom Anlagewert	$\frac{284500 \cdot 2}{100}$	€	5 690
Zusammenfassung fixe Kosten pro Jahr:		€	40 998
Fixe Kosten, bezogen auf den Durchsatz von 6000 m^3		€/m^3	6,83

Variable Kosten:

Wärmeenergie

Zur Heizung werden 1 000 000 kg nasses Restholz pro Jahr verwendet (Berechnung siehe Kap. 10.3) mit einem Heizwert von 2 kWh/kg.

Preis 0,07 €/kg (gemäß Tabelle 11-2)	$\frac{1000000 \cdot 0{,}07}{6000}$	€/m^3	11,67

Stromkosten

Elektrischer Anschlusswert: 5 Motoren zu je 3 kW in einer Kammer,
Gesamtanschlusswert: 2 Kammern × 5 × 3 kW = 30 kW
Stromkosten 0,10 €/kWh
Wirkungsgrad 0,8

Ventilatoren laufen 62 Ch/a. × 120 h/Ch = 7440 h/a	$\frac{30 \cdot 0{,}10 \cdot 0{,}8 \cdot 7440}{6000}$	€/m^3	2,98

Reparaturen und Instandhaltung der Anlagen incl. Ersatzteile

2 % vom Anlagenwert	$\frac{284500 \cdot 2}{6000 \cdot 100}$	€/m³	0,95

Lohn- und Sozialkosten
für Stapeln, Abstapeln, Paketieren u. a.

20 Lohnminuten/m³, Lohn 8,00 €/h + 110 % Sozialkosten	$\frac{20 \cdot 8{,}00 \cdot 2{,}1}{60}$	€/m³	5,60

Lohn- und Sozialkosten
für Überwachung, Steuern, Regeln, Manipulieren

1 Person, 8 h/d, 365 d/a, Lohn 12 €/h + 110 % Sozialkosten	$\frac{8 \cdot 365 \cdot 2{,}1 \cdot 12{,}00}{6000}$	€/m³	12,26

Gabelstapler
Manipulation der Kammern: 3 h/K × 62 Ch/a × 2 K/Ch
zusätzlich für Schnittholzplatz 3 min/m³ Holz (0,05 h/m³),

Stundensatz € 40,00	$\frac{(3 \cdot 62 \cdot 2 + 0{,}05 \cdot 000) \cdot 40}{6000}$	€/m³	4,48

Lagerkosten, Verzinsung des Wertes des gelagerten Holzes

500 m³/a, Wert 180 €/m³, Zins = 6 %	$\frac{500 \cdot 180 \cdot 6}{6000 \cdot 100}$	€/m³	0,90

Ersatz von Stapelhilfsmaterial

10 % vom Wert (5000 €)	$\frac{5000 \cdot 10}{6000 \cdot 100}$	€/m³	0,08

Wertminderung, Qualitätsverluste des Holzes

Wert 180 €/m³, Verlust 2,5 %,	$\frac{180 \cdot 2{,}5}{100}$	€/m³	4,50
Variable Kosten pro m³ im Mittel		€/m³	43,42
Summe variable Kosten im Jahr	43,42 €/m³ × 6 000 m³/a	€/a	260 520,00

Zusammenfassung der Kosten:

Tabelle 11-7 und das zugehörige Diagramm zeigen einerseits die Gesamtkosten je m³ Holz bei voller Auslastung der Kammern im Jahr, andererseits aber auch die Kostensteigerung, wenn die Kammern weniger ausgelastet werden.

Tabelle 11-7 *Trockenkosten bei unterschiedlicher Auslastung der Trockenkammern*

Auslastung pro Jahr		25 %	50 %	75 %	100 %
Trocknung	h/a	1920	3840	5760	7680
Holzvolumen	m^3/a	1500	3000	4500	6000
Fixe Kosten	€/m^3	27,33	13,66	9,11	6,83
Variable Kosten	€/m^3	43,42	43,42	43,42	43,42
Gesamtkosten	€/m^3	70,75	57,08	52,53	50,25
Gesamtkosten	€/h	55,27	44,60	41,04	39,26

Das dargelegte Fallbeispiel dient als Leitfaden für die Ermittlung der Trockenkosten.

Wenn die Kammer nur durch Hereinnahme von Aufträgen unterhalb der Kostendeckung ausgelastet werden kann, wird gelegentlich auch mit Grenzkosten kalkuliert, d. h., man berechnet nur die direkt zurechenbaren (variablen) Kosten und lässt die Fixkosten weg, nämlich Abschreibung, Verzinsung u. a. Vor diesem „Balanceakt" muss aber ausdrücklich gewarnt werden. Die Fixkosten verteilen sich mit entsprechender Kostenprogression nämlich dann auf weniger Holz. Die Trockenkosten erhöhen sich, die Konkurrenzfähigkeit geht verloren.

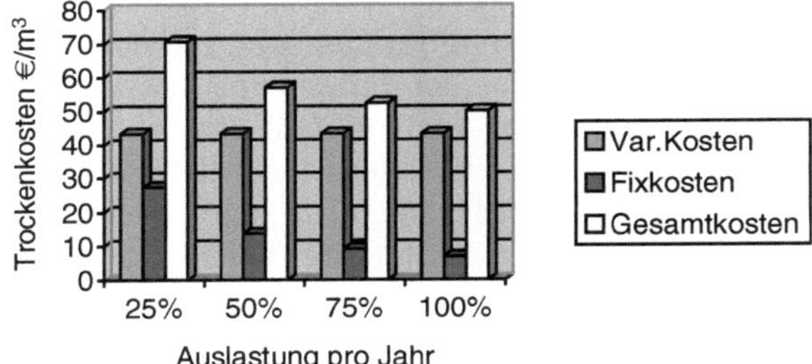

Bild 11-1 *Trockenkosten und Auslastung*

12 Holzschutzbehandlung in Trockenkammern

Holztrocknung ist keine Holzschutzmaßnahme. Sie ist aber in den meisten Fällen die Voraussetzung für den Einsatz, die Erhaltung und die Dauerhaftigkeit des Werkstoffs, wie nachfolgend beschrieben wird.

12.1 Vorbeugende Behandlung

Holz am Bau soll vor der Verarbeitung oder dem Einbau grundsätzlich getrocknet sein, um Reklamationen zu vermeiden. Bei Verwendung von nassem Holz im Neubau gibt es die Gefahr des **Schimmelbefalls**, gegen den viele Menschen allergisch reagieren. Diesem Befall kann nicht mit chemischen Mitteln, sondern nur durch ausreichende Trocknung des Holzes entgegengewirkt werden. Gegen Befall durch die gefährlichen **Fäulnispilze** hilft ebenfalls ein trockener Einbau und andauerndes Trockenhalten des Holzes.

Holz ist allerdings, auch wenn es getrocknet ist, durch **Insekten** gefährdet. Besonders der Hausbock spielt eine gewisse Rolle. Die Trocknung bei erhöhten Temperaturen (nicht unter 80 °C) soll eine Veränderung von Inhaltstoffen bewirken, wodurch die Attraktivität des Holzes für das Insekt nachlasse. Trotzdem konnte nicht bestätigt werden, dass damit eine Resistenz gegen Hausbock erreicht wird (Becker 1962).

Weil die Forderung nach trockenem Bauholz wegen des chemischen Holzschutzes nicht unumstritten ist, muss hier auf diese Problematik eingegangen werden. Gemäß DIN 68 800-3 sind nämlich tragende oder aussteifende Holzbauteile vorbeugend chemisch zu schützen, wenn eine Gefährdung durch Pilze oder Insekten vorliegt. Bei Nadelholz, insbesondere bei Fichte, verkleben die Hoftüpfel im Reifholz (Bild 3-3) durch die Trocknung und verhindern damit weitgehend das Eindringen von Holzschutzmitteln. Daher ist nur eine **Tränkung in nassem Zustand** möglich, die aber wegen des Wassers in den Zellen längere Zeit, d. h. mehrere Tage, benötigt. In dieser Zeit können hoch konzentrierte Salze durch Konzentrationsausgleich einen Schutz der Randzonen bewirken.

Wie in Kap. 3.3.3 erwähnt, ist für Bauholz eine Feuchte von unter 20 %, in Güterichtlinien sogar von 15 ± 3 % festgelegt. In der Holzschutznorm DIN 68800-2 wird gefordert: *„Holz und Holzwerkstoffe sind mit möglichst dem Feuchtegehalt einzubauen, der während der Nutzung als Mittelwert zu erwarten ist."* Die **technische Trocknung** ist demnach unverzichtbar, da eine längere Lagerung und Freilufttrocknung nach der Nassimprägnierung praktisch nicht akzeptiert wird.

Dadurch entstehen jedoch andererseits große Probleme. Das Holzschutzmittel geht während der Trocknung teilweise in die Trocknerluft über. Folge sind schwere Korrosionsschäden an der Kammer sowie ein ernsthaftes Problem bei der Abgabe von Brüden in die Umwelt. Die Bearbeitung des Holzes ist aus Gründen des Arbeits- und Umweltschutzes sehr aufwändig. Ein weiterer Nachteil sind **Trockenrisse**, die das nass imprägnierte Bauholz im getrockneten Zustand aufweisen wird. Diese werden auf jeden Fall durch die geschützte Zone hindurch bis ins unimprägnierte Holzinnere reichen – und die Einfallspforte für Schädlinge bilden. Ließe man das Holz vor einer Imprägnierung trocknen, würden Schwachstellen nachträglich nicht auftreten, die Schutzbehandlung würde alle nachbearbeiteten Flächen und Rissinnenwandungen erfassen.

Die Holztrocknung allein kann demnach nicht als vorbeugende Holzschutzmaßnahme gegen Insekten gelten. In Anbetracht der aufgeführten Probleme hat es sich jedoch weitgehend durchgesetzt, der Trocknung Priorität vor der Holzschutzbehandlung einzuräumen, auch wenn diese dann nur als **Randschutz** ausgeführt wird. Durch eine nachgeschaltete Tränkung darf darüber hinaus die Holzfeuchte des getrockneten Holzes nicht wieder über die erlaubten Feuchtewerte angehoben werden.

12.2 Bekämpfende Behandlung

Durch eine Behandlung mit Heißluft in einer Trockenkammer werden bereits im Holz befindliche Schädlinge abgetötet. Nachstehend werden Einsatzgebiete erörtert.

Holz für den Export wird für manche Länder, z. B. Australien, schon seit langem sterilisiert. Das geschah bisher durch Behandlung mit einem **chemischen Mittel**, durch **Begasung** oder durch **Heißluftbehandlung**. Damit soll unterbunden werden, dass über Holzverpackungen o. dergl. Schädlinge in das jeweilige Importland eingeschleppt werden. Immer mehr Länder haben entsprechende Vorschriften bzw. Regeln zum Export von Verpackungsholz erlassen. Eine Vereinheitlichung steht derzeit noch aus. In der „Richtlinie zur Regelung von Holzverpackungsmaterial im internationalen Handel", ISPM Nr. 15 der Internationalen Pflanzenschutzvereinbarung (International Plant Production Convention – IPPC), vereinbart in der zuständigen Unterorganisation der FAO, steht u. a., dass Verpackungsholz, das für den Export vorgesehen ist, zu entrinden und einer Hitzebehandlung zu unterziehen ist. Eine Alternative ist die **Begasung mit Methylbromid**. Diese durfte übergangsweise bis 2005 durchgeführt werden, die Zulassung läuft wegen Umweltgefährdung aus. Ob damit aber Begasungen vom Markt verschwinden, ist unsicher.

Hitzebehandlung wird also auf Sicht die einzige Sterilisierungsmethode gegen Insekten sein. Hierfür muss eine Temperatur von 56 °C im Kern des Holzes über eine Dauer von 30 min erreicht werden. Die Nachweispflicht ist nicht einheitlich geregelt. In Deutschland ist diese Temperatur durch Direktmessung an einer bis zwei Temperaturmessstellen im Protokoll nachzuweisen. In anderen Ländern sind unterschiedlich viele, bis maximal sechs Messstellen gefordert. In Frankreich ist die Protokollierung einer Lufttemperatur von 65 °C ausreichend. Eine ähnliche Regelung in der Schweiz wird von Richter und Risi (2004) beschrieben. Die wünschenswerte Vereinheitlichung steht aus.

Für den Australienexport ist eine Behandlung speziell gegen die Holzwespe mit 74 °C Lufttemperatur über eine von der Holzdicke abhängige Zeit erforderlich – eine wesentlich unkompliziertere und auch schon länger bewährte Behandlung bezüglich des Nachweises als bei ISPM-15.

Die technische Holztrocknung in herkömmlichen Holztrocknungsanlagen ist der **Hitzebehandlung** nach den verschiedenen Vorschriften gleichzusetzen, wenn die genannten Werte erreicht werden. Bei Forderung nach einer Direktmessung ist es am besten, während der Trocknung eine zusätzlich installierte Temperatursonde zu verwenden und auf dem Protokoll eine eigene Holztemperaturkurve zu schreiben.

In Deutschland

- muss der Betrieb registriert,
- müssen die Hitzebehandlungskammern für dieses Verpackungsholz zertifiziert sein,
- sind die o. g. Behandlungsparameter zu gewährleisten,
- sind Protokolle auszudrucken,
- ist das behandelte Holz zu markieren.

Behandelt werden soll das auf Stapellatten gestapelte Holz; andernfalls müssen die Holzdicken für die Berechnung der Behandlungsdauer addiert werden. Hölzer, die nach ISPM-15 behandelt und nicht getrocknet worden sind, werden rasch und intensiv von Schimmelpilzen befallen (Lambert 2005), was aber für Verpackungen meist keine Beachtung findet. Die Behandlung richtet sich schließlich nur gegen Insekten. Das bedeutet, dass eine Wärmebehandlung nur bei Koppelung mit der Trocknung problemlos verlaufen wird.

Verschiedene Hersteller bieten gleichwohl **Kammern** und **Regelungen** an, die mit speziellen Programmen ausgestattet sind, um ISPM-15 gerecht zu werden. Auch eine Nachrüstung vorhandener Regelungsanlagen ist möglich. Dabei wird wie üblich je nach Anforderung die **Lufttemperatur** oder auch

Tabelle 12-1 *Plan für die Hitzebehandlung von Verpackungsholz, bis zu 40 mm dick, bei Anfangstemperatur von ca. 20 °C und Gleichgewichtsfeuchte von ca. 15 %*

Holzfeuchte	Zeit in min	Kerntemperatur in °C	Bemerkungen
Beliebig	≤300	auf 56	Aufheizen
	30	56	Behandlung
	150	ergibt sich	Abkühlen (evtl.), dann Ausfahren

die **Holztemperatur** gemessen. Der Temperaturfühler wird dazu in ein vorgebohrtes Loch im Holz eingebracht. Letztlich kann jede Trockenkammer durch die Anschaffung eines angepassten Protokolldruckers und eines Holztemperaturfühlers als **Hitzebehandlungskammer** genutzt werden, wenn das entsprechende Programm vorhanden ist (Lauber 2003). Auch kleine Kondensationstrockner werden mit einer elektrischen Zusatzheizung angeboten. Dabei wird im Anschluss an die Trocknung bei 35 bis 40 °C die Temperatur auf 56 °C gesteigert und über 30 min gehalten. Diese Temperatur wird über eine entsprechende Messsonde im Holzkern gemessen und an einem Messgerät abgelesen. Speicherung auf PC und Ausdruck am Drucker sind vorgesehen. Schließlich haben auch die Hersteller von **Vakuumtrocknern** bereits auf diese Herausforderung reagiert. Eine besondere Automatik ermöglicht den Anschluss von bis zu acht Temperatursensoren und die Eingabe eines Programms für die Thermobehandlung.

Ein Plan für Hitzbehandlung von Verpackungsholz sieht ziemlich einfach aus. Als Zusatzrequisit für eine Trockenkammer sind **Temperatursonden** notwendig, von denen die erzielte Kerntemperatur gemessen wird. Angeschlossen wird ein übliches Holzfeuchtemessgerät mit Temperaturanzeige und PC-Schnittstelle. Die ermittelten Daten können dann in einem PC gespeichert und ausgedruckt werden. Neben der automatischen Regelung ist für das einfache Programm (Tabelle 12-1) auch Handsteuerung möglich. Die Aufheizzeit ist abhängig von der Anfangstemperatur des Holzes, der Holzdicke und der Holzart. Die Gleichgewichtsfeuchte sollte je nach Holzfeuchte für die gesamte Behandlungsdauer konstant 12 ... 16 % betragen. Die vorgeschriebene Temperatur im Holz muss 30 min gehalten werden. Zur Vermeidung von Schimmelpilzbildung oder Hitzerissen kann das Holz nach der Hitzebehandlung einer kontrollierten Abkühlphase ausgesetzt werden.

Holz am Neubau darf keinen lebenden Insektenbefall aufweisen. Vielfach ist das Rundholz von Frischholzinsekten befallen, die zwar teilweise mit der natürlichen Trocknung absterben, zum Teil aber auch in der Lage sind, sich im trockenen Holz nach dem Einschnitt zu entwickeln und dann als fertiges Insekt auszuschlüpfen. Es handelt sich insbeson-

Bild 12-1 *Stahlblaue Fichtenholzwespe. Beunruhigt in Neubauten die Bewohner, weil sie aus frisch verbautem Holz ausschlüpft. Der Schaden ist gering. Eine Trocknung vor dem Einbau würde allerdings Reklamationen wegen Insektenbefall überflüssig machen*

dere um **Holzwespen** und um **Scheibenbockkäfer**. Letztere können durch sorgfältige Entrindung aller Baumkanten meist beseitigt werden. Holzwespen nagen aber tiefer im Holz und schlüpfen dann im bereits bewohnten Haus aus (Bild 12-1). Dieser Befall kann nur verhindert werden, wenn das Holz vor dem Einbau in gleicher Weise sterilisiert wird, wie bei Exportholz beschrieben. Am besten wird sämtliches Bauholz schon im Sägewerk mit mindestens 56 °C getrocknet, um die Reklamation wegen lebender Insekten zu vermeiden. Das Protokoll sollte zum Nachweis vorgehalten werden. Mit der meist vorgenommenen technischen Trocknung des Bauholzes bei ausreichender Temperatur ist der Befall durch Frischholzinsekten zugleich erledigt.

Sterilisierung von Altholz kann, wenn es ausgebaut worden ist und erneut verbaut werden soll, in einer Trockenkammer durchgeführt werden. Zur Bekämpfung von Insekten ist im Inneren des Holzes eine Temperatur von 56 °C etwa eine Stunde lang zu halten. Das Holz muss so gestapelt sein, dass die Warmluft an allen Flächen einwirken kann. Die Gleichgewichtsholzfeuchte muss etwa der Holzfeuchte im vorherigen verbauten Zustand entsprechen, z. B. bei Dachkonstruktionsholz ca. 15 %. Andernfalls kann die Behandlung zu Schäden führen.

Die Behandlung besonders empfindlicher Gegenstände kann in speziell gedichteten Kammern durchgeführt werden. Über eine feinfühlige Steuerung wird dabei verhindert, dass es zu einem Feuchteaustausch zwischen Luft und Objekt kommt. Dazu wird die Luftfeuchte während der Erwärmung und der folgenden Abkühlung der Objektfeuchte laufend angepasst. Temperaturänderungen erfolgen langsam, um keine Wärmespannungen entstehen zu lassen (Bild 12-2). Durch einen Fühler wird die Kerntemperatur gemessen. Sie darf zur Lufttemperatur nur eine geringe Differenz haben (Thermolignum o. J., TRÜBSWETTER und ERTELT 1994).

Bei Gegenständen, die mit den früher üblichen thermoplastischen Leimen (Glutin- oder Blutalbuminleime) hergestellt wurden, z. B. Möbel oder Kirchenbänke, darf während der Erwärmung keine Belastung aufgebracht werden, weil sich die Verbindungen sonst lösen. So dürfen keinesfalls Gegenstände aufeinander gestapelt werden. Da die Leimfuge während der Wärmeeinwirkung erweicht, muss sie während der Behandlung in der bisherigen Form gehalten werden. Nach Abkühlung wird der Leim in der Regel wieder fest.

Pilze sind wärmeresistenter als Insekten. Echter Hausschwamm geht bei 58 °C in feuchter Luft nach 30 min, in trockener Luft nach 80 min ein. Seine Sporen werden bei 60 °C nach 32 h, bei 80 °C nach 4 h und bei 100 °C nach 1 h abgetötet (GROSSER 1985). Eine Pilzbekämpfung im Holz ist aber ohnehin in den meisten Fällen sinnlos, weil das Holz bereits zerstört und nicht weiter verwendbar ist.

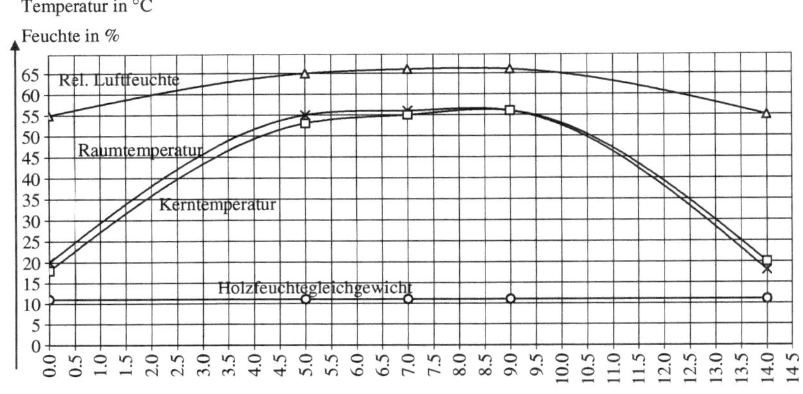

Bild 12-2 *Diagramm einer kontrollierten thermischen Behandlung zum Zweck der Insektenbekämpfung. Die Holzgleichgewichtsfeuchte wird konstant gehalten. Die Behandlungszeit gilt für Behandlung in einer dichten Kammer an Objekten mit geringem Querschnitt. Unter Baustellenbedingungen ist mit einer Behandlung über Wochen hinweg zu rechnen*

13 Holzvergütung in Trockenkammern

Die Verbesserung der Holzeigenschaften kann auf verschiedenen Wegen erfolgen. Hier soll nur auf **thermische Verfahren** eingegangen werden, weil sie praktisch eine technische Erweiterung der Trocknung in den Hochtemperaturbereich darstellen. Diese Verfahren haben vorrangig die Verringerung der Feuchteverformung des Holzes zum Ziel. Wegen der Umweltproblematik hat sich neuerdings der vorbeugende Holzschutz hinzugesellt, der es ermöglichen soll, chemische Schutzmittel zu vermeiden. Häufig wird versucht, für derartige Holzvergütung Trockenkammern einzusetzen. Im Folgenden soll dargestellt werden, wie sich Trocknung und Holzvergütung abgrenzen.

Wesentliches Kriterium ist die **Temperatur**. Bei der Frischluft-Ablufttrocknung werden üblicherweise maximal 90 °C erreicht. Die selten anzutreffenden Verfahren der **Hochtemperaturtrocknung** arbeiten mit maximal 130 °C. Eine wesentliche Änderung der Holzeigenschaften auf Dauer ist mit diesen Trocknungsverfahren nicht zu erzielen.

Holzvergütung beruht auf einer chemischen Veränderung der Zellwandbestandteile, die erst bei sehr hohen Temperaturen zu erreichen ist. Thermische Verfahren mit dieser Zielsetzung sind von SCHEITHAUER (2003) unter dem Begriff **„Thermo-Technologie"** zusammengefasst worden. Sie lassen sich dadurch charakterisieren, dass das Holz nach dem Einschnitt zunächst kammergetrocknet und anschließend drucklos oder bei Überdruck in einem inerten Medium (Dampf, Öl, Stickstoff) einer Hitzebehandlung bei 170 ... 240 °C unterzogen wird. Zum Schluss wird konditioniert.

Bewirkt werden der Abbau von Hemizellulosen und damit eine Verbesserung der Feuchteverformung und der Dimensionsstabilität. Die Dichte der behandelten Hölzer nimmt ab, bei Nadelholz um 15 bis 25 % mehr als bei Laubholz um 5 ... 10 %. Die Sorptionseigenschaften ändern sich, die Gleichgewichtsfeuchten liegen erheblich tiefer, z. B. bei Kiefer im Normalklima bei 5 ... 6 % gegenüber unbehandeltem Holz bei 12 ... 14 %. Damit verbunden sind größere Formstabilität und bessere Schädlingsresistenz. Auch gibt es Hinweise auf eine bakterienhemmende Wirkung. Die Farbe ändert sich zu einem meist gleichmäßigen Braunton. Die Festigkeitseigenschaften werden mit steigender Behandlungstemperatur verringert; besonders stark nimmt die Bruchschlagarbeit ab.

Nachfolgend werden Verfahren angesprochen, die unterschiedliche Pfade eingeschlagen haben (IHD 2003).

Thermowood ist eine finnische Entwicklung. Das Holz wird nach dem Einschnitt getrocknet und dann in einer Kammer erhitzt. Nach der anschließenden Abkühlphase kann das Holz bearbeitet werden. Es gibt verschiedene Sortimente. Bei einem Hersteller wird Nadelholz für Innenverwendung in Heißdampf von 190 °C, für Außenverwendung von 212 °C behandelt, Birke und Espe mit 180 °C bzw. 200 °C. Ein anderer Hersteller erhitzt je nach Anforderung in einer Dampfatmosphäre bis zu 250 °C, und erweitert seine Holzartenskala um Buche und Eiche. Die Wärmebehandlung dauert insgesamt ca. 12 Stunden. Dauerhaftigkeit und Dimensionsstabilität werden mit steigender Behandlungstemperatur verbessert. Zusätzlich wird die Resistenz gegen holzzerstörende Pilze erhöht. Propagiert wird besonders die Verwendung im Freien, auch im Erdkontakt.

Einen anderen Weg geht das in Deutschland entwickelte Verfahren **„Oil-Heat-Treatment"** (OHT). Das Holz wird 23 bis 30 Stunden lang auf 220 ... 240 °C in naturbelassenem **Rapsöl** erhitzt. Das Öl sorgt für gleichmäßigen Wärmetransport bei Ausschluss von Sauerstoff. Der Energiebedarf sei gering, weil das erwärmte Öl wieder verwendet werden kann. Das Öl wird nicht aufgenommen, und das Holz kommt trocken aus der Anlage. Daher ist Leimen und Lackieren nicht eingeschränkt. Behandelt worden sind bisher Fichte und Kiefer. Das Holz verliert weniger an Dichte (Gewicht) als bei Luft-Hitze-Verfahren.

Das niederländische Verfahren **„Platohout"** wird einem längeren Prozess unterworfen. Das Holz durchläuft im frischen Zustand die „Hydro-Pyrolyse", nach Herstellerangabe eine Behandlung des Holzes in einem mit Wasser gefüllten

„Reaktor" bei 175 °C. Dann wird auf 8 % getrocknet. In einem weiteren Verfahrensschritt wird das Holz bei 175 °C in Heißdampf ausgehärtet. Es ist dann nahezu darrtrocken und muss daher auf die gewünschte Bearbeitungsfeuchte konditioniert werden. Behandelt wird vorwiegend Fichte. Bevorzugtes Verwendungsgebiet ist der Wasserbau, daneben die Anwendung im Freiland.

Thermoholz Austria möchte mit seinem Verfahren das Holz optisch aufwerten. Das Holz wird bei Temperaturen bis 130 °C getrocknet, und dabei entweicht der Sauerstoff aus der Kammer. Zurück bleibt ein als **Holzgas** bezeichnetes Gemisch. Es schließt sich eine Erhitzung auf 170 ... 230 °C an. Heizmedium ist **Thermoöl** mit 260 °C (Anonymus 2001). Je nach Temperatur können definierte Farbtöne generiert werden. Auch Formstabilität und Dauerhaftigkeit sollen verbessert werden. Besonders Laubhölzern, z. B. Buche oder Pappel, eröffnen sich damit neue Verwendungen.

Unter der Bezeichnung **„retification du bois"** wurde in Frankreich ein ähnliches Verfahren entwickelt, Das Produkt heißt **„perdure"**.

Aus diesen Verfahrenshinweisen kann abgelesen werden, dass die Unterschiede zur normalen Holztrocknung gravierend sind. Die Kammer muss erhöhten Temperaturen standhalten. Die Ventilatoren müssen, falls überhaupt notwendig, mit außenliegenden Motoren angetrieben werden. Die Wärmeversorgung muss wesentlich stärker ausgelegt sein als bei der Holztrocknung. Andererseits kann das Holz ungestapelt, d. h. dicht gepackt behandelt werden.

Kammern für die Trocknung und Hitzevergütung in einem Durchgang sind bereits auf dem Markt. Die Wirtschaftlichkeit muss aber sorgfältig geprüft werden – schließlich wird in der Kammer nur für einen kleinen Teil der Zeit die Hitzebehandlung vorgenommen, für die hohe Investitionskosten anzusetzen sind. Für die normale Trocknung ist aber die Kammer weitaus zu teuer. Für die Verwendung vergüteten Holzes in der eigenen Fertigung von z. B. Fertighäusern wird wohl auf absehbare Zeit die Beschaffung von lohnbehandelter Ware von einem spezialisierten Hersteller die weitaus günstigere Lösung sein als die Investition in eine eigene Thermoanlage.

Derzeit gibt es noch handfeste Probleme bei vergüteten Hölzern, nämlich die Behandlungskosten (ca. 300 Euro je m^3) und den lange anhaltenden, unangenehmen Geruch, außerdem die Gefahr der Rissbildung durch die hohe Temperatur und schließlich die Verringerung der Bruchschlagarbeit. Die Entwicklung der Hitzevergütung schreitet aber fort; das vergütete Holz wird mit Sicherheit auf bestimmten Marktsegmenten zukünftig einen angemessenen Platz einnehmen.

14 Dämpfen von Schnittholz

Die Behandlung des Holzes mit Dampf ist der Trocknung in Luft vergleichbar. Es handelt sich bei beiden Verfahren um eine **Wärmeübertragung durch Konvektion.** In Kap. 9.3.2 wurde darauf hingewiesen, dass bei der Trocknung eine Behandlung mittels Dampf für Aufheizen und Konditionieren zweckmäßig sein kann. Nachfolgend soll gezeigt werden, worauf die **Dampfbehandlung** überwiegend zielt und was dabei zu beachten ist.

Bild 14-1 *Buchenbohlen nach dem Dämpfen, mit über Hirn aufgenagelten Leisten gegen Hirnrisse*

14.1 Zweck des Dämpfens

Schnittholz wird in erster Linie gedämpft, um eine Färbung gemäß den Anforderungen des Marktes zu erzielen. **Rotbuche** wird wie manche Obstbaumhölzer rosa bis rot (Bild 14-1), **Robinie** braun, **Koto** eichenähnlich grau gefärbt. Vielfach wird daneben eine künstliche Alterung herbeigeführt, vor allem bei **Fichte.** Zusätzlich können Innenspannungen verringert werden – bei **Buche** ein wichtiger Faktor. Allerdings muss dickeres Holz für den Dämpfprozess gegen Hirnholzrisse wirksam gesichert werden. Übliche Welleisen reichen nicht immer aus (Bild 14-2).

Weitere Ziele des Dämpfens sind eine Vergleichmäßigung der Anfangsfeuchte für die technische Trocknung oder das Beseitigen von Verschalung oder Zellkollaps.

Zum **Biegen** muss das Holz ebenfalls gedämpft werden. Die damit verbundene Plastifizierung ist reversibel, das Holz bleibt nach Trocknung im gebogenen Zustand stabil.

Die oft diskutierte **Quellungsvergütung** ist nur erreichbar, wenn zu den Komponenten Wärme und Feuchte noch ein Überdruck aufgebracht wird. Übliche Kammern sind hierfür nicht einsetzbar. Druckfeste Kessel sind zwar im Gespräch, kommen für Dämpfprozesse erst allmählich auf den Markt. Bisher sind sie aus Kostengründen normalerweise nur für kleine Teile verwendet worden. Das in diesem Zusammenhang entwickelte neuere Verfahren des **„Druckdämpfens"** wird weiter unten angesprochen. Schnittholz erfährt durch das Dämpfen eine Wertsteigerung, die vom Markt bezahlt wird. Daher sind besonders Sägewerke an der Installation einer entsprechenden Anlage interessiert.

Bild 14-2 *Buchenbohlen, gegen die Dämpfspannungen unzureichend gesichert*

14.2 Dämpfverfahren

VORREITER (1985) hat den Dämpfprozess ausführlich abgehandelt. Durch die Regelung von Temperatur und Zeit werden die gewünschten Effekte im Holz erreicht. Bei Verwendung von **Niederdruckdampf** mit ca. 105 °C stellt sich im Dämpfraum ein Dampf-Luft-Gemisch bei ca. 80 °C in einer fast gesättigten Atmosphäre ein. Das Holz passt sich diesem Zustand an. In randnahen Holz- oder Paketschichten pendelt sich die Feuchte bei 30 ... 40 % ein. Trockenes Holz muss beim Aufheizen auf mindestens 30 % durch und durch aufgefeuchtet werden, um eine gewünschte Färbung zu erreichen. Die **Dämpfzeit** muss diesen Ansprüchen angepasst werden. Nasses, sägefallendes Holz verhält sich weit günstiger im Dämpfprozess weil eine rasche Durchwärmung und eine gleichmäßige Farbreaktion möglich sind. Je schwerer das Holz, umso länger dauert diese Anpassung. Kurze oder dünne Hölzer passen sich der Atmosphäre rasch an. Gefrorenes Holz benötigt erhebliche Zeit zum Aufheizen.

Für das **Aufheizen** kann grob mit einer Stunde je 1 cm Dicke gerechnet werden. Dabei muss berücksichtigt werden, dass sich die Dicke bei paketweiser Dämpfung auf das ohne Luftspalt aufeinanderliegende Holz bezieht, d. h., dass bei einem 1 m hohen Paket 100 Stunden anzusetzen sind. Größere Abweichungen von diesen Angaben sind in der Praxis je nach Zielsetzung der Dämpfung zu beobachten.

Eine nur geringe **Rosafärbung**, wie bei Buche oft gefordert, erfordert eine Dämpfung auf Latten, damit alle Stücke gleichmäßig erwärmt werden können. Die Dämpfung darf nur zwischen 2 und 5 Stunden dauern. Dabei spielt eine **Lattenverfärbung** noch keine Rolle. Problematisch ist die Abkühlphase. Um diese zu vermeiden, wird die Trocknung oft direkt angeschlossen. Die Abkühl- und Aufheizzeit wird eingespart, die Anfangsfeuchte für die Trocknung ist gleichmäßig.

Je höher die Temperatur ist, umso dunkler wird das Holz. Wesentlich ist aber, dass die Temperatur den Maximalwert von 110 °C nicht überschreitet. Das Holz erleidet nämlich eine mit der Temperatur zunehmende **Hydrolyse**. Das macht sich in sehr dunkler Färbung, Festigkeitsverlusten und möglicherweise Rissen bemerkbar (Bild 14-3). Eine Verkürzung

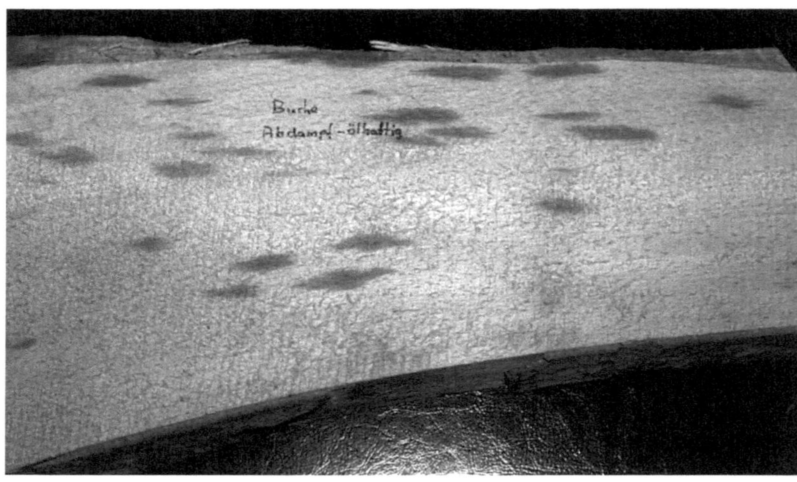

Bild 14-3 *Verdämpftes Buchenholz, zu dunkle Färbung und Risse wegen zu hoher Temperatur, dunkle Flecken durch Öl im Dampf*

der Behandlungszeit kann demnach nicht durch eine unbegrenzte Erhöhung der Temperatur erreicht werden (TRÜBSWETTER 1985).

14.3 Dämpfanlagen

Für die Wahl der Art der Anlage sind folgende Kriterien maßgeblich:

- Einwirkung auf das Dämpfgut
- Investitionskosten
- Energiekosten
- Regelungs- und Steuermöglichkeit
- Abwasserentsorgung

14.3.1 Dämpfkammern

Für Schnittholz sind Kammern üblich, deren Bauart und Abmessungen sich von Trockenkammern nicht wesentlich unterscheiden (BRUNNER-HILDEBRAND 1987). Zu beachten ist die erhöhte **Korrosionsgefahr**. Der Beton des Fundaments muss geschützt werden, weil er durch die Holzinhaltstoffe korrodiert. Daher wird die innere Blechhaut meist auch über den Boden gezogen.

Möglich ist direkte und indirekte Dämpfung (Bild 14-4). **Direkte Dämpfung** erfolgt durch Einleiten von Dampf durch ein oder mehrere Lochrohre in den Dämpfraum. Die Dampfrohre verlaufen entlang der Wände, über oder unter den Stapeln (Bild 14-5). Vermieden werden muss, dass der frische Dampf direkt auf das Holz auftrifft, weil lokale Überhitzung Schäden verursacht. Der Dampfaustritt kann nicht nur in die Kammerluft, sondern auch in ein Wasserbad hinein erfolgen. Das ist zu empfehlen, wenn Abdampf mit nicht immer gleichem Druck verwendet wird. Häufig ist es ohnehin für den Dämpfeffekt günstig, das Kondensat in einer Grube unter dem Dämpfgut zu stauen. Eine Wasserstandsregulierung muss dann das Überlaufen verhindern. Im Betrieb wird aber die notwendige, laufende Wasserzufuhr zum Heizkessel mit Wasserenthärtung die Kosten in die Höhe treiben.

Durch direkte Dämpfung wird rasche Aufheizung und sofortige Reaktion bei Regelungsvorgängen ermöglicht – vorausgesetzt, das Holz toleriert plötzliche Klimaänderungen. Der Dampf muss gesättigt sein. Abdampf darf kein Öl enthalten (Bild 14-3). Notfalls ist eine Entölung vorzuschalten. Bei Kammerinnenwänden aus Aluminium darf der Dampf nicht alkalisch sein, weil sonst starke Korrosion unvermeidlich ist. Der vom Heizkessel her üblicher

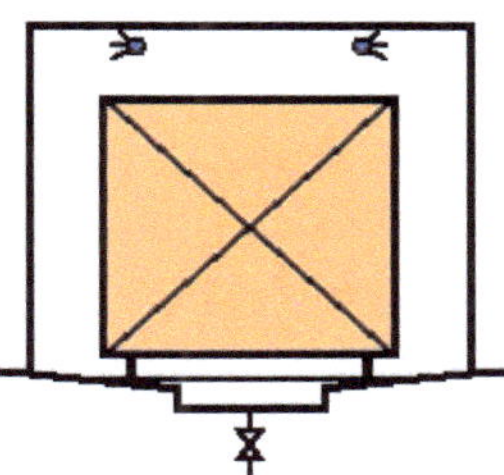
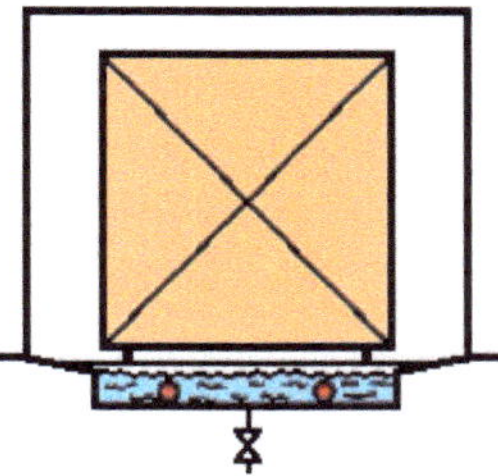

Bild 14-4 *Prinzipskizze von Dämpfkammern*
Links Kammer für direktes Dämpfen. Zwei Sprührohre sind oberhalb der Stapel angeordnet. Unten liegt ein Becken für das Auffangen des Kondensats
Rechts Kammer für indirektes Dämpfen. Wasserbad wird durch beliebiges Heizmedium über Rohrschlange erhitzt; Dampf steigt in den Dämpfraum auf. Kondensat kann im Wasserbad wieder aufgefangen werden

weise alkalische Dampf ist also zu puffern. Um den erheblichen Aufwand der Pufferung zu vermeiden, werden die Kammerwände aus Edelstahl verschweißt hergestellt.

Insgesamt ist das Verfahren des direkten Dämpfens kostspielig, weil laufend Frischwasser aufbereitet, d. h. erhitzt, enthärtet und entsalzt werden muss.

Indirekte Dämpfung erfordert Erhitzen eines Wasserbads mit Heizschlangen. Die Wasserwanne steht entweder neben den Stapeln an einer Kammerwand oder ist unter Gleisen in den Boden eingelassen (Bild 14-5). Der Wasserstand des Bades muss durch geeignete Installationen auf dem gleichen Stand gehalten werden.

Die Wahl des Heizmediums ist frei. Durch den Rücklauf zum Heizkessel ist die Wärmerückgewinnung gewährleistet. Für diese Dämpfmethode kann eine Aluminiumkammer eingesetzt werden, wenn es keine korrosiven Chemikalien gibt. Allerdings kann Edelstahl dann sicherer sein, wenn das zu dämpfende Holz korrosive Inhaltstoffe abgibt. Die Betriebskosten sind günstiger, von den Investitionskosten her ist wegen des Heizmittelrücklaufs die Anlage etwas teurer.

Aufheizen und Regelung sind naturgemäß schwerfälliger als beim direkten Dämpfen. Ein Nachteil entsteht daraus vor allem dann nicht, wenn empfindliche Hölzer gedämpft werden, die ohnehin nur bei vorsichtiger Klimaänderung schadenfrei behandelt werden können.

Bild 14-5 *Dämpfkammer, links das gelochte Dampfrohr für direkte Dampfzufuhr. Dampf darf nicht direkt gegen den Stapel gesprüht werden*

14.3.2 Dämpfkessel

Kessel werden häufig für kleine Teile, z. B. in Möbelfabriken bei direkter Dampfeinleitung bei Innendurchmessern von 0,6 ... 2,5 m verwendet. Wie bei allen Anlagen ist auch hier die korrosive Wirkung des Dampfs und der aus dem Holz austretenden Säuren zu beachten.

14.3.3 Dämpfglocken, Dämpfkästen

Das Holz wird auf einer Betonplatte bereitgestellt. Die Stahlglocke wird darüber gestülpt. Dann wird Dampf eingeleitet.

14.3.4 Dämpfgruben

Gruben werden vorrangig für Rundholz und Furnierblöcke verwendet, jedoch werden auch gelegentlich Schnittholzstapel in Gruben gedämpft. Üblicherweise steht für die Manipulation ein Kran bereit, jedoch sind auch flache Einfahrtsrampen an einer Schmalseite möglich. Der Betrieb ist für Schnittholz umständlich.

14.3.5 Wasserbottiche

Eine Wasserlagerung kann vielfachen Zwecken dienen. Hier sollen lediglich Anregungen gegeben werden, weil sich diese Behandlung zu weit abseits der Trocknung bewegt.

- Feuchteausgleich in einer Partie, gefördert durch erhöhte Wassertemperatur
- Auflösen von Verschalung oder Kollaps bei kollapsempfindlichen Hölzern
- Verhindern von Innenverfärbung bei hellen Laubhölzern durch Abtötung der verursachenden Enzyme in Wasser von bis zu 100 °C
- Färben oder Bleichen von Holz durch Beigabe entsprechender Chemikalien – die besondere Abwasserproblematik ist zu beachten!

14.3.6 Kombinierte Dämpf- und Trockenanlagen

Manche Kammern und Kessel sind für das Trocknen **und** Dämpfen ausgelegt. Im **„Einkammersystem"** wird die Kammer so konzipiert, dass zunächst gedämpft und direkt anschließend getrocknet wird. Hierfür können aber keinesfalls einfach Trockenkammern mit zusätzlichem Dampfrohr eingesetzt werden. Eine **indirekte Dämpfung** ist zu bevorzugen, weil damit die Kammereinrichtung korrosiv weniger beansprucht wird. Beim direkten Dämpfen kann die aggressive Alkalität des Dampfes Probleme bereiten. Heizregister müssen wie das Gehäuse aus Edelstahl hergestellt sein. Ventilatoren sind ebenfalls gegen Korrosion zu sichern. Bei innenliegenden Motoren sind besondere Schutzmaßnahmen zur Verhinderung der Kondensatbildung notwendig, z. B. kleine Widerstandsheizungen. Die Ventilatoren können alternativ auch während der Dämpfzeit laufen – eine Maßnahme, die eine bessere Dampfverteilung ermöglicht, vor allem bei gelatteter Ware.

Insgesamt entstehen bei Beachtung aller Regeln für die Konstruktion einer kombinierten Dämpf- und Trocknungsanlage gegenüber Kammern mit nur einer Funktion erhöhte Investitionskosten.

Für kombinierte Kammern wird als Vorteil angegeben, dass die Manipulation zwischen Dämpfen und Trocknen eingespart werden kann. Das bedeutet, dass bereits zum Dämpfprozess das Holz aufgelattet werden muss, weil die anschließende Trocknung dies erfordert. Für die Dämpfung sind Latten aber bei gewünschter Dunkelfärbung ungünstig, weil Markierungen zu erwarten sind. Anders verhält es sich, wenn nur eine geringe Färbung bei besonderer Gleichmäßigkeit gefragt ist.

Je nach Anforderung ergeben sich demnach unterschiedliche Arbeitsabläufe für zu dämpfendes und zu trocknendes Schnittholz.

a) Bei intensiver Dämpfung bzw. gewünschter Dunkelfärbung:
   - Einschnitt/Anlieferung von frischem Schnittholz
   - Stapeln in dichten Paketen ohne Latten
   - Dämpfen (sofort nach dem Aufsetzen!)
   - Stapeln auf Latten
   - Freilufttrocknen – Kammertrocknen

b) Bei geringer und besonders gleichmäßig gewünschter Färbung:
   - Einschnitt/Anlieferung von frischem Schnittholz
   - Stapeln auf Latten
   - Dämpfen (sofort nach dem Aufsetzen!)
   - Kammertrocknen sofort anschließend in gleicher Kammer

14.3.7 Anlagen zum Druckdämpfen

Dieses Verfahren hat sich in der Praxis noch nicht durchgesetzt, obwohl Deliiski schon 1990 darüber publiziert hat. Damals wurde die Dämpfung von Buchenschnittholz bei 1,3 bar abs. beschrieben. Die Dämpfzeit wurde demnach bei guter Qualität erheblich reduziert. Das Holz wurde auf Latten eingefahren, der Dampf konnte offenbar auch zwischen Latten und Brettoberfläche einwirken. Welling (2000) hat das Verfahren nach weiteren Versuchen in einer Laboranlage genauer vorgestellt. Das Maximum der Farbänderung von frischer Robinie wurde durch 10-stündiges Dämpfen bei 130 °C erreicht. Beim Dämpfen unter Normaldruck hätte man acht Tage bei 98 °C benötigt. Allerdings bildeten sich nicht ganz unerwartet Risse. Daher wird vorgeschlagen, die Robinie erst nach der Trocknung zu dämpfen – wobei außer Acht gelassen wird, dass die notwendige Wärme in trockenem Holz nicht ausreichend einwirken kann. Bei getrocknetem Buchenholz konnten im Versuch Farbunterschiede durch Dämpfen bei 105 ... 110 °C egalisiert werden. Das bedeutet, dass der Überdruck eine raschere Auffeuchtung vorgetrockneten Holzes ermöglicht, wogegen man in Normaldruck bei solchem Holz wegen der zu langen, aber notwendigen Auffeuchtungsphase meist unregelmäßige Färbung erzielt. Inwiefern eine Quellungsvergütung zu erreichen ist, muss noch geklärt werden.

Dieses Verfahren scheint erfolgversprechend, industrielle Anwendung kann erwartet werden.

14.4 Energieversorgung

Für den Aufheizprozess sind 80 ... 100 MJ Wärme je Stunde und Kubikmeter Holz in den Dämpfraum einzubringen. Muss das Holz im Beharrungszustand gehalten werden, wie bei Ansprüchen an intensivere Färbung notwendig, so sind zusätzliche 10 bis 40 MJ je Stunde und Kubikmeter Holz anzusetzen. Ist die Anlage dicht genug, so reicht eine Dampfeinleitung während der Tagschicht aus. Bei 48 Stunden erforderlicher Dämpfzeit würde also nur 16 Stunden lang Dampf verbraucht. Bei intensiver Dämpfung, z. B. von Biegeholz, muss die Dampfleistung meist wesentlich erhöht werden.

15 Emissionen

Eine Trockenanlage beeinflusst die Umwelt durch Abgabe von Abluft, Abwasser und Lärm. Diese **Emissionen** werden nachstehend diskutiert. Hinzu kommen laufend Emissionen aus Transportmitteln und Energieerzeugung, deren Betrachtung unterbleibt, weil sie den Rahmen dieses Kapitels sprengen würde.

15.1 Abgase

Eine Frischluft-Abluftkammer entlässt **Abdampf** (Brüden) aus den Abluftschächten. Dieser Dampf ist häufig auffallend sichtbar und führt immer wieder zu Nachbarbeschwerden und amtlichen Maßnahmen (Bild 15-1).

Aus hierdurch veranlassten Untersuchungen zur Trocknung der häufigsten einheimischen Holzarten wurden Kenntnisse über die Zusammensetzung der Brüden gewonnen (SCHEITHAUER und MILITZER 1996). Für die Beurteilung wurden die Emissionsgrenzwerte der **TA Luft** herangezogen.

Das Holz gibt bei Trocknung mit erhöhten Temperaturen flüchtige organische Substanzen ab, deren Zusammensetzung von der Holzart abhängt. Bei **Kiefer** ergaben sich die höchsten Werte an Gesamt-Kohlenwasserstoffen (Gesamt-C) und Terpenen. Die aufgetretenen Terpenkonzentrationen lagen unter dem Emissionsgrenzwert von 150 mg/m^3. Es sollte aber damit gerechnet werden, dass bei Industrietrocknungen die Konzentration zeitlich begrenzt (bald nach Trocknungsbeginn) durchaus den Grenzwert erreichen kann. Für **Fichte** ergeben sich etwas niedrigere Werte. Bei **Eiche** wurde die höchste Konzentration an Essigsäure gemessen. Der festgelegte Grenzwert von 100 mg/m^3 wurde nicht erreicht. Jedoch kann nicht ausgeschlossen werden, dass während der Trocknung in der Spitze dieser Wert ebenfalls überschritten wird. **Buche** war weitaus unauffälliger.

Geruchsemissionen werden gemäß der **Geruchsimmissions-Richtlinie** (1998) beurteilt. Im Vergleich zu anderen Industrieanlagen sind die Geruchsstoff-

Bild 15-1 *Abdampf einer Trockenkammer bei Trocknung frischen Erlenholzes*

ströme gering. In der näheren Umgebung kann es zu Gerüchen kommen, die im Einzelfall auf Belästigung zu prüfen sind.

Die Schnittholztrocknung stellt gemäß dem zitierten Forschungsbericht kein umweltrelevantes Problem bezüglich der Emissionen im Sinne der TA Luft dar.

Grundlagen zur Abluftreinigung bei der Holztrocknung hat Klug (1993) erarbeitet, vorrangig im Bereich der Holzwerkstoffe. Trotzdem ist diese erweiterte Sicht nützlich und die Dokumentation unweltrelevanter Informationen und weiterführender Informationen für eine Vertiefung zum Studium empfohlen.

15.2 Abwasser

Zu beachten sind das **Wasserhaushaltsgesetz** und die **Abwasserherkunftsverordnung**.

In den meisten Frischluft-Abluftkammern gibt es einen Gulli, der im Baugenehmigungsverfahren regelmäßig zu der Rückfrage führt, was dort entsorgt werde. Einerseits kann ein Überschuss an Wasser durch eine unsachgemäße Sprühanlage eingebracht werden. In diesem Fall ist der Einbau einer zweckmäßigen Sprühung (Kap. 9.2.2) oft günstiger als die Entsorgung des Abwassers. Andererseits kann Kondensat zu einem Wasserüberschuss führen. Grund hierfür sind Wärmebrücken im Kammergehäuse oder zu rasches Aufheizen des Holzes, besonders im Winter. Zu überlegen sind ebenfalls entsprechende technische Änderungen.

Die Erfahrung zeigt, dass in **Kammern ohne Ablauf** die Trocknung störungsfrei verläuft, wenn die Ursachen des Wasserüberschusses unter Kontrolle bleiben. Selbst wenn sich etwas Wasser auf dem Boden der Kammer sammelt, so wird es doch im Verlauf der Trocknung rasch wieder verdunstet. Das aus dem Holz herausgetrocknete Wasser muss ausschließlich durch die Abluftschächte entweichen können. Daher sollte ein Ablauf überflüssig sein und auf Bauplänen nicht mehr erscheinen.

In Kondensations- und Vakuumanlagen fällt alles dem Holz entzogene Wasser in flüssiger Form an. Dieses Kondensat ist bisher nur sporadisch untersucht worden. Es enthält die in der Abluft festgestellten Substanzen in stärker konzentrierter Form. Der Geruch ist intensiv. Das Abwasser enthält aber weniger Inhaltstoffe als das besser untersuchte Abwasser von Dämpfanlagen.

Für die **Dämpfung** (Kap. 14) kommt es darauf an, wie oft die Dämpflauge gewechselt wird. Wird die Lauge bei indirekter Dämpfung immer nach einer Charge abgelassen, ist die Kontamination meist so niedrig, dass eine direkte Abgabe in die Kanalisation toleriert wird. Wird die Lauge angesammelt und damit eine hohe Schadstoffkonzentration erreicht, muss eine eigene **Aufbereitungsanlage** in Betrieb gehen.

Bei Abwasser aus direktem Dämpfen treten die höchsten Belastungen zu Beginn der Dämpfung nach der Aufwärmphase auf. Die Entsorgung der Ablauge kann dem Rechnung tragen, z. B. durch Drosselung des Abwasserstroms mit Zwischenspeicherung zu Beginn der Dämpfung (MOLLEKOPF 2001).

Öffentliche Kläranlagen machen für die Abnahme der Abwässer Auflagen:

- Abkühlung auf 30 ... 35 °C. Das ist bei den geringen Mengen aus Trocken- und Dämpfkammern im betrieblichen Mischwasser meist kein Problem.
- Bei Übergabe muss der pH-Wert bei 6,0 ... 9,5 liegen – je nach lokal geltender Satzung. Durch die Säure aus dem Holz sinkt der pH-Wert der Ablauge immer unter 5. Im Zweifel kann durch Zugabe von Kalk ins Abwasser neutralisiert und damit der pH-Wert angehoben werden.

Bei Gewässerschäden gibt es unbeschränkte Haftung ohne Rücksicht auf ein Verschulden des Verursachers. Eine Versicherung dagegen ist nur begrenzt möglich.

15.3 Lärm

Für den Betrieb zu beachten sind die Vorschriften der **TA Lärm**. Geräusche werden überwiegend durch die **Ventilatoren** produziert, die in fast allen Trockenanlagen installiert sind. In Misch- und Wohngebieten ist mindestens für die Nacht meist ein Schallpegel vorgeschrieben, der ohne besondere Maßnahmen nicht zu erreichen ist. Es gibt die folgenden Möglichkeiten, wenn man das Abschalten der Ventilatoren und damit eine Unterbrechung der Trocknung vermeiden will.

Durch bauliche Maßnahmen, z. B. Anordnung der Ventilatoren an der Kammerwand hinter den Stapeln, auf der dem Gestörten abgewandten Seite kann schon beim Bau einer Kammer dem Lärmschutz Rechnung getragen werden. Auch durch eine **Zusatzdämmung** in der Kammerwand kann der Schallschutz verbessert werden. Eine ähnliche Wirkung hat die Platzierung der Kammern in einer Halle. Bei solchen Maßnahmen müssen zusätzlich Schalldämpfer an den Motoren installiert werden, damit der Lärm nicht den Weg durch die Abluftschächte nimmt. Die **Drehzahl der Ventilatoren** kann bei Nachtbetrieb heruntergeregelt werden. Damit ist eine Verlängerung der Trocknung verbunden.

Grundsätzlich kann der Schall gemindert werden, wenn die Ventilatoren mit dem Kammergehäuse nicht fest verbunden sind. Diese Erkenntnis haben viele Hersteller inzwischen in die Praxis umgesetzt. So kann der Ventilator in eine lange Fassung, eine Art Kanal, gesetzt werden. Diese Fassung steckt in einem Rohr mit etwas weiterem Innendurchmesser und wird dort mittels spezieller Dämmstoffe fixiert. Eine feste Verbindung wird vermieden. Alternativ kann der Ventilator mittels Federstäben in einer Fassung montiert sein.

16 Quellen und weiterführende Literatur

ANKNER, D. 1969: Zur Konservierung vorgeschichtlicher Feuchtholzfunde. Dt. Kunst-und Denkmalpflege (27), 2, S. 105–109

ANNIES, T. 1998: Trocknung und Dämpfen. In Lohmann (Hrsg.), U.: Holz-Handbuch, DRW-Verlag, Stuttgart

ANONYMUS 1995: Dampftrocknen löst Holztrocknungsprobleme. Holzforschung und Holzverwertung, Wien, Nr. 5, S. 78

ANONYMUS 2001: Hochtemperaturanlage zur Holzvergütung. Holzzbl. 82/83, S. 1091

ANONYMUS 2004: Eine dritte Schicht und noch mehr Technik. Holzzbl. 90, S. 1241–1243

BAUMGARTNER, F. 2000: Feuchteempfindlicher Sensor. FH Buchs. www.ntb.ch

BECKER, G. 1962: Bekämpfung holzzerstörender Insekten mit Heißluft. Berichte aus der Bauforschung, Berlin. Nr. 26, S 17–28

BERGER, U. 2004: Einschätzung zum Stand der Technik bei der Trocknungssteuerung und -messtechnik/Voraussetzung für mögliche Entwicklungspotentiale. Referat vor DGfH-Unterausschuss „Holztrocknung"

BERNATOWICZ; NIEMZ, P.; KÜHN, R.; THEIS, K. 1991: Untersuchungen zur Analyse von Schallsignalen bei der Holztrocknung. Holzforsch. und Holzverwert. Wien, 43, 5 S. 99–100

BM-Informationsblätter 1978: Das Arbeiten des Holzes. Bau- und Möbelschreiner (8), S. 69–72

BOLLMANN, L. 1957: Holztrocknung mit und ohne Ventilatoren. Holzbl. Leinfelden-Echterdingen Nr. 125, S. 1521–1523

BOLLMANN, L. (Hrsg) 1977: Leitfaden der Schnittholztrocknung. Rielasingen

BRUNNER, R. 1989: Die Turbo-Trocknung – eine neue Dimension in der Holztrocknungstechnik. Holzzbl. Leinfelden-Echterdingen, Jahrg. 115, Nr. 50

BRUNNER, R. 1997: Die Tage der konventionellen Schnittholztrocknung sind gezählt – Dampf statt Luft. Holzzbl. Nr. 52/53, S.817, 828, 830 und Nr. 55/56, S. 869, 872

BRUNNER, R. 2001: Holztrocknung auf Suche nach der besten Technik. Holzzbl. Nr. 60, S. 811–812, und Nr. 62/63, S. 835, 838

BRUNNER-HILDEBRAND (Hrsg.) 1987: Die Schnittholztrocknung. Hannover. 5. Aufl.

BURMESTER, A. 1970: Formbeständigkeit von Holz gegenüber Feuchtigkeit. Grundlagen und Vergütungsverfahren, BAM-Bericht Nr. 4, Berlin

BUX, M. u. a. 1999: Industrielle Schnittholztrocknung mit Solarenergie. Holzzbl., Leinfelden-Echterdingen, Nr. 148, S. 2010

Cathild Industrie 1993: L'Humidification dans les Séchoirs. Les Fiches Techniques Conseil No. 20

CIVIDINI, R. 2001: Conventional Kiln-Drying of Lumber. Compendium. Nardi, L. Travan, Soave

DANFOSS 2001: Tech Note. Nessie Wood Concept. Hochdruck-Wasservernebelungseinheit NWC. Ordering No.: 521B0285

DANFOSS 2002: Nessie. Water Mist Nozzles. Data Sheet

DELIISKI, N. 1990: Automatisierte Anlagen und Technologien zum intensiven Dämpfen von Holz. Holztechnologie, 30, 4, 201–202

EBERL, 2009: Persönliche Mitteilungen

EICHLER, H. 1978: Praxis der Holztrocknung. Fachbuchverlag, Leipzig

EISENMANN, 1972: Kleiner Holztrocknungskurs. Böblingen

ESPING, B.; ESPING, E. 1991: Schnittholzqualität. Neue CEN-Standards und die EDG Richtlinie. EDG-Newsletter Nr. 9

FRANZ, K. 2003: Berechnung von Trockenkosten. Unterlagen zum Seminar „Auswahl und Planung von Trockenanlagen" des Lehrinstituts f. Holzwirtschaft, Rosenheim

FRICKE, K. W. et al. 1974: Some Recent Developments in Timber Seasoning. Commonwealth Forestry Conf., Oxford and Aberdeen, UK, D.B.R. Reprint 743

GRASSMANN, P.; WIDMER, F. 1974: Einführung in die thermische Verfahrenstechnik. Gruyter, Berlin

GROSSER, D. 1977: Die Hölzer Mitteleuropas. Springer-Verlag, Berlin

GROSSER, D. 1985: Pflanzliche und tierische Bau- und Werkholzschädlinge. DRW-Verlag, Leinfelden-Echterdingen

GROSSER, D.; TEETZ, W. 1985: Einheimische Nutzhölzer. Loseblattsammlung. CMA und Arge Holz

GRUBENMANN, M. 1952: *i-x*-Diagramme feuchter Luft. Springer-Verlag, Berlin, Göttingen, Heidelberg

GRUBER G.; HASLINGER, M.; WARISLOHNER, J. 2003: Anfangsfeuchten beim Schnittholz streuen extrem. Holzzbl. 39, S. 566–567

HDH (Hrsg.) 1985: HDH-Ratgeber Holztrocknung. Trocknung von Vollholz – Begriffe, Zeichen, Einheiten, Erklärungen. Hauptverband der Deutschen Holzindustrie und verwandter Industriezweige 1985, Wiesbaden

HILLIS, W. E.; ROZSA, A. N. 1985: High Temperature and Chemical Effects on Wood Stability – Part 2. Wood Sci.Technol.(19), 1, S. 57–66

HOLZKURIER 2007: Artikel in Heft 14. Trocknungsrevolution – Forschungskenntnisse erfolgreich umgesetzt

HOLZKURIER 2007: Artikel in Heft 21: Energie-Einsparung – Trocknungskenntnisse präsentiert

HOLZKURIER 2008: Artikel in Heft 09: Erhöhte Wirtschaftlichkeit durch Verwertung von Niedrigenergie

HONEYCUTT, R. M.; SKAAR, C.; SIMPSON, W. T. 1991: Use of acoustic emissions to control drying rate of red oak. For.Prod.J., Madison, 35, 1, S. 48–50

ihd (Hrsg.) 1996: Beurteilung des Emissionsverhaltens von Schnittholztrocknern durch Emissionsmessungen, olfaktometrische Geruchsbestimmungen, labortechnische Untersuchungen zur Feststellung flüchtiger Holzinhaltsstoffe aus definierten Holzproben. Institut für Holztechnologie, Dresden

IHD 2003: Dresden einig: „Thermisch währt am längsten". Bericht vom ersten Europäischen Thermoholztag. Institut für Holztechnologie. Holzzbl. 45, S. 671

Informationsdienst Holz 2000: Konstruktive Vollholzprodukte

Internet 2005: Suchbegriff „Holztrocknung" mit zahlreichen Informationen, besonders:
COST Action E 15: European Cooperation in the Field of Scientific and Technical Research – Fortschritte in der Trocknung von Holz
Deutsches Agrarinformationsnetz DAINET: Holztrocknung, Holzkonservierung.
Suchbegriff „Kiln Operator" mit ausführlichen Informationen über die Trockentechnik weltweit (englische)

IUFRO 2003: Proceedings of the 8th Int. Wood Drying Conf. (englisch), Brasov (Hrsg.): Ispas, M.; Campean, M.; Cismaru, I.; Marinescu, I.; Budau, G.

KÄLLANDER, B. 2000: Vacuum Drying of Wood – Climate Control and Drying Quality. Thesis, Kungliga Tekniska Högskolan, Stockholm

KAMKE, F. A.; PERALTA, P. N. 1990: Laser incising for lumber drying. For. Prod. J. Madison Bd. 40, 4, S. 48–54

KEYLWERTH, R.; NOACK, D. 1964: Die Kammertrocknung von Schnittholz. Betriebsblatt 1. Holz als Roh- u. Werkst. München, Berlin, Heidelberg, 22 (1), S. 29–36

KEYLWERTH, R. 1966: Praxis und Fortschritte der Holztrocknung, Holz als Roh- und Werkstoff, 5, S. 205–212

KEYLWERTH, R. 1969: Praktische Untersuchungen zum Holzfeuchtigkeits-Gleichgewicht, Holz als Roh- und Werkstoff, 8, S. 285–290

KLINKMÜLLER, H. 1987: Versuche zur Bestimmung des Einflusses von wechselnden Luftrichtungen auf die Trocknung bei Lignomat. Bericht auf DGfH-Sitzung vom 22. 10. 1987 (mündl.)

KLUG, A. 1993: Stand und Zukunftsaussichten der Abluftreinigungstechniken von Holztrocknungsanlagen. DRW-Verlag, Leinfelden-Echterdingen

KOLLMANN, F. 1951: Technologie des Holzes und der Holzwerkstoffe. Bd. 1. Springer-Verlag, Berlin, Göttingen, Heidelberg

KOLLMANN, F. 1955: Technologie des Holzes und der Holzwerkstoffe. Bd. 2. Springer-Verlag, Berlin, Göttingen, Heidelberg

KÖNIG, E. 1970: Sortierung und Pflege von Rund- und Schnittholz. DRW-Verlag, Stuttgart

KRÄMER, G. 2004: Zentrifuge beschleunigt Trocknung von Scheitholz. Holzzbl. 76, S. 1046

KREBER, B.; HASLETT, A. N. 1997: A Study of Some Factors Promoting Kiln Brown Stain Formation in Radiata pine. Holz als Roh- u. Werkstoff, Bd. 55, S. 215–220

KREBER, B.; HASLETT, T. 1998: The Current Story on Kiln Brown Stain. Wood Drying, Rotorua, NZ. No. 23

KREBER, B.; BYRNE, A. 1994: Discolorations of Hem-fir Wood: A Review of the Mechanisms. For. Prod. J., Madison, Vol. 44, No. 5, P. 35–42

KRISCHER, O.; KAST, W. 1978: Trocknungstechnik, Band 1. Die wissenschaftlichen Grundlagen der Trocknungstechnik. Springer-Verlag, Berlin, Heidelberg, New York

KRÖLL, K. 1978: Trocknungstechnik, Band 2: Trockner und Trocknungsverfahren. Springer-Verlag, Berlin, Heidelberg, New York

KRÖLL, K.; KAST, W. 1989: Trocknungstechnik, Band 3. Trocknen und Trockner in der Produktion. Springer-Verlag, Berlin, Heidelberg, New York

KRUG, D.; TOBISCH, S.; EMMLER, K.; FRÖHLICH, K.-J. 1995: Nutzbarkeit einzelner Kenngrößen der Schallemissionsanalyse für die Überwachung der Schnittholztrocknung. Holz als Roh- u. Werkstoff. 53, S. 253–256

LACHENMAYR, G.; KREIMES, H. 2003: Energietechnik für die Holzindustrie. Retru, Weyarn

LAMBERT 2005: Erfahrungsbericht zu Schimmel auf phytosanitär behandeltem Holz. DGfH Sitzungsbericht UA 2.1. vom 5. 4. 2005

LAMING, P. B.; RIJSDIJK, J. F.; VERWIJS, J. C. 1978: Houtsoorten. TNO, Delft

LANG, A.; WELLING, J.; BERNASCONI, A.; STEFFEN, A.; WEGENER, G.; MAKAS, M. 2000: Trocknung von Rundholz für trockenes Schnittholz im Bauwesen. Informationsdienst Holz, DGfH, München

LAUBER GmbH, 2003: Rechtzeitig auf neue phytosanitäre Vorschriften reagieren. Holzzbl. 92, S. 1303

LEIKER, M. 2005: Weitere Erkenntnisse aus Vorversuchen zur Vakuum-Mikrowellentrocknung von Holz. Mdl. Bericht, DGfH, Sitzung 5. 4. 2005 Hamburg

LOHMANN, U., 1998: Handbuch Holz. DRW-Verlag, Stuttgart

LUTTIKHUIS, J. A. 2001: Befeuchtung in Trockenanlagen. Seminar Lehrinstitut Rosenheim, 1. 10. 2001

LWF 2003 (Hrsg.): Der Energieinhalt von Holz und seine Bewertung. Bayerische Landesanstalt für Wald und Forstwirtschaft, Merkblatt Nr. 12

MATEJAK, M. 1983: Einfluss des Trocknens von Holz auf den Verlauf seiner Sorptionsisothermen. Holzforschung und Holzverwertung, Leipzig, 35,(4), S. 80–84

MCCURDY, M.; PANG, S.; KEEY, R. 2003: Measurement of Colour Development in Pinus radiata Sapwood Boards during Drying at Various Schedules. 8. Int. IUFRO Wood Drying Conf., Brasov

MILITZ, H. 2000: Alternative Schutz- und Behandlungsverfahren. 22. Holzschutztagung, Bad Kissingen

MILITZER, K. E. 2000: Optimierung der strömungstechnischen und wärmetechnischen Prozessbedingungen bei der Vakuumschnittholztrocknung. Forschungsbericht F-1996/12, DGfH, München, bearb. d. Lehrstuhl f. Therm. Verf.techn. TU Dresden

MILITZER, K. E.; WELLING, J. 1993: Prozessüberwachung und Qualitätskontrolle bei der technischen Schnittholz trocknung. AIF und DGfH, bearb. d. Lehrstuhl f. Therm. Verf.techn. TU Dresden u. Ord. f. Holztechnol. der Univ. Hamburg u. der BFH Hamburg

MOLLEKOPF, N. 2002: Kondensataufbereitung beim Dämpfen von Holz. AIF und DGfH, bearb. d. Lehrstuhl f. Therm. Verf.techn. TU Dresden

MOLLIER, R. 1923; Ein neues Diagramm für Dampf-Luft-Gemische, Z. VDI, S. 869–872

MORÉN, R. 1965: Die Polyethylenimprägnierung von Holz und ihre Auswirkungen bei Holztrocknung und Holzbearbeitung. Holz als Roh- und Werkstoff. 23 (4), S. 142–152

MÜHLBÖCK, 2009: Persönliche Mitteilungen

MÜLLER, J. 2002: Modeltrocknung kann Kiefernbläue verhindern. Holzzbl. 14, S. 162

NARDI, 2009: Persönliche Mitteilungen

RICHTER, K.; RISI, W. 2004: Wärmebehandlung von Verpackungsholz. Holzzbl. 75, S. 1011–1012

RIEHL, T.; WELLING, J. 2003: Taking advantage from oscillating climate conditions in industrial timber drying processes. In IUFRO 2003

SALIN, J.-G. 2005: Information transfer to kiln operators in the form of drying simulation models. Trätec, Internet

SATTAR, M. A. 1993: Solar drying of timber – a review. Holz als Roh- und Werkstoff, S. 409–416

SCHEITHAUER, M. 2003: Thermo-Technologie in der Holz- und Holzwerkstoffbearbeitung. HOB 9, S. 206–209

SCHNEIDER, A. 1970: Über die Dimensionsstabilisierung des Holzes mit Polyäthylenglykol. Holzzbl. Messeheft, S. 15–28

SCHNEIDER, A.; ENGELHARDT, F.; WAGNER, L. 1979/ SCHNEIDER, A.; WAGNER, L. 1980: Vergleichende Untersuchungen über die Freilufttrocknung und Solartrocknung unter mitteleuropäischen Wetterverhältnissen. Holz als Roh- und Werkstoff, S. 427–433 und S. 313–320, und dort zitierte Literatur

SCHUMACHER, P.; MAKAS, M.; WEGENER, G.; EISENBARTH, E.; EDELMANN, P.; BÜCKING, M. 1998: Vorgetrocknetes Fichtenstammholz hoher Qualität. Holzzbl. 140, S. 2110–2111

SEEGMÜLLER, S. 2004: Wechseldruck-Vortrocknung baut Spannungen ab. Holzzbl. 93, S. 1286–1287

SIMPSON, W. T.; TSCHERNITZ, J. L. 1980: Time, costs, and energy consumption for drying red oak lumber as affected by thickness and thickness variation. For. Prod. J. Madison Bd. 30, 1, S. 23–28

STAHL, M. 2000: Das Inkubations-/Dekompressionsverfahren zur Holzentfeuchtung. Diss. TU Karlsruhe

STETTER, K. 1988: Ein neuartiges Vergütungsmittel für Holz. Holzzbl. Nr. 50, S. 762

Thermolignum o.J.: Schädlingsbekämpfung mit der Durchwärmungsmethode. Broschüre

TNO 1978: Das Trocknen von Holz in klimatisierten Trocknungsräumen.

TOBISCH, S.; FRÖHLICH, K.-J. 1996: Verbesserung der Holztrocknungssteuerung mit Hilfe empirischer Bewertung des Trocknungsprozesses aufgrund von Schallemissionen. AIF und DGfH, bearb. d. Inst. f. Holztechnol. Dresden und Fraunhofer-Institut f. zerstörungsfreie Prüfverfahren (EADQ), Dresden

TRENDELENBURG, R. 1939: Das Holz als Rohstoff. Hanser München

TRÜBSWETTER, T. 1985: Das Dämpfen von Schnittholz, Holzzbl. 111, 29, 435–436

TRÜBSWETTER, T. 1999: Trockenes Bauholz kostengünstig bereitstellen. Holzzbl., Nr. 125, 152

TRÜBSWETTER, T. 2003: Holzlexikon. Kapitel Holztrocknung. DRW-Verlag, Leinfelden-Echterdingen

TRÜBSWETTER, T. 2003: Spraying with Water or Steam. Experiences in Industrial Kilns. 8. International IUFRO Wood Drying Conf., Brasov. Tagungsband S. 200–203

TRÜBSWETTER, T. 2004: Vorgehen und Kriterien bei der Auswahl von Holztrockenanlagen. Unterlagen zum Seminar „Auswahl und Planung von Trockenanlagen" des Lehrinstituts für Holzwirtschaft, Rosenheim

TRÜBSWETTER, T.; ERTELT, P. 1994: Holzschutz mittels kontrollierter Klimatisierung. Holzzbl. 120, 24, S. 393–396

VANICEK, T. 1996: Sanierung und Wartung von Trockenkammern. Seminar Lehrinstitut für Holzwirtschaft, Rosenheim, 28. 3. 1996

VANICEK, T. 1997: Holztrocknung, die nur flüstert. Holzkurier Nr. 46, S. 20–21

VDI 1995: Energietechnische Arbeitsmappe. Düsseldorf

VOLKMER, T.; GERBER, S.; SIGRIST, C.; PICHELIN, F.; REDMAN, A. 2003: The application of a drying simulation software for spruce. In IUFRO Proceedings, Brasov

VORREITER, L. 1985: Holztechnologisches Handbuch Bd. II, Fromme, Wien

WAGENFÜHR, R. 1980: Anatomie des Holzes. Fachbuchverlag Leipzig

WARISLOHNER, J. 2003: Nachweis der Ergebnisveränderung durch ein neuartiges Klima-Regelungssystem bei der Schnittholztrocknung in Frischluft-Abluft-Kammern. Diplomarbeit, FH Rosenheim

WASSIPAUL, F.; VANEK, M.; MAYRHOFER, A. 1986: Klima und Schallemissionen bei der Holztrocknung. Holzforsch. und Holzverwert. Wien, 38, 4, S. 73–78

WEBER 2004: Vakuumtrocknen heute. Weber Vacudry, Güglingen

WELLING, J. (Hrsg) 1991: Mehrsprachiges EDG-Glossar „Trocknungsqualität" von Schnittholz. Englisch, Deutsch, Spanisch, Italienisch, BFH/EDG, Hamburg

WELLING, J. (Hrsg) 1994: EDG-Richtlinie „Trocknungsqualität", Hamburg, BFH/EDG

WELLING, J. 1987: Die Erfassung von Trocknungsspannungen während der Kammertrocknung von Schnittholz. Diss. Univ. Hamburg

WELLING, J. 2002: Druckdämpfen von Schnittholz. AIF und DGfH, bearb. d. Inst. f. Holzphysik und mech. Technol. der BFH, Hamburg

WELLING, J.; RIEHL, T. 2001: Verbesserte Schnittholztrocknung im Frischluft/Ablufttrockner durch Wechselklima. AIF-Vorhaben 11401

ZAPF, W. 1981: Entwicklung einer Temperaturregelung für eine Trockenkammer. Diplomarbeit FH Rosenheim

Abbildungen und Unterlagen der Produkte folgender Firmen wurden verwendet:

BES Bollmann
Brookhuis
Brunner-Hildebrand
Cathild
CSA Electronic
Eberl
Eisenmann
Gann
Kronseder
Lauber
Lignomat
Mahild
Maspell
Mühlböck
Nardi
Schröter
Schweitzer
SECEA
Testo
Thermo-System
Wagner Electronics
Weber Vacudry/Opel
WSAB
WTT/Wood Treatment Technology

Gesetze und Verordnungen

Wasserhaushaltsgesetz 2002: Gesetz zur Ordnung des Wasserhaushalts. BGBl. Teil I, Nr. 59

Abwasserherkunftsverordnung in der jeweils neuesten Fassung

Holz-Berufsgenossenschaft: Maschinen und Anlagen zur Be- und Verarbeitung von Holz und ähnlichen Werkstoffen. §§ 116, 117

Normen

DIN 1052 (2004): Entwurf, Berechnung und Bemessung von Holzbauwerken

DIN 4074-1 (2003): Sortierung von Holz nach der Tragfähigkeit. Teil 1: Nadelschnittholz.

DIN 52182 (1976): Prüfung von Holz – Bestimmung der Rohdichte

DIN 52184 (1979): Prüfung von Holz – Bestimmung der Quellung und Schwindung

DIN 68100 (1984): Toleranzsysteme für Holzbe- und -verarbeitung; Begriffe, Toleranzreihen, Schwind- und Quellmaße

DIN 68100, Bbl. 1–3 (1978): Toleranzen für Längen- und Winkelmaße in der Holzbe- und -verarbeitung; Maßänderungen durch Feuchtigkeitseinfluss. Beiblätter für verschiedene Holzarten.

DIN 68800-2 (1996): Holzschutz Vorbeugende bauliche Maßnahmen im Hochbau.

DIN 68800-3 (1990): Holzschutz. Vorbeugender chemischer Holzschutz.

DIN EN 351-1 (1995): Dauerhaftigkeit von Holz und Holzprodukten. Mit Holzschutzmitteln behandeltes Vollholz. Teil 1: Klassifizierung der Schutzmitteleindringung und -aufnahme

DIN EN 844-4 (1997): Rund- und Schnittholz, Terminologie. Begriffe zum Feuchtegehalt.

DIN EN 844-9 (1997): Rund- und Schnittholz, Terminologie. Begriffe zu Merkmalen von Schnittholz
DIN EN 14298 (2001): Schnittholz – Ermittlung der Trocknungsqualität
DIN ENV 12169 (2000): Kriterien zur Konformitätsprüfung eines Loses Schnittholz
DIN EN 13183-1 (2002): Feuchtegehalt eines Stückes Schnittholz – Bestimmung durch Darrverfahren
DIN EN 13183-2 (2002): Feuchtegehalt eines Stückes Schnittholz – Schätzung durch elektrisches Widerstands-Messverfahren
DIN EN 13183-3 (2004): Feuchtegehalt eines Stückes Schnittholz – Schätzung durch kapazitatives Messverfahren
DIN ENV 14464 (2003): Schnittholz – Verfahren zur Ermittlung der Verschalung
DIN ISO 2859-1 Sampling plans indexed by acceptable quality level (AQL) for lot-by-lot inspection
TA Luft Technische Anleitung zur Reinhaltung der Luft. Verwaltungsvorschriftschrift zum Bundes-Immissionsschutzgesetz (BImSchG)
TA Lärm Technische Anleitung zum Schutz gegen Lärm. Verwaltungsvorschrift zum Bundes-Immissionsschutzgesetz (BImSchG)
GIRL Feststellung und Beurteilung von Geruchsimmissionen (Geruchsimmissions-Richtlinie)

17 Formelzeichen und Maßeinheiten

Durch die Internationalisierung der Normen beschleunigt, unterliegen Formelzeichen, Symbole und Maßeinheiten laufenden Änderungen. Daher werden nachfolgend teilweise für die gleichen Größen verschiedene Formelzeichen und Maßeinheiten angegeben. Das Verzeichnis ist nicht vollständig, im Zweifel muss man im jeweils einschlägigen Kapitel nachlesen.

A_q	Quellungsanisotropie	%/%
A	Schwindungsanisotropie	%/%
c_u	spezifische Wärmekapazität des zu erwärmenden Holzes bei der Feuchte *u*	kWh/(kg · K)
d	Dicke	cm oder mm
$f_l \times f_b \times f_h$	Ausnutzungsfaktor Länge × Breite × Höhe	m^3
f_s	Stapelfaktor	
HD	Heißdampf (oberhalb Siedetemperatur)	
h	spezifische Enthalpie	J/kg
KW	Kaltwasser	
$l \times b \times h$	Länge × Breite × Höhe	m^3
m_D	in feuchter Luft enthaltene Dampfmasse	g oder kg
m_L	trockene Luftmasse	g oder kg
m_o	Masse des darrtrockenen Holzes	g, kg
m_u	Masse des nassen Holzes	g, kg
m_w	Masse des im Holz enthaltenen Wassers	g, kg
p	Druck 1 bar = 750,1 mm Quecksilbersäule = 750,1 Torr = 100 kPa = 0,1 N/mm²	bar
p_D	Dampfteildruck	bar
q	Quellungsquotient α/1 % *u*	%/%
q	Energiebedarf 1 kWh = 3600 kJ = 3600 W s = 859,8 kcal	kWh
q_s	Leistung 1 kW = 1,36 PS	kW
r	(tief gestellt) Radial	
T	absolute Temperatur in Kelvin = ϑ + 273,15	K
T	Temperatur in Fahrenheit = (9/5) ϑ + 32	°F
T_k	Kühlgrenztemperatur	K oder °C
t	(tief gestellt) tangential	
t	Zeit	s, min, h
t_a	Aufheizzeit	h
t_{ab}	Abkühlzeit	h
t_{Bel}	Belegungszeit einer Anlage	h
t_e	Zeit zum Entfeuchten, reine Trockenzeit	h
t_k	Konditionierzeit	h

t_m	Manipulationszeit, Zeit für Chargenwechsel	h
t_{tr}	gesamte Trockenzeit	h
U, früher k	Wärmedurchgangskoeffizient	$W/(m^2 \cdot K)$
u, ω	(relative) Holzfeuchte in kg Wasser je kg Holz	kg/kg oder %
u_a	Anfangsfeuchte vor der Trocknung	%
u_e, ω_{targ}	Endfeuchte, Zielfeuchte nach der Trocknung	%
u_F	Fasersättigungsfeuchte	%
u_{gl}, GF	Gleichgewichtsfeuchte des Holzes	%
u_{gr}	Grenzfeuchte, Ersatz für u_F in Trocknungsplänen	%
u_i	Istfeuchte	%
u_{max}	maximale Feuchte des Holzes	%
u_r, HFr, TRF	Regelungsfeuchte	%
V_H	Volumen des Holzes	m^3
V_N	Nutzraum, Stapelraum in einer Anlage	m^3
WW	Warmwasser bis zu 90 °C	
x	Wasserdampfgehalt feuchter Luft	kg/kg oder g/kg
α	Quellung	%
β	Schwindung	%
β_N	Schwindung Nasszustand bis Normalklima 20/65	%
γ	Dichte eines homogenen Stoffs	g/cm^3
$\Delta\vartheta$	psychrometrische Differenz $\vartheta - \vartheta_w$	K
$\Delta\vartheta$	Differenz zwischen Anfangs- und Endtemperatur eines zu erwärmenden Materials	K
ϑ	Temperatur, Trockentemperatur	°C
ϑ_w	Feucht-, Nasstemperatur	°C, °F
ρ_D	Dichte des Dampfs	kg/m^3
ρ_u	Rohdichte des Holzes bei der Feuchte u	g/cm^3 oder kg/m^3
φ	relative Luftfeuchte	%
ω_m	mittlere Holzfeuchte der einzelnen Stücke eines Loses	%

Sachwortverzeichnis

Carl Hanser Verlag GmbH & Co. KG, München
Vilshofener Straße 10 | 81679 München | info@hanser.de
www.hanser-fachbuch.de